THE HISTORY OF ARCHITECTURE

世界建筑简史

9000 年的世界标志性建筑

[英] 盖纳·艾尔特南 著 赵晖 译

中国友谊出版公司

图书在版编目（CIP）数据

世界建筑简史 / (英) 盖纳 · 艾尔特南著 ； 赵晖译
. -- 北京 ：中国友谊出版公司，2017.4
书名原文：The History of Architecture
ISBN 978-7-5057-4011-2

Ⅰ. ①世… Ⅱ. ①盖… ②赵… Ⅲ. ①建筑史－世界
Ⅳ. ①TU-091

中国版本图书馆CIP数据核字(2017)第068198号

著作权合同登记号 图字：01-2017-2218
The History of Architecture, by Gaynor Aaltonen

First published in 2008 by Arcturus Publishing Limited

书名 世界建筑简史
著者 [英] 盖纳 · 艾尔特南
译者 赵晖
出版 中国友谊出版公司
发行 中国友谊出版公司
经销 新华书店
印刷 天津博海升印刷有限公司
规格 889×1194毫米 16开
16印张 460千字
版次 2018年3月第1版
印次 2018年3月第1次印刷
书号 ISBN 978-7-5057-4011-2
定价 198.00元
地址 北京市朝阳区西坝河南里17号楼
邮编 100028
电话 （010）64668676

特别感谢格雷厄姆·维氏和威廉·艾尔特南提供的支持和建议，以及大角星出版社的所有工作人员，由衷感谢奈杰尔·马西森、彼得·里德利、安雅·马丁和蒂莉·斯克莱尔。

目录 Contents

故事起源

追溯到大约4700年前，有名可寻的第一位建筑师是古埃及祭司印何阗，他建造了巨大的金字塔来纪念法老左塞尔。印何阗满腹学识，极富灵感，一举创造了建筑师这一职业。在他生活的时期，这个非同凡响的人被尊崇为神。然而我们现代这种典型的骇人听闻的文化把他描绘成骇人听闻的恶棍。在1999年电影《木乃伊》中，恶魔牧师印何阗不仅恐怖吓人，还是一个变态杀手。现代文化把可能是历史上最重要的建筑师——发明了建筑的整体概念和建筑学的人——演变成一位巫师，而且，他的身体还慢慢腐烂。

这绝非偶然。直到最近，建筑师这一行业还被看作头号公敌：他们杰出、疏离、富有。然而真正的恐怖电影上映在真实世界的街道上：单调乏味的混凝土塔楼和毫无个性的办公大厦比比皆是，完全缺乏想象。

自相矛盾的是，英国查尔斯王子可能是第一个讨伐建筑师的杰出声誉来捍卫普通人利益的人。查尔斯王子公开谴责国家美术馆的扩建提案，称其是怪异的丑陋建筑。“长久以来，”他手持香槟酒杯，争论道，“规划师和建筑师一直忽视普通大众的感受。”

某种程度上来说，他是对的。一座座大型城市购物中心在街道旁耸立，成为城市和建筑的一大灾难。城市变得单调乏味，毫无个性。而这一切并不都是建筑师的过错。这些逐渐占据城市景观的毫无特色的平面大厦，大多无非是搭建好钢架，固定好平板，一个月左右的时间，一栋平淡乏味的建筑便建造而成。这并无任何建筑可言，而建筑师也极少参与。

事实上，在查尔斯王子开始发声评判时，真正的建筑师早已摒弃“野兽派”的现实主义风格：劳埃德的建筑就是很好的体现。尽管如此，查尔斯王子所做的仍然很有价值。他提醒了我们所有人：建筑应该是有所关乎的，其中最关乎的是实实在在的人。

左图
连续性：理查德·罗杰斯在伦敦市设计的劳埃德大厦嵌入了由罗伯特·亚当设计的从以前的劳埃德大厦移植过去的18世纪餐厅。

上图
开罗苏丹哈桑清真寺（1356—1363）。这个早期马穆鲁克建筑的例子是根据一个经典的十字形平面图提出的。

建筑，真正的建筑，不仅仅是创造空间功能的艺术。它还影响我们的心情、感受以及看世界的方式。通常在无意识的层面上，建筑会和我们交流。它们讲述我们所处社会、它的志向以及它的古往今来。好的建筑就像一个故事或一首音乐，能够带领我们开启一段旅程，影响我们沿途的心情。

本书以故事和个人旅程的形式，揭开建筑的神秘面纱。为何一个国家要虚构一位并非真实存在的建筑师？“帕拉第奥”是什么意思？勒·柯布西耶是谁？为何他如此重要？尖塔出自哪里？在接下来的文章中，你会发现这些问题的所有答案以及许多其他的东西。

像研究音乐或文学一样，品读建筑本身就是一种奖赏。你理解得越多，享受得就越多。总之，建筑是如此的重要，振奋人心，本书将竭力介绍人类孜孜以求的建筑，为了创造不仅仅是空间，而且是美的建筑。

建筑为何如此重要？建筑物意味着什么？

建筑之所以重要是因为它能够联合或划分社会。究其原因是它界定了我们的价值观。以英国的威斯敏斯特宫为例，它是一种有意识的历史和传统的阶级表现。相比之下，美国国会大厦则象征着一种新生的民主理想主义，这种民主理想主义基于悠久的外国文化：罗马文明。

在素有“不夜城”之称的纽约，高压的资本主义文化被令人难以置信

左上图
查特韦尔庄园舒适轻松，极具英国特色，它是英国有史以来最伟大的领导人之一——温斯顿·丘吉尔爵士的家，他和妻子克莱米深切地爱着这里。

左图
1929 年雷蒙德·胡德的洛克菲勒中心的一层，有很多装饰细节展示出对艺术的热爱。李·劳瑞设计的阿特拉斯雕像俯瞰第五大道。该中心以它著名的下沉式溜冰场而闻名。

右图
科罗拉多州梅萨维德的美洲原住民建造的峡谷悬居。到了 1200 年峭壁宫殿已有 150 间房、23 间礼仪室和优雅的圆形防御塔。

的摩天大楼所承载，而且这种方式被人们所喜欢。备受喜爱的艺术装饰洛克菲勒中心就是众多例子中的一个。洛克菲勒中心建于美国经济大萧条初期，它既是极端个人主义的一座纪念碑，对白手起家的百万富翁洛克菲勒的神化，同时又纪念着使美国人大胆的开拓精神。

建筑在给予我们一种文化身份意识之后，接着又决定了我们的表现方式。正如战时领袖温斯顿·丘吉尔爵士所说："我们塑造了建筑物，此后建筑物又塑造了我们。"作为一个孤独的小男孩，丘吉尔在位于牛津郡的宏大而盛气凌人的布莱尼姆宫中长大。布莱尼姆宫是英国少有的巴洛克建筑之一，它充斥着痛苦和令人失意的野心和骄傲，并非一个快乐的地方。它巨大的房间和回声走廊与丘吉尔婚后直观简洁的家相比简直大相径庭。

红砖砌成，令人愉悦的查特韦尔庄园远非严肃的上流社会的英国人所住的传统房子，它过于卑微。但对于雄辩机智的丘吉尔来说，这个选择表明了他对安静的、没有阶级的常态的情感需求。

丘吉尔在这里度过了日日夜夜，驱逐抑郁的"黑狗"，眺望起伏的肯特郡乡村。查特韦尔庄园治愈了他。

家就是心所在之地

我们与建筑息息相连，这正是关键。对一些家庭而言，尤其是那些足够幸运，房子可以代代相传的家庭，他们的家就是一个同伴，一个朋友，一个记忆库，一个记录往日时光的日

记本。英国人在这方面有特别的追求。辛西娅·阿斯奎斯夫人在写斯坦韦（她的家族在科茨沃尔德的詹姆斯一世豪宅）时记录道："我爱我家恰恰就像一个人爱着另一个人一样，爱它就像我爱过的极少的几个人一样。"

寻求理想的家园是人类永恒不变的本性，然而我们视之为美丽，令人满意的家会随时间的流逝而大相径庭。科罗拉多州梅萨维德的印第安阿纳萨齐族人在峡谷深处建造了壮观的居所。在希巴姆的也门城，人们曾用平淡朴实的泥土盖房子，与背后的山脉遥相呼应、和谐统一。这两种文明都与他们所居住的环境相统一。

我们只需要看每个社会年代对于完美的家的想法就能读懂贯穿历史的社会模式。英国庄园大厅告诉我们中世纪对于武装保护的基本需求。18 世纪荷兰贸易资产阶级在运河边舒适的住所将舒适和终生现场易货的便利相结合。新英格兰的船型护墙板房屋，这些社区的居住者十分在意他们阶级地位和家族世系，就讲述了社会高人一等的凄美故事。每家房屋都在争相比较，力求彰显英国特质。

值得注意的是，等到了重视健康的 20 世纪，简化现代主义拒绝自然，正如它彻底拒绝历史一样。它把整洁清净的瑞士疗养院的医院美学——直线、表面洁净、无拐角、无灰尘、无回忆，作为国内民居的模型。过去，夸张的肥胖曾经是富有的象征；现在，要想成为富人，你必须变瘦。富人一如既往地确定建筑议程。在这样的一个时代，最终的财富标准是以你可随时差遣的训练有素的科学家和美容师的数量来衡量时，他们的房子是反自然的。

上图
罗浮宫的金字塔的迷人特质呈现在许多电影里，贝聿铭在巴黎罗浮宫的这个创新引发了尖锐的分歧。但它的确为游客改善了许多事情，至少现在游客到这个繁华的博物馆参观可以在室内排队。

后来的现代主义者，诸如英勇的阿尔瓦·阿尔托，想要去逐渐瓦解这种观念。芬兰人阿尔托采用了一种更悠闲浪漫的姿态，建议学生们设计窗户时想象着心爱的女孩坐在里面。

现今，在新建的哥本哈根山地住宅，一切又回到了原始的状态。建筑师比格回归到希巴姆背后的基本灵感。如果你不得不住在密集的城市住房里，为何不让它看起来像种满葡萄的阶梯状山脉？

建筑师的自由表达

罗浮宫金字塔的设计者贝聿铭曾指出：建筑师遭受“为难信使”的慢性综合征。他们仅仅能建造雇主付钱要他们建造的建筑。总之，建筑师只能拥有客户允许他们拥有的权力。

过去，密集的高层住宅以及骇人听闻的野兽派艺术破坏了公众对建筑的信任。“位于英国伯明翰的斗牛场完全没问题——如果你想要在城市中心有一个军队防御工事的话。”一位保守派议员抱怨道。

上图

弥补了以前的错误，在 2003 年，当时的科技已经向前迈进了一大步，伯明翰就像一座满是消费崇拜者的国家的大教堂，这座斗牛场现在裹着一层被 15000 个铝质圆盘装饰的外衣。

下图

金字形神塔。威廉·佩雷拉因他后来的泛美大厦而闻名，他在圣地亚哥大学设计的“野兽派”盖泽尔图书馆是美学的开创。

许多现代主义者狭隘的实用主义也在建筑师与社会之间制造了嫌隙，使其呈一种“他们”和“我们”对立的态度。人民痛恨在建筑质量或他们周围常见的匆匆建造的丑陋的城市房屋上没有任何发言权。后现代主义的卡通历史主义看起来空荡，甚至是一种侮辱，民众依然在面对那些令人感到压迫和沮丧的地方，例如，位于英格兰南部朴茨茅斯的令人厌恶的三角中心。

现在三角中心被拆毁，建筑是所有人最好的朋友。我们明白了老建筑不必被无情的新建筑横扫。在这种新的心境下，贾尔斯·吉尔伯特·斯科特发电站——一座能源建筑——就能成功地被转换成艺术圣地——泰特现代艺术馆。在这个时代，我们为尝试而欢呼，甚至那些野兽派建筑也不再看起来那么让人感到压迫。美国圣地亚哥加州大学盖泽尔图书馆的科幻外表看起来很友善，并非那么吓人。以儿童作家西奥多·苏斯·盖泽尔命名的威廉·佩雷拉建筑比外星人还奇异。

左上图
当涉及规划结构时，传统的建筑设计历来侧重几何结构：圆形、半圆形、矩形和正方形。阿布扎比机场休息室的旋转上升走廊融入了装饰性的六边形。

右上图
乔治亚风格对称：从空中看，巴斯著名的皇家新月就像在绿色海洋中的一个大半圆。

右图
扎哈·哈迪德用电脑呈现的阿布扎比新表演艺术中心的设计图，该建筑俯瞰波斯湾。

即便是在保守的英国，像理查德·罗杰斯一样的竞选者也通过尝试让政府明白城市规划的重要性来挑战沉闷的官僚主义。我们一次又一次地发现：医院本身的设计就能够治愈我们，学校可以是令人兴奋的，街道可以被设计成好客的、安全的。没有人愿意面对创造“痈”的指控，从阿布扎比到中国台北，城市都在为能建出令人兴奋的新建筑而竞争。

他们和我们一样都知道：某些伟大的建筑都有一些共同点。它们都有情感。最绝妙的是建筑可以是大胆高贵的，也可以是振奋人心、令人开心的。在一端你可以看到在巴斯的皇家新月的精确的启蒙理性主义，而在另一端你会发现弗兰克·盖里设计的古根海姆博物馆的自由表达。这些建筑

上图
哈迪德的内部设计让人联想到一片叶子或一块骨头的细胞结构，但它实用吗？

以某种方式跨越几个世纪，历久弥新。他们是“对的”。印何阗在九泉之下不会反对，反而会备感自豪。

作者注：即使是这种规模的书也不可能把每个时代有趣的建筑都讨论一遍。我们主要集中谈论欧洲建筑，基本没有涉及日本、中国或印度的非凡建筑。而且只是一些适于讲述的故事被包括在内。例如，维多利亚和爱德华时代的两位杰出建筑师埃德温·鲁琴斯和诺曼·萧虽然也被提到，但并没有太多有关他们的详细记述。如若想要了解更多关于他们的故事，本书后面的索引部分有参考书目。特别值得注意的是里蓝德·罗思，他的书《理解建筑》介绍详尽，博学众采，但平铺直叙。我同样也建议对建筑感兴趣的人进一步查找自命不凡但深刻尖锐的尼古拉斯·佩夫斯纳尔的作品，他为这一要求苛刻、取之不尽的科目创建了最为丰富的系列指南。

古代

石头对人类的想象力有一种奇怪的掌控。人类一定有建立人造山的原始需要；纪念碑使他们距离天堂更进。整个社会倾注了极大的智慧和努力来建造极其复杂的埃及金字塔，墨西哥和秘鲁的金字形神塔，以及欧洲新石器时代奇怪的巨石建筑（把神秘的石头拖动撬起到特殊位置，其中神秘的意义我们无法完全读懂）。废弃的特奥蒂瓦坎曾是主要的宗教中心，这里没有塔和防御工事，但动物和人的祭品呈现在成千上万的参观者面前。

墨西哥特奥蒂瓦坎宏伟的金字形神塔。在这里我们能看到月亮金字塔的死亡大道和活人祭祀情景。公元 100 年的太阳金字塔在背景中隐现。

第一个城市居民

东非大裂谷的最北端是世界上最早的两个定居点所在地。杰里科早在公元前 9000 年就存在，而艾因加扎勒则可追溯到大约公元前 7500 年。

左图
9000 年前，到加泰土丘的游客会看到成百上千的泥砖堆积的住宅竖立在科尼亚平原沼泽上，这儿居住着数千人。如今游客会看到重建后的场景。

右图
古城杰里科距离现代杰里科城约 2 公里。在《圣经》中，逃跑的以色列人摧毁了这座古老的城市，使它的城墙轰然倒塌。

早在公元前 8000 年，杰里科的居民就在城市周围建造了坚固的城墙。小村落逐渐演变成占地十多亩的城镇。在杰里科挖掘出来的大部分房屋都是单人房，少部分也有三间的多人房，这表明了社会和经济的区别，和他人攀比已成为公共生活的一个特点。杰里科的建造者有一项新技术——砖砌，用泥做成型然后在太阳下烤硬。房子是圆形的，所以每块砖的外边缘都是弯曲的。艾因加扎勒靠近安曼，占地 30 英亩，先进到可以创造艺术作品，使用自己的货币。

公元前 7500 年的加泰土丘位于土耳其南部，是保存下来的最早的也是最完好的新石器时代聚落之一，也是由泥砖筑成。这里开启了直墙的先河。长方形房子有窗户但没有毗邻的门，就像蜂巢的小蜂窝，居民从屋顶进入。

但世界上第一个被认可的发达的文明出现在美索不达米亚和埃及。这两个地区都拥有两种在温暖气候下建造相对较小建筑的理想的自然资源：芦苇和泥。芦苇可以被塑造成型，捆绑在一起，和泥变硬后能形成柱和梁。其顶部甚至可以向内弯曲，相连形成灵活的拱。框架内的空间填满小树枝和泥土，就可建成遮风挡雨的庇护所。

随着城市的发展和财富的积累，居民捍卫自己生活方式的需求也随之增加。社会逐渐开始有了建造防御工事和宫殿的领导者。然而，推动建筑发展的两个最重要的推动力是人性的这些基本需求：对激励的渴望和战胜死亡的欲望。最令人兴奋的早期建筑形式是寺庙和坟墓。

对此，古埃及人对死亡神化，使他们成为第一个真正的先驱。他们的建筑受对神崇敬的驱动，远远超过任何其他的建筑。萨卡拉的遗骸（有些至少追溯到公元前 3250 年）表明，这种北非文明建造的复杂的庙宇建筑群要比著名的乌尔金字形神塔早 1000 年，比古不列颠人巨石阵的第一块巨石的放置要早 750 年。这使得像迈锡尼文明、波斯的波斯波利斯这样的文明看起来就像相对较新的文明一样。

重要日期

公元前 8000 年 墙出现在杰里科。

公元前 8000 年 土耳其加泰土丘小村落：多层住宅。

公元前 7250 年 约旦艾因加扎勒。

公元前 4000 年 哈姆卡尔的城墙城市，乌尔城市建立；中国开始使用丝绸。

公元前 3800 年 马耳他文明。

公元前 3300—前 1000 年 克里特文明和迈锡尼文明的兴衰。

公元前 3200 年 卡纳克，底比斯（卢克索）。

公元前 3200—前 2200 年 奥克尼群岛的斯卡拉布雷村建立。

公元前 3200—前 1600 年 巴基斯坦的印度河流域有了全市范围内的管道。

公元前 3000 年 美尼斯，第一位埃及法老，统治上埃及。

公元前 3100 年 楔形文字出现在美索不达米亚。

公元前 3000 年 加利福尼亚中央湖周围出现野牛猎人村庄。

公元前 3000 年 米诺斯人与埃及开始贸易交易。

公元前 2950 年 巨石阵沟被挖掘。

公元前 2850 年 在莎草纸上写字。

公元前 2668—前 49 年 左塞尔，埃及第三王朝的第二个统治者。

公元前 2400 年 大石块竖立在巨石阵

公元前 2348 年 11 月 25 日：《圣经》学者断言这是发大洪水的日子。

公元前 2300 年 美索不达米亚地图。

公元前 2100 年 巨石阵“蓝石”竖立。

公元前 2013 年 苏美尔人在乌尔建造了金字形神塔（后来在伊拉克）以吸引月光之神。

公元前 2000 年 欧洲最大的史前丘，高 130 英尺（41 米）的西尔布利山，靠近埃夫伯里。

公元前 2000 年 埃及人驯养猫。

公元前 2000—前 1000 年 早期玛雅前古典主义时期。

公元前 1750—前 1540 年 来自叙利亚和巴勒斯坦的喜克索斯人用闪电战武器——马和马车，占领埃及。

公元前 1595 年 巴比伦被希泰族洗劫。

公元前 1570—前 1070 年 埃及新王国时期，底比斯是主要城，法老们开始摒弃金字塔，支持底比斯国王谷地的隐藏墓地。

公元前 1500 年 球场在墨西哥的恰帕斯州建立。

公元前 1340 年 阿克那顿建立新的埃及首都。

公元前 1300 年 阿特柔斯宝库，阿伽门农之墓建立，蜂巢墓（无拱）。

公元前 900 年 荷马创作《伊利亚特》和《奥德赛》。

公元前 800—前 700 年 第一座英国希尔堡垒。

公元前 700—前 500 年 铁制品普遍使用。

公元前 200 年 墨西哥特奥蒂瓦坎的最早建筑 。

公元前 54 年 尤利乌斯·恺撒全面入侵英国。

埃及

古埃及在建筑史上意义深重。浸润着这种优秀文化的金字塔、石墓和石庙是世界上最早用料石筑成的建筑，并用彩瓷、金色镶嵌和涂灰泥加以装饰。

上百座埃及古老的建筑在特殊的历史条件下存留下来。因为贫困的居民住在由易腐烂的泥砖和木头建成的房子里，所以只有上层人的石碑、祭祀的宫殿和庙宇得以保留下来，但是其中一些存留下的建筑让人惊叹。古埃及社会既内部统一，又在很大程度上与外部世界和平相处，很少有其他社会能达到如此程度。这种社会的和谐基于尼罗河年复一年周期循环带来的肥沃土壤，这又契合了法老理解的神学。建筑学是体现埃及人信念和意志空前统一的关键因素。

我们今天仍能看到的几乎每件东西都是在歌颂生命、死亡和法老们想象的永生。死亡及埃及人所笃信的死亡之后的重生，在那个时期被人们最为迷恋。从公元前3150年开始，直到公元31年被罗马占领的3000多年期间，这种迷恋激起了一种复杂且引人入胜的宗教和艺术文化。

关于死亡，古埃及人认为已故的人的心会被放在天平上跟真理和正义女神玛特的羽毛比较重量。如果心向错的一方倾斜，那么阿米特（或阿姆特）那只凶残的鳄鱼首的怪物就会将心吞掉，这意味着永恒的湮没。如果心被鉴定为纯洁的，那么这个人就可以获得新生。为了确保能够重生，重要或富有的人，其身体和心会被制成木乃伊来保存，它们被放在石棺里，与其他随葬品一起封葬。器具、个人财产和其他所有可能帮助死人重生的东西都和尸体放在一起。

法老——这样等级森严的社会里最重要的人，毫无疑问将会得到赦免。埃及的统治者曾经被视为神王，既是世俗的同时又是神圣的。因此对他们尘世身体的保存是极必要的，这不仅是为了他们自己的永生，也是为了地球上所有生命持续的幸福。

为了确保木乃伊和墓穴里的物品得以保存，埃及人建造起越来越多的大的精致的墓穴。这些墓始建于古王国（公元前2650—前2158年）——它

下图
神秘的狮身人面像，有着狮身和人首，面向东边，朝着初升的太阳。由一整块重达数百吨的石头雕成，其长超过200英尺（60米），大约相当于整个城区的长度。

上图

100000多人在汛期工作30年，在吉萨建造了基奥普斯的大金字塔，它是唯一现存的古代世界七大奇观。

们被建造得丑陋、低矮，不超过几米高。正如之前所举的例子，它们是由木材和泥砖建成并用芦苇加固。对于古埃及人来说，最大的问题是盛行的墓穴盗窃，并且通常似乎是由被委托封墓和看守墓穴的那些人盗窃的，他们掌握着进入墓穴的机密。这些盗贼很快就将早期的墓穴洗劫一空。

为了阻止盗墓的发生，墓穴在强度、复杂性和规模方面都得到加强。通常它们建在提前造好的地下墓穴或厅室之上。墓穴发展成为真正的金字塔，是建筑学的天才——世界首个被记载的建筑师，印何阗争议之作。

在印何阗就职后，第三王朝法老卓瑟任命他在古孟斐斯的公墓塞加拉，修建一个更新、更醒目和有希望不被盗的墓穴。古埃及（古王国时期）的首都在如今开罗附近。

印何阗没有使国王失望。他用上等的石灰石代替泥砖，先建起一座90英尺（28米）深的皇家墓室，然后在地下建筑之上建起一个墓穴。墓室只有通过向下垂直竖井入口才能到达，然后用一块三吨重的花岗岩石板将墓穴上部封住。许多墓穴的地下走廊和厅室用蓝色瓷砖镶嵌——可能是因为在古埃及，跟现在也一样，蓝色被许多人相信有驱逐邪恶灵魂的力量。许多墙上有着蚀刻或描画而成的关于日常生活和宗教符咒的图像。

在这沙漠里，建起了人们所知的首个琢石墙，出现了最早的柱子，顶端带有柱顶。不只是单纯的具有实用性的建筑，代表着一定意义的仪式建筑也出现了。其六层的石头构造也是使得约瑟王的石室坟墓如此重要的一个原因。大多数学者认为印何阗刚开始时建造了一座两层的建筑：由石块建成的更小的第二层，堆砌在第一层上，这可能是后来又加上的，作为约瑟王家族成员的墓穴。最终又加了四层，每一层都比上一层更小，形成了明显的金字塔形结构——阶梯金字塔，至今仍然存在。

除了帮助保护每一层里边的东西之外，这些石头制成的台阶也包含寓意：是国王通向天堂的阶梯。收集了大量奇妙的公式和学识的《亡灵书》中某些咒语，指导着古埃及人一生、来世及丧葬习俗的执行，也清晰地显示着阶梯的寓意。

在此之前，几乎所有的墓都是长方形的。印何阗有了建造正方形墓的计划。约瑟王家族遗体和财产被安全

石花

约瑟王的丧葬建筑群有着世界上首个石头柱顶。其形状像纸莎草花。之后的柱顶被雕刻描绘得像莲花、棕榈树叶和纸莎草芽。莲花是上埃及地区的象征，纸莎草是下埃及地区的标志，这些图案的象征意义影响深远。纸莎草弯曲的伞形花序与尼罗河有联系，因此成为肥沃和生命的象征。睡莲是莲花的一种形式，早上开放，晚上合闭。古埃及人视之为重生轮回的象征。年轻男子阿图姆出生在一朵莲花的顶端，他从莲花上垂下第一滴泪，人类就都出现了。

上图
贝尼·哈桑的圆柱（见左图）预示了后来古希腊的圆柱与柱廊的建造想法。隔板饰有描画的芦苇；墙壁上画有摔跤和舞蹈的场景。在贝尼·哈桑，早期墓穴的石柱（见右图）顶部有莲花蓓蕾，这是古老的图案。有 39 座墓穴散布在这里的悬崖上。

地保存在里边，遗留给子孙后代——至少他们认为是那样。金字塔建筑的艺术诞生了。

第四王朝（公元前 2575—前 2467 年）的建筑师，在开罗附近的吉萨建造了三座金字塔，分别是卡夫拉、米凯里诺斯和基奥普斯（胡夫）金字塔，他们学会掌握了印何阗的思想并为自己所用。这些建筑体积更大，建造更精良，这种真实平面的巨大不朽的金字塔今天依然令我们惊叹。这三座以及其他类似的金字塔是光彩夺目的：它们贴有抛光的石灰岩（这些石灰岩曾用于中世纪的开罗建筑），顶部覆有金饰品，但它们早就被盗走了。像印何阗的建筑蓝本一样，之后大部分的金字塔都是建在挖掘出的地下墓穴之上的。大多数更大一些的墓有巧妙的竖井入口系统和隐蔽的走廊来迷惑盗贼。

但是这种手段很少起作用：一般在埋葬后的几周内，盗贼就把金字塔墓室的贵重物品盗走了。

基奥普斯的大金字塔是吉萨最大的金字塔，被列入古世界七大奇观之一，也是唯一现存的一座。高 480 多英尺（146 多米），其底座是 756 英尺（230.6 米）的正方形，该建筑的规模非常庞大。建造基奥普斯及其王后的墓，用了 230 多万块石灰岩砖，每块平均重 2.5 吨。从阿斯旺和图拉沿着尼罗河顺流而下，大部分石头很可能并非像我们想的那样，是由成群的奴隶运来的，而是自愿受雇用的工人运来的，因为夏季他们不能耕种劳作。这些后来的金字塔建造者成为惊人的石匠大师：墓穴的墙和隔板被切割和安装得如此精准，以至于即使在今天，要在它们之间插入一张纸也是不可能的。

原本打算为基奥普斯建造地下墓穴，但被放弃，代之以一个建在金字塔中心的墓穴。该墓室计划长约 35 英尺（10.5 米），宽 18 英尺（5.5 米），高 20 英尺（6 米）。担心压在其顶部的石头的巨大重量，金字塔建造者在上边铺了 5 层大石板，每层有 9 块石板，总重达 400 吨。在正上方，他们还建造了一个基础的 A 字形辅助拱门来分担重量。如果拱门坍塌的话，石板层将挽救国王及其墓室，使其免遭毁坏。

一条秘密的通道起始于附近的附属寺庙建筑群。它沿着一段原来通向地下墓室的路进入金字塔，然后退回到富丽堂皇的仪典地区，即众所周知的大画廊。在地面上，这个倾斜的画廊刚超过 7 英尺（2 米）宽，大约 160 英尺（48 米）长，这种支柱结构从底部到顶部逐渐变窄，顶部大致是基座的一半宽。也就是说这个通道只是在当国王被放进他的坟墓的时候被使用一次。一旦国王尸体被放入，一块重达 50 多吨的巨大的石头吊闸就被降下来，将入口堵住，这可能是通过使沙子从预先放置的袋子里流出来的方式实现的。

这样做是为了保证皇室墓穴的安全，但是阻挠墓穴盗贼并非金字塔建造者唯一关心的事情。一些穿过该建筑的竖井很可能对准了夜空中某些星星或星座。许多人认为，国王的红色花岗岩墓室的北部竖井对着北极星，而南部的国王墓室竖井直接对着古老星空中猎户座的区域。按原理，这些方位的竖井能帮助死去法老的灵魂在星空中找到方向。

吉萨金字塔群标志着金字塔建筑的巅峰时刻，随后，金字塔建筑随着古王国的衰败及其经济政治的衰退而日渐凋零。

王国中期（公元前 2134—前 1786 年）的建筑师，开始在悬崖或山坡上修建稍欠豪华的墓穴，企图保护法老的宝藏不被盗贼偷走。

这种建筑最早的案例是在尼罗河东岸的贝尼·哈桑，在吉萨南部 124 英尺（200 千米）的地方。这里的大部分建筑建于公元前 2134 年—前 1786 年，第十一和十二王朝时期，这里的洞室或岩墓具有三个基本部分：外部供礼拜仪式的柱廊区域；柱廊后边的圣陵或肖像室，是一个多柱厅的结构；还有一个墓室，正好在悬崖的背部。

这 39 座墓穴中，其中一些有门廊柱，有着斜面圆形的立柱和方形的柱顶，酷似我们所知的最早的希腊多立克柱。因此，贝尼·哈桑石柱被称为“原始多立克柱型”。其厅内的柱子采用莲花茎的形式，用石头“蓓蕾”当作柱顶，来支撑屋顶。这些墓穴有描画的内部装饰，它们因对当时埃及人生活生动的描绘而著名。

尽管想要尽其所能地隐藏它们，但几乎所有现代考古学家已知的岩洞墓穴还是无一免遭抢掠。王室成员的侍者，可能得到了牧师的默许，打通隧道直接进入仔细密封的墓室，从黄金到昂贵的脂粉，他们把一切都偷走。后来的法老在绝望中转向“竖井”墓。它们建造在底比斯（如今的卢克索）附近国王谷的峭壁上，通常为朴素、呈线形的建筑群。

曾经发现的最为著名的竖井墓，是第十八王朝年幼国王图坦卡蒙的墓穴，其执政期为公元前 1333 年—前 1324 年。1922 年英国艺术家和考古学家霍华德·卡特在国王谷发现了此墓，在此之前，他经过了数年炎热、令人疲惫不堪的漫长、昂贵且相对无果的探测。在墓穴内发现的实心金葬礼面具、木乃伊、石棺及宝石工艺品无与伦比，十分重要，竖井墓本身拥有的装饰也更是极具研究价值。接着，另外一次伟大的进步或者飞跃是纪念性神殿的出现，这源于对法老对神的崇拜。许多神殿是非常令人惊叹的，如女王哈特谢普苏特（公元前 1508—前 1458 年）建造的那一座，位于悬崖上，面对着底比斯的停灵庙（Deir el-Bahari）。哈特谢普苏特是一个优秀卓越的女人。她被嫁给同父异母的哥哥图特摩斯二世，而他却因先前的私通早就有了一个继承人。当她的丈夫死后，哈特谢普苏特掌权摄政，然而王子长大成人后，她拒绝下台。因为传统要求统治者为男性，所以哈特谢普苏特常被描绘成穿得像男人，有时候配有礼仪性的胡须。

哈特谢普苏特一掌权就决心留下她的建筑印记。把图霍特普二世建于 500 多年前的神殿作为模型，她和建筑师珊缪在先前设计的基础上加以改善。他们同时也拆毁了该模型的大部分，再对那些石头重新加以利用。在那个时代，人们对法老的建筑遗产和对法老一样的尊重。

庙宇建于公元前 15 世纪，神殿被设计成带有三个漂亮平台的平顶圣殿所的形式，神殿建在一个 90 度角的高耸峭壁的东西方向轴心线上。第一座圣殿，通过一个大的开放的矩形庭院到达，这里曾经安置来此地的朝圣者。这样，他们不只是对金字塔墓惊叹不已，还必须对神秘和神圣的圣陵做虔诚的朝拜。被狮身人面像守护的，一条又长又陡峭的斜坡，将它们引至第二层，一个二层台榭的上层，被认为是早期的坟墓，在平面图上，上层比下层要小。

所有三个露台都有一排原始多立克柱型的支柱，最高处耸立着平的门楣和一个檐口。方柱奇妙地呼应了自然峭壁的垂直结构：整个建筑群体现了对宏伟的自然地理位置令人惊叹的应用。环境的开发，以及建筑的规模、开放性及其精细计算的比例，都预示了后来古希腊更伟大的建筑作品。

左图

引人注目而雄伟庄严。哈特谢普苏特的廊柱殿，它看起来几乎是现代主义作品。吉塞－吉瑟鲁——“圣中之圣”——是国王谷的首座建筑物。

第一位建筑师

印何阗（公元前 2667 年—前 2648 年）是迄今真实存在过的最重要的建筑师之一，也是第一位我们知道名字的建筑师，创造了纪念性建筑。尽管出身微贱，这位神秘人物后来却成为了第三王朝约瑟王（执政期间为公元前 2630 年—前 2611 年）的总设计师和宰相。他也是第一位被记载的设计师，同时也是世界上第一位知名医生。

约瑟王委任印何阗为其修建国王陵。在此之前，早期的王国墓葬都是以墓的形式修建的——低矮、矩形的泥土坟和芦苇砖，通常组合在一起，就像一群巧克力方块。这些墓不仅丑陋且不显眼，而且对盗墓行为丝毫没有防御功能。

印何阗伟大的天才之处在于，他意识到一座墓可以建在另一座墓之上，并且用石块代替泥砖，每往上一层，墓的尺寸逐渐变小。在这一富于想象力的飞跃中，他创造了世界上第一座金字塔——萨卡拉阶梯金字塔。它不仅看起来更引人注目，而且更强大持久，更能防御盗贼。

约瑟王十分高兴，任命印何阗为"上埃及国王的第一大臣、下埃及国王的高级官员、宫廷主管、世袭贵族、鹮的杰出族人、建筑者、首席木匠、首席雕塑家和石室制作家"。印何阗后来又被授予"赫立奥波立斯（Heliopolis）太阳神大祭司"的头衔。作为一个资深建筑师，他可能也参与设计了艾德夫神殿。但其成就远不止这些。他还是一个颇有建树的医生，同时也是先知、巫师、牧师、作家和哲学家。

在他去世大约 100 年后，印何阗被提升到神的地位。人们生病或者受伤的时候会向他祈祷。在公元前 525 年，这位集医生和建筑师于一身的人成为少数几个被称为神的凡人之一。

鉴于他是世界上第一批重要的历史人物之一，考古学家花费多年找寻印何阗的墓。1962 年美国人沃尔特·埃默里认为他找到了线索—— 一些标有当时日期的陶器碎片散落在塞加拉附近的沙漠里。埃默里认为这些碎片是朝圣者去朝拜印何阗的墓时遗留下来的。往底下挖，埃默里发现了一个埋藏的井，里面有用于祭祀的牛的尸体，这是高级官员的象征。通过此通道，他进入了地下一连串的长廊里，长廊两侧林立着装在陶罐里的鹮的木乃伊。

埃默里记得两件事情。首先，印何阗以"鹮的杰出族人"而闻名。其次，在 19 世纪早期拿破仑远征时，曾试图找到印何阗的墓，即考古学家说的寻找"鸟的墓"。

令他的同行吃惊的是，埃默里带来了推土机，从相邻的挖掘处用推土机推开成吨的沙子。然后他高兴地发现了更多连接的通道，通道两侧林立着狒狒的木乃伊，狒狒是古埃及智慧和知识的象征。紧接着又发现了鹰的木乃伊。

最后，埃默里偶然发现了一个放在壁龛里的木制盒子。里边是一块石头，长约 8 英尺（20 厘米）。石头上用古埃及文字刻着："伟大的印何阗，卜塔之子、上帝以及其他的神都安息于此。"那么埃默里发现的是印何阗的墓吗？如果是的话，却没有别的东西来辅以证实。许多考古学家当然不能信服，因此对印何阗最终安息地的寻找仍在继续。

上图
在卡纳克神殿 1000 年之前，印何阗就以阶梯金字塔为开端，开始建造纪念性建筑。

右图
艾德夫神殿位于尼罗河西岸，为了纪念鹰神何露斯而建，修建历时 180 年。

卡纳克神殿

卡纳克神殿靠近卢克索的现代城镇，依次坐落在底比斯古城遗址上。如果哈特谢普苏特神殿是令人望而却步的，那么始于公元前 1530 年的卡纳克神殿的规模和复杂性几乎是无法比拟的。如今，信徒们不再穿过一个开放的庭院，而是要穿越仪式性的三重巨大纪念性门塔或者大门。

上图
多柱大厅始建于塞提一世，建成于拉美西斯二世。柱子上覆有雕刻精美的象形文字和图案，其面积大到足以容纳巴黎圣母院。

卡纳克神殿，第一个大门的底座厚 50 英尺（15 米），宽 376 英尺（114 米），高约 150 英尺（45.5 米）。这些塔很“倾斜”，它们从底下开始就向内倾斜。一对花岗岩方尖塔纪念图特摩斯一世，哈特谢普苏特女王塔在两侧，高耸的悬崖般的外观使你毫无疑问地明白后面看到的将更为神圣。是的，即将在你面前耸立的是阿蒙大神殿，这可能是整个埃及最大的神殿。

一旦穿过位于初始庭院的第三塔和一个相连的大厅，礼拜者要继续穿过一个狭窄的大厅，进入一个迷宫般的圣殿，这令人迷惑的设计似乎是有意为之的。在大神殿的中心是世界上伟大的建筑杰作一——阿蒙多柱大厅。这是如浓密丛林般的石阵，其强大、密集的石柱让现代游客惊叹得驻足凝视。

我们也只能猜测当人们第一次看到它无比壮观的全貌时，它对人们的震撼和影响。两行匹配的“纸莎草”柱子高 69 英尺（21 米），直径为 12 英尺（3.6 米），在中央支撑着庞大的石板屋顶（如今也下落不明）。七行较小的“莲花”柱子高 42 英尺（12.75 米），厚 9 英尺（2.7 米），矗立在这些中央立柱的两侧，呈 16 排平行排列，总共 134 个。中央立柱和侧面支撑的柱子们的高度差异形成了一个天窗，使得一束朦胧的、泛着神秘的光进入室内。即使没有屋顶，这里依旧宏伟瑰丽。

似乎它们高耸的存在还不足以激起人们的震慑和敬畏，柱子上刻满象形图、象形文字和各种符号。而最初，它们是画上去的。

阿蒙大神殿旁边是圣湖。在西侧，在更大的围院里边，坐落着小得多的卜塔神殿和中型的独立坐落于西南角落的拥有其独特外观的康士神殿。康士神殿在建筑史上是重要的，因为它作为整个卡纳克神殿的模板，并最终涵括了卡纳克神殿以及后来新王国同种类型的神殿。

尽管卡纳克神殿有时候被称为墓地或者死亡之城，但它也作为在世法老的日常敬拜之所，因为它是死后的精神力量。一大批牧师、艺术家、工匠、文士、学者、劳工和奴隶都致力于这一共同目标。

事实上，这些宗教遗址是一些世界上最早的城市。建筑的宏伟壮观及其勃勃的野心激发了整个世界的想象。这座庙宇已有 3500 年的历史，这一令人震惊的成就使得卡纳克神殿成为顶级的旅游胜地，许多电影甚至戏剧的宠儿。最重要的是，埃及建筑师知道如何激发人们持久的惊奇感觉。

辅助阅读

精心设计的浅浮雕对于埃及建筑神秘性的审美诉求是至关重要的。再没有其他的建筑能告诉我们如此多早已遗失于世界的生活的细节了。在 1822 年，非凡的语言学家让-弗朗索瓦·商博良开始解读罗塞塔石，至此世界终于能够“解读”这些建筑。

金字形神塔

建于公元前 2250—前 2233 年的乌尔阶梯金字形神塔（阶梯金字塔），是为了纪念月亮神南娜，它是保存最完好的苏美尔人遗址。乌尔后来成为一个帝国的首都，在乌尔的第三代王朝开始出现了建造像人造山一样的不朽的金字形神塔的想法。就像今天的尖塔，或中世纪大教堂的尖塔，人们能从四面看到金字形神塔，象征着他们的祭司正在代表人民向神祈祷和调解。它们由烧制的砖制成，用芦苇加固，其底部长 210 英尺（64 米），宽 150 英尺（46 米），通过三个连接着的巨大楼梯到大概 76 英尺（23 米）高，每个楼梯有 100 级台阶。三个楼梯都通向一二层露台间的交错入口。苏美尔人在仔细调整高度上使墙成一定角度，让人们视线上扬。他们可能还有一个更奇特的计划：在台阶上可能种上了树。

下图
金字形神塔建成时，舒尔吉国王宣称自己是活神。他执政 48 年，其间正是乌尔（现今在伊拉克境内）繁荣昌盛的时期。

右图
乌尔金字形神塔的礼仪阶梯，专门为月亮神设计的，并被认为是他在地球的住所。据说月亮神的寝宫在神塔顶端。

美洲首个文明社会——坐落在墨西哥中部高地的奥梅克和秘鲁——都建造有庞大的，并可与苏美尔人的金字形神塔相比的石庙。但是奥梅克庙直到大概公元前 1200 年之后才建，那时候，查文·德·万塔尔直到公元前 900 年才开始设计。

特奥蒂瓦坎的城市建筑深受奥梅克的影响。尽管建设者的身份依然是争论的话题，但是它的规模比第一个千年的任何一个欧洲城市（包括罗马在内）都要大。

但是历史上最著名的金字形神塔即所谓的巴别塔，在《神经·创世纪》中有所描述。据《圣经》记载，这是大洪水之后首个建成的城市，也是各族人的家。该传说的犹太版本补充说，在这个大螺旋塔的顶端有一个石神像。

左图
伊拉克伊什塔尔大门的仿制品; 原型在"一战"前被完整地搬运到柏林。

上图
豪尔萨巴德的保护神或舍杜: 亚述人有五条腿, 到后来波斯的舍杜有四条腿。

如希腊人所知的, "巴别塔"是希伯来语中的"巴比伦"。这是世界著名的空中花园。巴比伦在大约公元前 1800 年声名鹊起, 它并不是幼发拉底河和底格里斯河之间(众所周知的肥沃月牙形地区)唯一的大城市。乌尔在公元前 2600 年兴起——有些人推断乌尔的金字形神塔实际上是巴别塔——自公元前 1800 年前后, 尼尼微开始被提及。另一个大城市豪尔萨巴德的宫殿和城镇修建于公元前713年。19 世纪在亚述的尼尼微挖掘出大规模奢华宫殿的遗迹, 它们主要的门口都被人首牛身或狮身的雕石守护着。

在公元前612年尼尼微覆亡之后, 在美索不达米亚南部, 一个新政权的王朝重振了早期巴比伦的雄威。尼布甲尼撒王没有辜负他响当当的名号, 他修建了一个更大的"新城市"。穿过著名的伊什塔尔城门, 走过一条宽广的大理石铺成的游行街可到达这里。这个门铺着蓝釉砖, 并装饰有纹章的动物。在 19 世纪早期, 大量德国人在巴比伦、乌鲁克、米利都、普里恩和埃及挖掘古迹。在 1913 年, 德国发掘者移走了城门遗迹, 并在柏林佩加蒙博物馆将其重建。

欧洲的新石器时代

随着叙利亚和伊拉克社会的建立，人们开始放弃狩猎和游牧的生活方式，转向早在公元前 9000 年的农耕生活方式，这种新思想迅速在南方传播。然而，这场新石器的变革直到公元前 5000—前 4500 年才传播至北欧。所以当一些其他文化在发展复杂的文明，并出现与之相配的建筑时，北欧却依旧用粗琢石建造建筑：巨石建筑。

许多团体花费极大的智慧和数年的努力把大量发现的巨石拖撬起，移至引人注目的位置。你在最意想不到的地方发现它们，它们神秘而难以解释。这些所谓巨石的功能，来自法国布里多尼词，“men”代表石头，“hir”代表长，这已经引起了几乎比欧洲史前时期的任何其他事件都要多的争论。

它们是地图还是太阳标记？它们曾被德鲁伊特使用过吗？它们是用来祭祀的地方吗？在法国圣埃斯泰夫附近的摇摆石位于国家内陆，处于一条宽阔河流的中间。为什么？一块有趣的石头——瑞典布莱金厄省的如尼石刻，传递着一条悲观的信息：“我预见毁灭。”

我们所知最高的一块巨石，是法国洛克马里阿屈埃（Locmariaquer）布列塔尼半岛的布赖斯巨石，曾高达 67 英尺（20.3 米），重达 330 吨。

法国西北部的卡尔纳克是巨石建筑最大的开放遗址之一。其地下拥有 3000 块当地花岗岩石。即使是在地上，这也是一处引人注目的景观。但是从上边观察它们，会发现它们形成了穿过这片风景的一条长路，形成了一种地图或记号。不像墓穴或寺庙，巨石并未围起一块空间；而是赋予这景致以醒目的人类设计，如果没有直接起到作用的话，它们似乎是要鼓励向前发展。

有些巨石破裂了，用在了后来的通道墓穴上——一种新石器时代的墓穴，埋藏的墓室在一段长石头入口的末端。而至于有时候这类雕刻和装饰的石头的重复使用是有意为之，还是通道墓穴建设者仅仅把这些巨石看作一种方便获得的石头，我们就不得而知了。

在埃及，一些伟大的建筑创新都因悼念死者而出现。大约公元前 4000 年，圆顶使一个位于布列塔尼海岸旁、港内长岛的石通道墓穴形成了引人注目的外观，这是早期一个著名的例子。它是由支柱结构形成的，每一块环石都比下面的要微微向内。

下图
位于卡尔纳克，瓦讷中世纪城镇附近的半岛，有 3000 多块史前立石。传说他们是罗马军团士兵，后来被魔术师默林变成了石头。

史前巨石

上图
史前巨石柱之谜至今仍未解开。许多人认为建这些巨石是为了预示太阳的升落。

史前巨石是世界上的特殊地方之一，这是通往史前景观的全景窗口。站在任何一座附近的山顶上，微风拂过脸颊，所有的景致都收入眼底：库尔西、礼仪圆石、圆形手推车以及游行大街——英国史前的零零碎碎，都散落在周围。当它们刚开始被建起来的时候，这些纪念巨石周围挖掘的白垩堆在落日下闪着白光。

但是史前巨石柱，这些宗教遗迹——考古学家刚开始理解的宏伟精致的宗教建筑群——是该地最低点。道路噪声和环境污染损坏了该地的尊严和精神。实际上，它是一个交通岛，它无声的宁静被周边道路的喧嚣打破了。

史前巨石柱是一个谜。它是一个已经存在了至少4500年的具有巨大精神意义的地方。这座纪念碑由同轴的柱子建成，建在一个大沟渠里，与剩余的景观分割开来。这个沟渠始建于公元前2750年；后四个阶段修建于公元前1500年左右。

公元前2550年首批运到此地的石头是青石。公元前1500年前后，这些石头被重排建成了内环。有人认为它们是从240英里以外的威尔士普雷瑟里山运来的：果真如此，不论以什么标准衡量，这绝对是一项非凡的功绩。混浊砂岩石是主要的构造，它们可能是在随后的一两个世纪里被拖到此地的：这些石头来自附近的埃夫伯里山。

建筑物始于新石器时代末期，当时的社会似乎已经是有安排有组织的了。几乎可以确定的是，那些早期修建巨石柱长达1000年左右的英国人，并非像埃及一样与死者交流，而是与日月交谈。美国天文学家杰拉尔德·霍金斯认为，巨石柱的三石塔是为了预测各季节的日升日落时间以及日食月食——是一部石质的历法。

德灵顿墙，或者“巨木阵”，是对东北石环（一个17英尺深、相当于5米的沟渠）的巨大围圈。这很可能是巨石阵的伴生碑：有证据表明人们在此于仲冬季节举行宴会。

如今在德灵顿几乎什么也看不到了。3英尺（1米）厚的木桩早就变腐朽了。曾经的大圈看起来也只是像一些地面上的标记，它周围的大沟渠被灌木丛和矮树丛掩盖着。但是专家如今意识到这其实是英国最大的巨石阵了。大约1320英尺（400米）宽，它甚至比埃夫伯里都要大。木圈似乎是为了测冬至日的日出。正如仲冬的巨木阵，巨石阵仪式的高潮是仲夏吗？

最新针对这两个宏伟的遗址的推测，是连接埃文河和大街的规划景观的一部分。它是一个葬礼建筑群吗？人们在巨木阵为死者守灵、入殓，顺着双沟渠的游行路线举行仪式，然后沿着河流到达巨石阵。从A303登上山顶，这些巨大的石头依旧会让你叹为观止。周边道路和附近现代村落无休止的喧嚣，会混淆我们对这个古老礼仪景观的理解。但它依旧在那里，耐心地等待着救援。

下图
假的森林？附近的巨木阵，这里被现代截断的树桩标记，预示着该地曾经是一片长着参天大树的森林。

克诺索斯

荷马对克里特岛的描写即使在其译本里也精彩绝妙："一个富饶可爱的岛屿，坐落于红黑色的海上……"公元前2000年建立于先前新石器时代定居点的废墟上，克里特岛上克诺索斯宫殿在1878年被发现，然后被亚瑟·埃文斯爵士——英国一位有钱的考古学家全部买走。埃文斯又花了40年发掘和修复遗址。不论以何种标准衡量，他所发现的都是令人惊奇的：布满连环的庭院、公寓、储藏室，以及建在树木丛生的山坡上的多层房屋。其平屋顶结构和多层布局让我们想起现代公寓大楼，但是就其比例而言，其美学的辉煌和绝对的宜居性，迷宫般的宫殿设计使许多现代建筑也相形见绌。

克诺索斯对于颜色的使用则是杰出的：朴素的石墙和地面与黑色和红色漆的支柱相映成趣，出色的描绘和色彩鲜艳的壁画装饰着墙壁，表现着宫廷内的享乐生活。

大厅和行政办公室在上面几层，而庭院中心西部是圣祠、庙宇、王座室等用来举行仪式的地方。而当时埃及文明却痴迷于对死神及其可怕的侍者的祭礼，而生动的克诺索斯壁画留给我们的印象是基于音乐、舞蹈和运动的文化：包含公牛跳跃欢快的杂技表演形式。所有这些都被热情奔放、色彩鲜艳的壁画记录在墙上。米诺斯文明——因传说中的或者可能真实存在的国王米诺斯而得名。该文明也擅长金属制品、珍宝和雕刻品：很多工匠和工艺师在宫殿的北边有他们自己的作坊。

巧妙的采光井、海湾及幽深的石柱廊结合在一起，使得宫殿背阴、凉爽并且照明良好。木构架和支撑的梁可以使建筑物能更好地经受住地震，因为在过去甚至如今，地震依旧威胁该地。至于其管道设备，使用的是一种环保的方式，用泉水和从雨水槽及特殊的屋顶渠道收集雨水，大部分欧洲国家用了近4000年的时间才达到同等先进水平。之后克诺索斯人拥有了自来水、冲水马桶、污水处理系统以及多功能浴室。作为统治者的象征的

左图

“米诺斯国王”公寓因为墙上的斧头标志，也称作双斧殿。房间因为用没有砂浆的石头建成，所以建得特别好。

下图

女王卧室的壁画：可以经常看到海豚在克里特岛周围的海里嬉戏。

双头斧，即希腊的大斧，在宫殿里到处可见。墙和隔墙由免烧砖制成。遮蔽的地下室装饰有赤色双耳陶罐，盛着大量的酒和橄榄油，而粮食储备和其他易腐食品保存在深窖里。

一些别墅遗址位于宫殿建筑群之外一条古路两侧，但是此外没有任何其他幸存的证据表明，估计10万人曾在米诺斯文明处于巅峰时生活在这里。在宫殿里，并没有人们做饭时使用厨房或灶台的迹象：相反，考古学家认为，他们在便携式木炭的火盆上烤捕获的鱼和野味。

接着出现了烧烤文化。当审视遗留的建筑证据的时候，你不禁会感受到米诺斯文明教给我们一些事情，使我们懂得平静、和睦，满足地好好生活。唯一令人遗憾的事情是，最终好战的迈锡尼人来到这里打破了这种平静。

左图

几千年前，游客通过海陆到达这里，从北入口进入克诺索斯。埃文斯重建了它，并通过微小的颜料碎屑来辨别颜色。

弥诺陶洛斯

至今还没人发现任何证据表明弥诺陶洛斯——一个每年都要求人祭的巨大可怕的怪兽潜伏在地下，或者传说中的希腊英雄忒修斯在阿里阿德涅的协助之下已经将它杀灭。但是，我们可能不应该因为事实而放弃一个好的故事。

迈锡尼

荷马歌颂伊利亚特迈锡尼的大城堡宫殿的名望。一个八岁的小男孩海因里希·施利曼燃起对《荷马史诗》的激情，他宣称自己有一天会发现特洛伊遗址。

迈锡尼是一个城堡：以修建的石碑来展现其力量。高高栖息在岩石上，在东部半岛十分引人注目，从全貌看来，其建造者完全懂得高处地形的军事优势。

像它之前的克诺索斯一样，迈锡尼非常重视其巨大的围墙内的文化和管理的所有重要功能。今天我们看到的大多数的城墙和纪念碑建造于青铜时代晚期，于公元前 1350—前 1200 年，那时候该城市的影响力处于巅峰时期。

该城邦霸气的建筑形式，多得益于迈锡尼人对几何学和比例法的通晓，这体现在建筑规模、建筑形式及用于建筑物的单独整齐的石块方面。这些石块非常巨大以至于后来的希腊人认为，只有通过传说中的巨兽独眼巨人才可能将其安放好。引人注目的狮门是城堡的主要入口。它和首个堡垒大致建于同一时间——公元前 1350 年，与此同时，这巨大的砖石建筑也被投入使用了。

迈锡尼森严的等级社会由皇宫的规模和位置体现出来，皇宫是最大的建筑，居于城堡的中心。尽管在很大程度上已经被抢掠和毁灭了，但是宫殿似乎曾有一个中央大厅，或者王座室，很像克诺索斯的一个宫殿，只是规模小了很多。有一个升起的中央灶台或祭坛，一些柱子可能包围着它，御座靠着它后边的墙，这样在门口就可以看到统治者。阶梯式的架子可能是作为放还愿贡品的地方。

所有这些因素都证明施利曼发现了传说中的特洛伊。小贵族、富有的商人和曾经的牧师的房间从皇室向南延伸，随着该地的自然轮廓，以一种扩展的泪滴形状延伸。城墙外有小村庄、农场和庄园，拥有这些的居民在战争时期能撤进城堡。

右图
通过一条长的、巨大的石堤到达令人印象深刻的狮门。两只母狮守卫着代表女神的圆柱。

左图
阿特柔斯的宝库，或者施利曼口中的阿伽门农墓，是建于公元前 1250 年前后的令人印象深刻的圆形墓。门口上端的门楣石重达 120 吨。

下图
建于特洛伊战争之前大约 400 年，该圆形建筑物以其尺寸而著称。在技术方面它远超于它所在的时代。

右下图
不是阿伽门农的脸，那他是谁呢？在竖井墓里发现的五副面具之一，其中有两个孩子，都覆以金色叶子。他们可能追溯到公元前 1550 年。

今天，没人能完全确定为什么建造高耸的锥形圆屋，又名“蜂巢墓”——这是施利曼以希腊神话人物命名的。我们都知道通过开放的围墙通道能够到达这里，进入墓穴。在这些墓穴里，我们发现了古希腊最早的圆屋顶。许多门口有巨大的石灰岩门楣：这是进入圆形建筑物的入口标志，施利曼称其为阿特柔斯宝库，其重达 100 多吨。

在这里，冒险的考古学家发现了一具木乃伊尸体，他的脸上戴着一副金黄色的死亡面具。

据神志不清的施利曼说：“今天，我凝视了阿伽门农的脸。”他之后给自己的两个孩子分别取名为安德洛玛刻和阿伽门农。实际上圆形墓穴，就像城堡内的竖井墓，正好起源于特洛伊战争结束之前的四个世纪。真正的特洛伊位于安纳托利亚，也就是如今的土耳其。

在该地修建这个规模和设计如此精巧的圆锥形石墓，对今天的现代工程师也是个考验。直径大约 50 英尺（15 米），比其高度略小一点，蜂巢墓建构有漂亮的圆形支撑墙，并形成一个尖端。这些是由一层层接续变小的环形砖块或石头搭建而成的。迈锡尼人能反复这样做，其实已经证明了他们的建筑和工程能力。跟欣赏我们之前这些遗址的古罗马、古希腊游客一样，我们只是惊讶于在青铜时代的文化之中，人们是如何抬起和移动这些巨石的。有一件事是确定的：他们促进了古希腊罗马建筑学、文学的发展。

波斯波利斯

世界上第一个王朝是阿契美尼德波斯帝国，由赛勒斯二世（公元前600—前530年）创建，它在政治和文化方面的深远影响持续了300年。在其发展鼎盛时期，波斯帝国的领土从西部的希腊和利比亚扩展到了如今巴基斯坦境内的印度河领域。提洛联盟是在雅典领导下的希腊城邦间的一个组织，其形成的唯一目的就是反对好战的波斯帝国。由波斯帝国国王大流士和薛西斯发动的对希腊的侵略战争成为最著名的希腊和拉丁文学的背景。例如，希腊的历史学家希罗多德在其所著的《历史》中，将残暴的波斯国国王与民主希腊的国王进行了对比；希腊最伟大的纪念碑——帕特农神殿，便是为了纪念波斯帝国的战败而建。

埃及、美索不达米亚和安纳托利亚的古代文化都被吸收进了这个世界性的新帝国。如今已经成为一系列废墟遗址的波斯波利斯位于当代伊朗设拉子城东北部约43里（70千米）的地方。波斯帝国国王大流士和薛西斯统治时期的波斯帝国的首都是世界上第一个创造性融合各种审美形式的典范。来自波斯帝国各地的工匠都被请来为石材建筑创造新颖的装饰形式。

希腊的爱奥尼人以其精湛的技术而闻名于世，共同创造了一个辉煌的帝国主义新文明。在此处最早的遗骸可追溯到公元前515年。

波斯波利斯宫殿分三个不同的等级建造在一片广袤的平原之上，拉赫马特山又称慈悲之山的山脚。走过一段壮观的双向旋转楼梯，再经过一个名为“万国之门”——富丽堂皇的迎宾大门之后，便来到了大流士统治时期世界性的新都城。

波斯波利斯宫殿规模宏大。你可以想象战争领导者骑着高贵的马匹矗立在仪式性的楼梯上——大部分是低矮的台阶——楼梯的侧面是各式各样的浮雕。646平方英尺的阿波陀那或观众礼堂三面都建有阳台。超过66英尺（19米）高的柱子支撑着厚重的橡木和雪松天花板，其中的13根至今仍然屹立着。

在西方，当我们对柱子上抽象的装饰性设计习以为常的时候，在东方它们才刚刚兴起。方形柱基的柱子顶部是精美的雕塑：狮子、鹰、双头牛。文化的融合显而易见，比如，这些牛都由具有爱奥尼式的卷轴支撑。

宫殿的墙上涂抹着一层粉饰灰泥。大流士下令将他的名字以及有关所在王国的细节写在金盘子和银盘子上，然后将其放在宫殿四角地基内覆盖着石头的箱子里。

因为东边的楼梯上数世纪以来都埋藏在灰尘和瓦砾下，所以其上的浮雕保存完好。旁边的王座殿，作为波斯波利斯的第二大建筑，是国王接见贵族、重要人物和附属国统治者的地方。王座室，230 × 230 英尺（70 × 70 米），居于宝殿的中心位置，它也以百柱之殿著称——由 100 根柱子支撑起屋顶。由于其主要建材为木材，所以只有它的石质地基保存至今。

宝殿旁边的巨大金库作为军械库和仓库保存着波斯附属国在新年宴会上进贡的奢侈品：浮雕展示着统治者正在接见成群结队准备进贡的使者。根据希腊历史学家普鲁塔克的研究，公元前 330 年，亚历山大大帝入侵并洗劫了波斯波利斯，当时为了运送具有两个世纪历史的战利品，他动用了 20000 头骡子和 5000 头骆驼。

左图
虔诚的人民及其带来的贡品都要通过“万国之门”。高大的雕塑，拉马苏抵御恶魔保卫着宫殿。它们的人面和翅膀与之前的亚叙原型很像（见前面“金字形神塔”内容的铭文声明：我赛瑟斯，是伟大的一国之王，也是万国之王）。

上图
波斯波利斯，现位于伊朗境内，在当时是一座文化“熔炉”。它的亮点是由 100 根柱子支撑起来的大厅，由色彩繁多的柱子组成的森林以及使人惊叹的景观。

右图
为来自阿波陀那的狮身鹫首雕塑。好战的狮鹫在波斯的艺术和建筑领域独树一帜。

古典世界

古典时期的古物有着巨大的影响力。每个新兴帝国都宣称是罗马的继承者，但是如果在广袤的古希腊和古罗马之上的大国都会衰亡，那么伦敦和纽约为什么不会呢？这些废墟的确启发，但也警醒着我们：文明是如此脆弱。

希腊神庙祭祀各个神灵，比如象征男性之美的太阳和光明之神阿波罗。刻有凹槽的多立克风格的柱子象征着阳刚之气、美和真理。

神圣的和谐

上图

古希腊人因其所采用的精密方法建造仪式建筑而闻名，在大理石上雕刻三竖线花纹装饰和圆锥饰便不足为奇了。

批判家尼古拉斯·佩夫斯纳尔曾经这样描绘希腊神殿：

……最完美的建筑典范找到了它的结构之美……展现在我们眼前的建筑比后来任何一座建筑都更生动。

上图

作为希腊境外最好的希腊神殿之一，它于公元前 6 世纪在西西里岛的阿格里真托建成，随后用作基督教教堂，持续的使用使其保存至今。

古希腊人认为，自然中的一切都受神的控制，这些神长生不死，能够变形、隐身，瞬间飞到任何地方。他们通常也有人的缺点，其中之一便是爱美之心：冥王劫持了珀尔塞福涅；阿佛洛狄忒爱上了人间的美男子阿多尼斯。对希腊人而言，同其他文明一样，纪念性的建筑开始用来祭祀人们信奉的神灵，希腊神殿作为神灵之家便成了人们自觉追求美的象征。

这些神殿借助和谐的比例传达出一种神圣感，看上去非同一般。希腊人也相信数学的神奇力量，他们非常重视比率和比例，这也是这次对理想建筑研究的一部分。

变石材

在希腊神殿的建造由木材转变为石材之前，墙壁上部的横梁都被切断了（不像日本和中国的横梁，一端向上扬起），横梁的两端则用涂有蓝蜡的木板装饰。在开始使用石材建造神殿之时，增加了一种叫作“三竖线花纹装饰”的装饰形式，这是一种刻有凹槽的垂直木板，多立克式的横饰带。在三竖线花纹装饰下面经常雕刻像雨滴或眼泪这种小的水滴饰。一些学者推测，三竖线花纹装饰代表通过木钉使其固定住的托梁木条和雨滴。它常被描述为希腊的“保守主义”，但这种建筑上的象征或许还是一种对历史自觉的纪念之举。果真如此，那这段历史一定悠长而辉煌。你能够看到在维多利亚时代自由使用的装饰，特别是在美国和英国乔治王朝时期的建筑。约翰·纳西的灰泥建筑更是让阿卡狄亚成为古老的伦敦小镇。

重要日期

公元前 1300 年 中国首次引入书。
公元前 1300—前 1200 年 1977 年，荷兰的考古学家在叙利亚的拉卡发现了一个主要的行政中心，其历史可追溯到公元前 1300—前 1200 年。
公元前 1292 年 一份埃及文件描述了一位为参加啤酒节擅自离职的建筑工人，由于他的姐夫是负责此项工作的主要工程师，所以并没有为此解雇他。
公元前 1250 年 希腊迈锡尼城的狮子门建成。
公元前 1150 年 特洛伊衰亡；《埃涅伊德》开始被创作。
公元前 814—前 44 年 迦太基从一个腓尼基贸易国崛起，与罗马竞争。
公元前 900—前 317 年 斯巴达和他选举产生的委员会掌握了希腊的最高权力。
公元前 700—前 500 年 伊特鲁利亚人在意大利建立起独立的文化。
公元前 550 年 阿波罗神庙由伊克蒂诺在科林斯建成。
公元前 525—前 406 年 在文学作品中首次写入悲剧。
公元前 510 年 雅典金库在希腊古都特尔斐建成。
公元前 500—前 480 年 埃伊纳岛的阿菲亚神庙建成。
公元前 490 年 马拉松战役；斐迪庇第斯奔跑 26 里路，马拉松至此成为奥林匹克运动会的一项运动项目。
公元前 480 年 雅典卫城被波斯人摧毁；塞莫皮莱战役。
公元前 447—前 432 年 伯里克利利用希波战争后雅典获得的财富着手实施一个宏大的建筑项目，其中包括帕特农神殿以及雅典卫城上的其他纪念性建筑。
公元前 427 年 雅典娜胜利女神庙由雅典建筑师卡利克拉提斯建成。
公元前 425 年 希腊历史学家希罗多德创作其历史作品。
公元前 421—前 405 年 厄瑞克提斯由雅典建筑师姆奈西克里建成。
公元前 410 年 基济科斯战役；民主重新在雅典盛行。
公元前 404 年 雅典向斯巴达投降，标志着古典希腊文化开始结束。
公元前 384—前 322 年 “哲学之父”亚里士多德成为亚历山大大帝的老师。
公元前 333 年 亚历山大大帝击败大流士三世。
公元前 315 年 罗马的君士坦丁凯旋门建成。
公元前 300 年 埃皮达罗斯剧场由波留克列特斯设计并建设完成。
公元前 218 年 迦太基将军汉尼拔穿越阿尔卑斯山脉。
公元前 205 年 塞维鲁凯旋门建成。
公元前 120—前 135 年 意大利蒂沃莉的哈德良别墅建成。
公元前 117 年—前 120 年 土耳其的以弗所图书馆建成。
公元前 81 年 提图斯凯旋门建立。
公元前 80 年 罗马作家、工程师维特鲁威出生。
公元前 64 年 金宫由罗马的塞佛留斯与塞勒建成。
公元 16 年 方形神殿在法国尼姆建成。
公元 20 年 最后一个阿拉伯帝国哈德拉毛王国崛起，首都：沙堡。
公元 43 年 罗马第二次入侵不列颠。
公元 70 年 古罗马帝王提图斯粉碎第一次犹太战争。
公元 70—82 年 罗马圆形大剧场满足了罗马人对“面包和马戏”的渴望。
公元 118—126 年 罗马万神殿建成。
公元 312 年 君士坦丁大帝为保障宗教自由颁布“米兰敕令”。公元 330 年，建立了帝国新首都君士坦丁堡。君士坦丁大帝死后，罗马帝国被分裂为东罗马帝国和西罗马帝国。

最早闻名于世的古希腊神殿出现在公元前 9 世纪前后的美丽的萨摩斯小岛上。它拥有木材柱廊，屋顶由沿中心轴放置的一长排柱子支撑。

到公元前 6 世纪，当石材取代木材之时，一套应用比例逐渐形成并得以普遍应用。充满力量和朴素之美的建筑得以发展并影响了我们2500多年。人们认为“式样”这个词来自希腊语中表示柱子的一词“stylos”。

在早期文化中，柱子是非常重要的第二大特征。相比之下，古希腊复杂的建筑体系完全基于柱子及其负载的宏大的上部结构。这一优美的体系非常灵活：以女像柱和男像柱著称的人像甚至能够代替柱子。由一个轴、一个地基和一个重心组成的柱子经常被上蜡，使其在光下发光。

如今神殿内部拥有柱廊，这些柱廊由两阶柱子组成，上下相罗列用以支撑屋顶。祭拜用的房间或内殿创造了一种管状视野，望向房间尽头的神像。列柱廊或开发式连拱廊强调神殿的可接近性。

公元前 750—前 350 年的古希腊从古埃及受益匪浅，采用了纪念性建筑和柱子的理念以及过梁石建筑体系。简单的原始多立克式柱子模仿了大部分埃及的柱子，越往顶部越细。大约公元前 470 年的奥林匹亚宙斯神殿便是多立克柱式神庙最好的典范。然而，希腊人通过发展柱式体系又向前进一步。

人形山头是古希腊神殿的一个重要特点。并非所有神殿的人形山头都是雕刻而成的：意大利帕埃斯图姆的赫拉神殿（大约公元前 460 年），即更被人熟知的海神尼普顿神殿，它的人形山头没有雕刻也足够精美。但是强烈并且生动的色彩方案可能是所有神庙共同的特点。

柱式

古典建筑主要有五种“柱式”。希腊和罗马采用了多立克柱式、爱奥尼柱式和科林斯柱式，而托斯卡纳圆柱式和组合柱式通常只是罗马建筑的特点。

人们通常认为，简单朴素的多立克柱式是第一个古典柱式，主要是因为最早被人熟知的神殿就采用了这种风格。多立克风格的柱子比其他风格的柱子短：高度大约为直径的5到6倍。公元前6世纪，在小亚细亚的西北部形成了更简单的多立克柱式：“伊欧里斯柱式”。

希腊人减小了柱轴，使其在中心微微隆起，纠正了柱子向内弯曲的错觉。同样，以柱座为人熟知的地基平台在中心向上隆起，消除了其表面产生的凹陷印象。“Entasis”（隆起）源于希腊语“en”（在里面）和“tasis”（伸展），说明视觉对希腊人的重要性。希腊人设计的神殿远远望去便让人赞叹不已。

爱奥尼柱式在希腊东部的爱奥尼岛上得以发展，也许是在与中东的比较中得到启发。爱奥尼人在尼罗河三角洲有通商口岸，在以弗所、萨摩斯岛、迪迪马神庙，它们规模宏大，显示出对埃及纪念建筑规模的理解。

爱奥尼柱式的柱子拥有槽轴，精心塑造的圆盘底座，其顶部逐渐开始卷曲像公羊头上的角。罗马作家、工程师维特鲁威告诉我们，爱奥尼风格的柱子的高度是其直径的8到9倍。他写道，为纪念狄安娜女神，爱奥尼风格的柱式得以发展。越往高处越细的精美柱子，仿照她的形体，穿着漂亮布匹做的衣服，上面有很深的褶皱，头发优美地梳到耳后。

从公元前4世纪以后，爱奥尼柱式开始被一种新的样式所取代——科林斯柱式。公元前5世纪，希腊的雕刻家卡利马科斯受到一位来自科林斯的年轻女孩坟墓的启发。女孩的奶妈在她的坟墓上放了一个柳条筐，一种爵床属植物从筐中长了出来。一位建筑师用高为底座直径10倍的柱式，故意或无意地暗指这位来自科林斯的女孩的命运以及转瞬即逝的生命。

在古希腊，柱式经常用来装饰外表为多利克风格的建筑的室内。或者人们认为在室外太过招摇。相比之下，罗马人爱它。在罗马，柱子变得更高，这意味着设计更高的建筑体——多增加一排叶形装饰变得简单。

到目前为止，最朴素的柱式是托斯卡纳圆柱式。这种风格的柱子没有凹槽，有时连底座也没有，柱上楣构没有三竖线花纹装饰。相反，最复杂的柱式是组合柱式。在这种奢华的柱式中，爱奥尼卷轴形的装饰和科林斯式的叶形装饰相结合。公元70年，组合柱式应用于罗马提图斯凯旋门，那之后，它便和军事活动产生了联系。横跨两层楼的“巨大柱式”成为文艺复兴的发明。

在希腊时期两层建筑变得更加普遍之时，公元前4世纪将柱式结合的想法便应运而生。再后来，始建于公元72—73年的罗马斗兽场成为世界上在单一建筑内多种柱式共同运作的最著名的案例。

左图（从左至右）
1. 多立克柱式
2. 爱奥尼柱式
3. 科林斯柱式
4. 托斯卡纳圆柱式
5. 组合柱式

石头里的故事

公元前 480 年，强大的波斯帝国侵略了雅典，将雅典卫城夷为平地，其中包括建在帕特农神殿原址上的一个神庙。发生在“温泉关”的温泉关战役是世界上最著名的战役之一，在这次战役上，塞莫皮莱，由 300 名斯巴达人和 700 名泰斯庇斯人组成的小型军队在一小撮希腊盟友的援助下，在山道上与赛瑟斯一世领导下的大批波斯军队作战。不久之后，凯旋的上将伯里克利委派被誉为最伟大的古典雕刻家的菲迪亚斯重新建造雅典卫城。

建造的最大的神庙就是宏伟的帕特农神殿，它是为纪念代表战争和智慧的贞洁女神雅典娜而建的。菲迪亚斯设计了雅典娜女神的雕塑，可能还雕刻了帕特农神殿的很多雕带，但他求助于建筑师伊克蒂诺和卡利克拉提斯完善我们今日所见的伟大的多利克风格的神庙的剩余部分。

其他两个精美的结构被誉为雅典卫城建筑群：卫城前门或礼仪性通道和依瑞克提翁神殿。

上图
为雅典的厄瑞克提斯，其不规则设计的产生源于它的三个功能：它是厄瑞克提斯国王的圣殿，保存着雅典娜的木雕像，还保存着古希腊神话中海神波塞冬的三叉戟标志。

右图
在雅典卫城厄瑞克提斯的女像柱通常代表沦为奴隶的痛苦的卡里伊妇女。

右图

埃匹达鲁斯古剧场，是一块独立的领域，以远古时期最著名的治疗之神阿波罗儿子阿斯科勒匹奥斯的圣地而闻名于世。

以雅典娜城邦神殿闻名于世的厄瑞克提斯神殿由建筑师穆内西克莱斯为放置城邦独创的雅典娜木雕像而建造。它也是海神波塞冬的圣殿：一个巨大的金色灯放置在神庙中心当作航船灯塔。

厄瑞克提斯神殿有三个主要部分：主要的神殿、北部延伸出来的部分以及少女的门廊。在这里女像柱——被雕刻得优美的女性形象，其形如同有凹槽的爱奥尼式柱子——支撑着神殿的主要结构。

厄瑞克提斯神殿的每个女像柱都不一样。好像她们拥有在石头中得以永生的真正女人的面庞。与著名的斯巴达三百勇士不同，卡利伊附近的城市加入了波斯人与希腊大陆的战争。卡利伊男人们为他们的背叛而遭到报复，被大规模杀戮；女人们则沦为了奴隶。少女门廊的女像柱是一种纪念也是对子孙后代的警醒。为了她们的男人们，她们一直承受着重负。

每座古希腊城邦至少有一座神殿，但是随着时间的发展，希腊城邦开始开发公共喷泉、体育馆、学校和图书馆。亚历山大市和科林斯甚至拥有某种简单形式的街灯。由于亚历山大大帝建立了横跨亚洲的殖民地，因此城市规划变得重要。像以弗所和帕加马开始拥有了特殊公共建筑以及宗教性建筑。帕加马是世界著名的图书馆所在地——据说安东尼给克利欧佩特拉全部的书目。

古希腊人遗留了很多艺术作品，帮助我们理解他们的求知欲、对几何学和天文学的热爱，以及通过研究哲学对真理进行的探索。因为民主始于雅典的自由公民，所以诸如宫殿和宏大的坟墓等杰出的标志性建筑就很稀少。另一方面，剧场并非仅仅是一种流行：它们是人们生活的必不可少的一部分，为了纪念古希腊神话中的性、丰产和葡萄酒之神迪奥尼索司而建。

建造于公元前350—前300年的埃皮达罗斯剧场今天仍然在使用。这个位于伯罗奔尼撒的非凡的剧院建在山的一边，呈半圆形，拥有13000个座位，观众席有55排石凳，或“看台”。直到现在，这个环形的乐队演奏处或“跳舞的地方”和管弦乐队后面的背景幕弧拱已经成为标准的剧院建筑模板。剧院的后面是绵延起伏的开放的丘陵，为观看埃斯库罗斯和索福克勒斯所创作的令人精神振奋的戏剧提供了神赐的天然背景幕。

埃皮达罗斯是一个拥有矿泉的著名疗养中心，就像18世纪的浴室。那里的建筑包括一个正式的宴会厅、一间浴室、一个体育场或者摔跤学校。尽管摔跤仅限自由的男人，仍是古代世界最重要的运动之一。建筑旁边就是另一个引领潮流的建筑设计——露天体育场。希腊建筑师后来引入了从分层座位下面通往各处的隧道，正如现在我们的许多体育场。

埃皮达罗斯海岸边的奥林匹亚如今因公元前776年首创的奥林匹克运动会而世界闻名。然而在古希腊，奥林匹克作为住在奥林匹斯山的神灵之家拥有更重要的意义。就像如今的洛杉矶，它是一座崇尚宙斯的信仰之城，也是一座伟大的展示之城——每一处基础设施都展现出文明。神殿内是著名的巨大宙斯雕像，该雕像由象牙和黄金所造，由菲迪亚斯雕刻，被誉为古代世界的七大奇迹之一。

奥利匹克火炬每四年仍会在奥林匹亚点燃，之后环绕世界，最后到达最新的奥林匹克运动会举办地。今天，我们期望在匆匆几年间营造一种奥林匹克情节，在奥林匹亚，这却用了6个多世纪。古典时期（公元前5世纪—前4世纪）见证了第一个正式的体育设施，其中包括进行战马赛的跑马场。在希腊文化盛行的时期（公元前4世纪晚期），最大的建筑里奥内达翁建成，作为重要的访客的居所。公元前3世纪建造了体育馆，随后，公元前2世纪新的体育馆完工。

在罗马人接管之前，奥林匹克运动会成为世界性的赛事。随后罗马人，典型的罗马人，开启了较长时期的设施改进，尤其是，对他们而言最重要的浴场。

神殿时期

标注：在柱子顶部被支撑着的横向结构，比如横梁，被称为柱上楣构。它由框缘、雕带和上楣柱组成。大部分希腊神庙三角墙的表面都包含“三竖线花纹装饰”（三条垂直的竖线）、柱间壁以及它们之间的平坦区域。它们依次出现横跨三角墙下面的雕带。柱间壁经常被雕刻。

列柱廊是由柱子围绕起来的庭院或空间，然而柱廊则是柱子组成的建筑屏风。神庙中心众人朝拜的地方称为内殿，由主室、放置雕像的内堂、走廊和门廊组成。

帕特农神殿

由于这个原因，伯里克利的作品更让人惊奇。这些作品一直都是在短期内便被创造，它们中每一个都很美，甚至很快就成了古物。尽管永恒的精神气息已经注入其中，但是他的这些作品中繁盛的永恒之新随着时间的发展使它们没有了人类的痕迹。

——普鲁塔克，《伯里克利的生活》

在雅典卫城的泛光灯照明下，帕特农神殿在黑夜中若隐若现。这座神殿是西方社会完美建筑的终极愿景以及最高的文化成就。然而最现代的建筑大师勒·柯布西耶不知怎么的却有着不同的看法。

一个清晰的形象我将永远铭记在心：荒凉的、支离破碎的、经济的又充满暴力的帕特农神殿。与优美又令人恐惧的风景格格不入。

在公元前480年的温泉关战役之后，波斯军队入侵了雅典，将雅典卫城之上的古老圣殿烧为平地。出人意料的是，希腊人在萨拉米斯海战取得了决定性的胜利，反击了强大的波斯国。随后凯旋的大将伯里克利下令重新修建了雅典卫城。第一座他下令修建的建筑是一座神殿，用于供奉智慧和战争之女神——雅典娜。

人们称这座神殿为帕特农神殿。由建筑师伊克提诺斯和卡利克拉特于公元前447—前438年建造的帕特农神殿是对希腊权贵的挑衅。它由闪闪发光的白色大理石组成，在周围城市的任何地方都能够看到它。完美无暇的新神殿指向波斯海军的水中墓地——萨拉米斯海湾，神殿的美彰显着雅典军事、文化和知识才能。希腊人战胜了处于骚乱中卑鄙野蛮的敌人（指“波斯”）。

帕特农神殿两头有八根柱子，比普通神殿多两根，因此比大多数希腊神殿都要大。这为雕刻家发挥才能提供了很大的空间。雕带很好地把握了深度和角度，展示了特洛伊城的陷落、奥林匹斯山神和地球巨人的战争以及人类和亚马逊人之间著名的象征性战争。

在三角墙之上展现了智慧和战争女神雅典娜出生的场景。她手里握着矛和盾跨步走，从她的父亲宙斯的脑袋里出生时已经长大成人。在战争列阵中的由象牙和黄金组成的宏大雅典娜雕像站立在巨大的东边房间内，它是由当代著名雕刻家菲狄亚斯雕刻而成的。

希腊神殿的设计不是为了供大批人集体进入的——人们只能在外面集合在一起共同朝拜，奢华的新神殿被用作国库、布施、贡献品、贵重物品以及华丽的银色宝座（在这里波斯王赛瑟斯眼睁睁地看着希腊海军粉碎了他的逃亡计划）的储存地。

建筑师为了彰显帕特农神殿的重要性，极其重视它的结构。建设者采用了无灰浆结构即大家所熟知的“门框架”方式，用埃及的精密仪器将大理石块切割成方形，将其表面打磨得非常平滑。

神殿距离飞檐的顶部45英尺（13.7米），大约宽100英尺（31米），长230英尺（69.5米）。在整个建筑都能找到4:9这个神秘的比率，它决定了柱子的比例和柱子间距之间的关系。它同样决定了柱子顶部到神殿楣构的高度。

17世纪以来，人们一直在试图揭开神殿的秘密。它好像是根据古代对

上图

雅典卫城，引人注目，隐约出现在雅典的半空中，帕特农神殿就在其中心。他的意思是“少女之地”——帕特农神殿就是巨大的雅典娜雕像。

几何的某种神秘的理解而建造的：数学家和建筑师非常着迷。随后，1751年，英国的旅行家詹姆士·图尔特和尼古拉斯·勒沃特航行到雅典勘测和记录帕特农神殿的遗址。1762年，他们出版了《雅典古物》第一册，轰动了当时的西方世界。几乎在一夜间，帕特农神殿被誉为世界上绝无仅有的最美的建筑。它是非凡的古代人民的智慧所产生的奇迹，它将一个新的词汇赋予了西方建筑和设计。然而当业余爱好者协会测量神殿时，他们惊奇地发现这个古希腊建筑的巅峰杰作 —— 有序的古典几何结构 —— 竟然没有一条单一的直线。

究竟建筑师们做了什么？谜团的答案就在罗马工程师和建筑师维特鲁威的书中。维特鲁威说，希腊建筑的设计就如同是“quod oculus fallit”——眼睛欺骗了我们自己。伊克提诺斯和卡利克拉特采用了巧妙、细微的alexemata或“改善”以确保帕特农神殿的线条让人看起来舒服。维特鲁威说，角落的柱子必须粗，“因为它们要抵御露天的环境，而看上去这些柱子要细”。神殿角落的柱子的确比其他柱子宽2英寸（5厘米），彼此间的距离要比其他柱子间的距离近2英尺（61厘米）。柱座或地基有一条朝向柱子中心的凸曲线。按理说这会使柱子向外伸，但是情况却恰恰相反：柱子稍微向内倾斜6厘米而抵消。

这种技术就是如今所熟知的柱微凸线（源于希腊语中的“tasis”，即延伸之意），甚至柱子本身也有一条轻微弯曲的曲线，这种工艺是帕特农神殿结构优美的关键。伊克提诺斯 —— 或者誉有完美雕刻家的菲迪亚斯——非常重视结构的轻盈。甚至随着柱子高度的增加，其凹槽饰减少。整个构成非常精美：轮廓和线条精美、匀称。当我们因帕特农神殿的建筑之美以及协调的比例而为之赞叹的时候，我们首先想到它是按照“黄金分割”的规则建造的，但随后我们才意识到它使用的是相当精妙的愉悦视觉的方法 ——alexemata。

右图
如今没有了大部分著名的大理石浮雕的神殿只是个名字。故意毁坏？也许吧，但显而易见，帕特农神殿有一个潜在的新敌人——污染。

帕特农神殿残缺的原因是人为而非腐蚀。在6世纪的一段时间，神殿变成了罗马天主教教堂——雅典的女神。1456年，奥斯曼土耳其人占领了雅典，他们给帕特农神殿加了一个尖塔，把它变成了清真寺，如今仍能够寻到包括室内楼梯在内的踪迹。

但是直到1687年，真正的灾难才爆发。威尼斯军队攻打了用大神殿储存军火的奥斯曼军队。9月26日，一颗炮弹直接在神殿屋顶爆炸，引燃了储存的军火。神殿中心的大爆炸炸得神殿的柱子、三角墙的碎片、屋顶和雕像在雅典卫城漫天飞舞。

在这里产生了巨大的丑闻。1801年，英国驻君士坦丁堡的大使埃尔金勋爵获得批准，准许他从苏丹搬走他认为适合的雕像。从1801年到1812年，埃尔金从帕特农神庙搬走了大约一半的剩余大理石，并将它们运到了英国。他因此一直遭受骂名。

运送这些又笨又沉又重的货物既危险又昂贵，埃尔金很快负债累累。走投无路的他将这些大理石卖给了英国政府，换取了74000英镑。比他的整个花费还要少1000英镑。1816年，英国国会支付给他36000英镑。

仅在埃尔金将最后一批大理石搬运到比雷埃夫斯海港10年之后，雅典卫城再次成为战乱之地。最后西方政府干涉希腊的独立战争，新国王诞生——巴伐利亚的年轻的奥托王子。在支离破碎的雅典卫城之上，毁坏的柱子、炮弹、贝壳碎片和人类的骨头散落一地。克伦茨（瓦尔哈拉殿堂的设计者）没有气馁，他高兴地开始着手拆除野蛮行径后的残留地。

第一次大型的挖掘是一场灾难，在疯狂的文化清洗时也清除了大量的历史证据。古希腊继续行走在细心准备的路面，但是普鲁士人却在泥土中越挖越深，直到除了不稳定的自然基岩之外一无所有。你所看到的后来历史遗留的一切是考古学家选择留下的。

勒·柯布西耶可能已经从他所看到的既严肃又朴素的场景中获取了灵感，但是古希腊却视曾经五彩缤纷的神殿为残骸。他的反应突显在神庙现代化的标志性的地位中心的悖论。我们尊称神庙为述说着和平和古物的高贵的废墟，但我们却与希腊人对它的看法远远不同。

不仅如此，神庙的历史代表征服、暴力而非和平。有趣的事实就是，从勒·柯布西耶到埃尔金，从游客到考古学家，我们所有人在帕特农神殿看到的只是我们想看到的东西。

罗马：横越大洲

李维说，当工人们开始挖掘罗马的第一座神殿的地基时，他们首先挖到的是一颗头颅。

头颅的所有特征都保存完好，毫无疑问，这个发现意味着这座神殿不仅在这个国家地位领先，而且在世界上处于首位。

李维是正确的。在长达1000多年的建筑史上，罗马人不仅改变了他们不朽的城市，更锻造了一座帝国。他们在工程学和建筑学方面的成就是无可比拟的。罗马大帝奥古斯都在位期间（公元前100—前44年），罗马大帝国的疆域从西班牙延展到叙利亚，从北非到德国，连接了三个大洲。

当恺撒打败高卢人（后来的法国）后，他又把目光投向了英国。使得后来的欧洲人享受到他们建筑革新的种种便利，如泡浴缸、地热取暖等，而在罗马统治前这些却是不可想象的。还有榨酒器和下水道的出现。文明制度的出现，如法律的出现使人们的生活变得更加安全便利，同时基础设施也得到改善，如市场交易场所和罗马大道的修建。

在罗马帝国历史的前半段，即罗马共和国时期，建筑学的发展是相对受到限制的。内战结束后，三位伟大的将军，苏拉、庞培、恺撒开始着手创建世界首都的建筑，一直到今天我们都对其赞叹不止。一位拥有无上权力和不尽财富的统治者把重心转向了建筑。恺撒也不例外，但是公元前27年执政的奥古斯都大帝对罗马的建造影响最深。奥古斯都执政前，罗马是一座混乱、肮脏、拥挤的城市，大多由砖头和木材建造而成。奥古斯都遗弃了它，用他自己的话说，罗马应该是一座由大理石建造的城市。

罗马人是首先使用大理石片材作为墙的骨架的，这使人工切割大理石技术得到了进一步的发展。这项技艺用到了他们的新发明——水泥，用来固定大理石，使其贴合在正确位置上。

奥古斯都统治在位期间，有大约50种大理石可以被使用，大理石建筑及大理石表层建筑随处可见。他还修建和拓宽了罗马的道路，修复了寺庙，改建了古罗马广场。古罗马广场是这座城市的政治行政和司法中心及经济力量之所在。

奥古斯都眼光远大，造型宏伟、富丽堂皇的长方形会堂是古罗马最漂亮的建筑物，但同时也注重细节。他甚至对房顶瓷砖做了一项研究，想找出哪种设计能够抵御暴风雨的侵袭。奥古斯都重建了一些公共建筑例如参议院，他的养父恺撒曾在这里被暗杀。罗马境内，用珍贵的多颜色大理石装饰的建筑物比比皆是，建筑物多使用艳丽的科林斯柱式，暗示着纯净和重生之意。奥古斯都在位统治了41年之久，正是罗马发展繁荣时期，世界其他地方都只能对其感激不尽。

在图拉真和哈德良在位时期，罗马帝国的统治权力达到了巅峰。图拉真（53—117）是非贵族，从公元98年开始统治罗马尼亚的大夏地区，大夏地区非常富庶，新的黄金的流入更增加了帝国的财富。随后他下令建造了一座新的古罗马广场，是奥古斯都在位时所建的300倍之大。

不满足于此，他在古罗马广场的主要轴线上放置了一个独自矗立的圆柱，（主要是）为了庆祝他的自我地位。

左图

英国巴斯的温水浴场，尽显罗马的庄重冷酷。欧洲、非洲和中东的城市都有着罗马的文明的印记。

尽管在这个时期的罗马建筑史上，圆柱的出现是不同寻常的，但自此开始，这个基本的概念被全世界竞相模仿。最初圆柱最高端还坐落着铜铸的图拉真骑马雕像。

总体来看，恺撒、奥古斯都和图拉真所建的古罗马广场占据着举足轻重的地位。它构建了整个城市的轮廓，直到今天我们都认为这是一个有想法并且具备公众精神的设计，使今天的人们有可能在典雅的柱廊空间内购物、漫步，流连忘返于其中。

哈德良（76—138），集诗人、画家、军事统领于一身。他于117年通过武装起义统领罗马。他对建筑的影响遍及帝国的每一个角落，不仅能从哈德良之墙可以感受出来，而且从英格兰与苏格兰之间壮观的边防工程中可窥一斑。他重建了古雅典。在罗马，他委任设计师设计了许多优美的建筑，但都比不上万神殿（125年）那样受人尊崇。哈德良在亚历山大港和希腊东部花费了大量精力，他的新建筑排斥古老的建筑形式，旧时的内殿很少有光透进来。相反地，在万神殿宽敞的顶部穿透一些特殊的圆孔，可以使光线轻松地照射进来。

从外部来看，这座建筑显得阴郁肃穆。它没有传统的大理石外层，也没有宽敞的一进门就可以到达的步入式大厅。所有这些在很久以前就让步于现代汽车。但当你进入建筑物内，你的观念将会为之改变：万神殿内极为崇尚光的运用。

太阳的光线在整个空间内就像探照灯一样缓慢移动地照亮着内部空间，从地板砖，这些来自罗马帝国各个地方的大理石，闪耀着橘色、红色和白色的光，到墙上可更替的直角和圆形壁龛。在头顶的藻井天花板，当藻井越接近圆孔，下陷的光板圆圈就会减小，来强调视线角度的感受。整体是为了营造一种房顶在飘浮的感觉，就像在明亮的阳光散射下来时，你能清晰地看到细小微尘。尽管在过去，藻井天花板装饰豪华并镀金，但现在我们来看，它的装饰作用已经减弱，而主要还是强调结构效果。

圆孔也许含有更多神秘的意义。一座容纳所有神的殿堂——这就是万神殿的意思——也是他们所居住的天堂。极具文化素养的哈德良也许是被古希腊伊洛西斯城的神话所激发感想，在这个神话中，太阳在希腊祭礼中起着重要的神秘作用。墙上交替的壁龛也许包含着众神和众星球的画像，每一个都依次被阳光照过。但是这座建筑和众神的雕像以及被奉若神明的皇帝的雕像都有其特殊的政治目的。在这里，哈德良执行法庭宣判。万神殿对罗马而言，就像宇宙对地球而言，这是这位伟大皇帝的建筑结构隐喻。

哈德良是一位狂热的建筑师。他出资建造了帝国数百座建筑，与大批几何学家、建筑学家以及建筑和装饰方面的各种专家一起旅行。这位国王还为他自己建造了一座别墅，这座别墅可以说是历史上最为重要的别墅之一，距离现代蒂沃利的一座城镇很近。哈德良的别墅（公元2世纪前期）在郊外远望罗马。之所以说它在历史上的地位举足轻重，不仅仅因为它是房屋，或是花园，而是由于它被设计成一个讲故事的建筑。花园里充满着回

上图
古罗马广场是罗马的政治、宗教和贸易中心，地理位置上自然成为七座山之间的聚焦点。它的最前面是农神庙。

左图

令人疯狂的铺设：于106—112年建造的图拉真的古罗马广场用大理石当地板；使用的建筑材料为帕沃纳切托，一种土耳其开采的花岗岩。

下图

万神殿的圆顶是世界上最宽的，直到19世纪才有比它更宽的圆顶出现。这栋具有革新意义的建筑来自一个完整的混凝土外壳，混凝土由火山的凝灰岩和浮石混合制成。

上图

图拉真的圆柱，一种令世人震撼的柱形纪念碑，同时还是一幅历史卷轴，用建筑的形式表现了大夏战役胜利后的欢庆。

大理石

罗马人对地中海流域的征服使得他们可以得到非常多样的彩色石块：突尼斯的黄色大理石（黄色安蒂科），土耳其的紫色和白色的大理石（帕沃纳切托），还有产自希腊的红色、绿色和数量众多的绿黑色大理石。埃及拥有最丰富的彩色大理石原料，提供红色、灰色和黑色的花岗岩、玄武岩及沉积岩，甚至闪闪发光的黑色火山岩（黑濯石）。红条纹玛瑙是从遥远的印度进口来的。洋葱石，以洋葱命名的石头是希腊最著名的大理石之一，因其弯曲的纹理而著名。维多利亚威斯敏斯特大教堂和20世纪纽约公立图书馆的柱子都是用的洋葱石。

上图

尼禄豪华的黄金屋中的雕塑被哈德良拿来放到他自己的乡村别墅里（见下图）。随着历史变迁，尼禄的别墅没落了，但在文艺复兴时期又奇迹般地被重新发现了。

下图

哈德良如诗如画般的别墅和花园，位于意大利的蒂沃利附近，用来庆祝这位学者或战术家的军事胜利和纪念他游历罗马帝国的经历。

忆和想象，到处暗示着哈德良的战役，胜利和穿越整个王国的无可比拟的旅行经历。

别墅极具奢华，包括一个体育场、一系列的浴场设施，尽头连接着壮观的老人星湖，长长的湖和雕像连成一线，这些雕像包括雅典厄瑞克提斯殿内的女神柱的复制品。晚餐在一个半圆形池子边的长凳上进行，这样他们可以让食物漂浮在池子上，在每个人之间交换。

罗马帝国见证了一些伟大而又受人欢迎的皇帝，但尼禄，从公元 54 年开始统治的皇帝，却并不在其一。作为一个声名狼藉的暴君，他生活骄奢淫逸，然而他却是一个建筑、体育和艺术领域的伟大的财政支持者。他委任建造了许多圆形露天竞技场和体育馆，他对比赛和一些壮观场面的热爱与体育息息相关。尼禄也因为他的社交聚会而著名。尼禄辉煌灿烂，充满欢乐的宫殿隐藏着罪恶的秘密，这一秘密隐藏了多个世纪，直到 15 世纪末才被人发现。一个罗马青年掉进了阿文丁山的山腰一处劈开的裂缝中，由此才发现了这个秘密。他到达了一个爱丽丝仙境般的魔法山洞或者说是布满壁画的格罗塔，这就是尼禄黄金宫。不久，艺术家们诸如平图里乔、拉斐尔和米开朗基罗竞相爬进地下山洞去观看这些非凡的壁画。尼禄这座富于幻想的宫殿所造成的影响波及远至 18 世纪的罗伯特亚当的穴怪图，此词也源于尼禄黄金宫。

黄金宫或称其为黄金屋，极尽奢侈，建造于石头之上。坐落在其自己特有的景观公园中，它的房间都被一层抛光的白色大理石包装。客厅和走廊中央的水池和喷泉水光四溅，珍贵的石头和象牙装饰着别墅的墙体。马赛克，之前只用于铺设地板，但这次运用在拱形顶上，显得活力满满，这是这种工艺的第一次被运用，后来成为早期基督教和拜占庭艺术中重要的特色。

混凝土

如果没有发明混凝土，罗马人不可能建造如此大型和规模宏大的建筑物。罗马斗兽场的大量墙体和拱顶都是使用混凝土建造的。英国人阿斯普丁于 1824 年发明的这种由白垩岩和黏土混合而成的现代化物质。混凝土的前身是罗马人基于火山灰碾碎后混合水制成的。这个过程会引发化学反应，使混合物转化成人造石头。只用混凝土建造，万神殿的圆顶可以说是工程学奇迹。它可能会成为多层的，因为当时在一个临时的木质框架上施工，而水泥又太厚以至于很难灌注。由于圆顶需要无缝链接，看起来浑然一体，所以如果要达到这个效果，将需要一个极其复杂的过程，需要大量手艺高超的工人以最快的速度完工。万神殿的圆顶跨度为 142 英尺（43 米），是当时世界上最大的圆顶，实际上，一直到 1300 年后才有超越这个跨度的圆顶出现。

上图

罗马角斗场，罗马世界最大的圆形露天竞技场，也是罗马势力的象征。在地下，30个壁龛见证了用绞车拉着野生动物和角斗士进入剧场的情形。

史学家塔西佗曾这样描述这一令人惊艳的设计原理：奴隶们费尽心力地转动，使圆屋顶下面的天花板看起来就像围绕着天堂旋转一样，香水和玫瑰花瓣洒落到下方宴会的人们身上。一个不走运的客人据说在此差点窒息。塔西佗还这样告诉我们，尼禄亲自监督建筑师塞勒和西佛勒斯的工作，当时他们正在设计一个地下的运河工程。公元72年，维斯帕先开始建造他的浸入式弗拉维安圆形露天竞技场，后来称之为罗马角斗场，就建在尼禄黄金屋的湖上面。提图斯后来（公元81年）又在黄金屋的剩余部分建了他的浴场。

罗马角斗场从建造伊始就是一个地标式的举世瞩目的建筑。它位于山谷的正中央，被三座山所环绕，从哪个方向都能清晰地看到。角斗场的娱乐措施包括海战竞技（海战演戏），每当这时，剧院里坐满了观众，著名的历史话剧会再次上演，重要的角斗士会悉数登场。当提图斯——维斯帕先的儿子在公元80年宣布角斗场正式启用时，就在这个地方进行了狂欢，人们连续100天上演欢庆的节目。大剧场就像热带丛林一般，角斗士们和黑豹、大象、鸵鸟进行决斗，5000只动物被杀。

尽管在罗马人手中经历了毁坏，这个罗马的标志，仍然是世界上人们最喜爱的建筑之一，或许还是世界上人们研究最多的建筑。每一代小学生都会学习它的建筑风格、设计，以及隐藏在它身后的这段历史。说起来，历史似乎一直在为难罗马角斗场。在这座角斗场里，毫无抵御能力的基督教徒被喂了狮子。它在地震、大火和战乱中屹立不倒。然而，在历届教皇转变建筑风格的历程中，遭到了破坏，只有三分之二的石灰华大理石外层被保存。

罗马角斗场是一座高度创新的建筑。它是第一座不需要支撑物的竞技场，不像位于北非的大莱普提斯剧院，部分是依托岩石并从中雕刻出来的。事实上，这座建筑遗留下的部分外壳应该将其生命的持久性归功于混凝土的拱顶。从美学上来说，它的外形独特，整体富于韵律感，拥有附属的圆柱和拱形入口，并被分成多利安式、爱奥尼式和科林斯式的层次，第四壁层测量好的（漂亮的科林斯式）半壁柱。圆柱被设计为简洁的、基本的形式。建筑整体的风格效果是注重突出结构的男性特征。建筑设计方式如此成功，罗马角斗场甚至成为传统：多利安式在最底部，爱奥尼式在中部，科林斯式在最顶层。这种规则就是从那时兴起的。

诗人马夏尔称这个椭圆形的巨大建筑物为世界第八大奇迹。它可以容纳7万名观众。建筑物四周围绕着桶状的拱形通道，方便人们从任何一层都可以快速地进出。罗马角斗场是社会发展鼎盛时期的终极象征，但同时也是残酷的。人们似乎倾向于抢夺它令人敬畏的美丽。这似乎是许多伟大建筑的命运，它们摆设的珠宝被偷，石头被重新利用。约旦的佩特立古城、帕特农神殿、万神殿都逃不过这种命运。

然而，罗马的建筑一直是世界顶尖建筑师的灵感源泉，同时它也满足了罗马暴君的想象。罗马的建筑物表现出了这样一种矛盾，甚至最好的施工人员和建筑物也无法避免：建筑只是它所在社会的野心勃勃的表达。

帝国村落

在罗马辉煌成功的历史中，整齐有序的城市一直处于中心地位。在流传甚广的罗马历史小说中，文明城市是主角：罗马人的特权、价值观、文化都风靡全国。住在乡村的人们都是异教徒——这是现代词语异教徒的起源。

位于法国东南部的尼姆市就是这样一个村落，在当时称之为高卢。被罗马人称之为泉水精灵的这座城市，是多美亚大道上的停靠点，在战略上极其重要。从公元前118年开始，这条著名的罗马大道便连通了意大利与西班牙。这座城市周围的富饶平原被划分成块，分配给了曾在恺撒的尼罗河战役中参战的退伍老兵。

尼姆非常幸运，拥有世界上保存最完好的圆形竞技场，还有世界上最受推崇的沟渠，这一工艺杰作使嘉德水道桥成型于1世纪后期。“我漫步在这座华丽宏伟建筑的三个圆台上，对它的尊敬竟然让我不敢把脚放在上面。”卢梭充满敬畏地写道，“走在巨大的拱形上面，脚步的回响让我想到，我似乎可以听到伟大建造者的强有力的声音。在这项巨大宏伟的建筑工程上，我感觉自己就像昆虫一样渺小。”

作为地标式建筑，大桥由三层连接在一起，拱形的跨度长达900英尺（274米），使它能经受住时光的摧残。罗马人都知道，拱形首末端相互连接（拱廊）抵消了双向压力，支礅只在末端使用。

尼姆也非常幸运地拥有结构完美、实际上未曾变动的罗马庙宇，它们也对建筑产生了巨大的影响。四方神殿几个世纪以来都保存完好，主要因为

上图

嘉德水道桥未加修饰的石头群反而突出了这项工程成就的纯粹的美丽和规模，它是罗马人建造的最大的水道桥。桥的第三层可以当作人行桥。

右图

世界范围内的市政厅和美术馆都模仿了这座保存最好的罗马神庙。四方神殿的柱顶过梁装饰有低调内敛的叶形和圆形花饰。

当地人把其当成他用。现在它的侧面是钢和玻璃结构的现代艺术长廊，即四方神殿艺术馆。这个枯燥的空间和四方神殿的形状呼应彼此，是由英国建筑师诺曼福斯特先生设计的——在其建成的2000年以后。

尽管是在奥古斯都统治时期建造的，四方神殿的设计也是早期罗马庙宇的典型之作。在神殿前方着重运用科斯林式圆柱，内殿（或是内廷）则被镶嵌的圆柱墙所包围，这些圆柱是墙体的一部分。罗马建筑越来越多地在墙体雕塑而使墙体本身成为一种站着的雕像，而圆柱是第一步骤。这一概念后来被文艺复兴时期和之后的巴洛克风格时期的建筑师大量运用。

我们大多惊艳于神殿的美丽，而它背后还有一段悲伤的故事。它建造于大约公元前19—前16年，建筑师是阿古力巴，一位勇敢的天才军事领导家，他曾和安东尼和屋大维交战过。罗马帝国的奥古斯都统治时期，阿古力巴大力推进罗马的下水道、沟渠和公共花园的改造，他的才能深深折服了这位罗马皇帝，奥古斯都收养了他的两个儿子，盖乌斯和卢修斯。

1758年，当地一位学者，珍弗兰尼意识到在柱廊上曾经镶嵌铜字，从固定小孔的次序和数量，他费尽心力地重造了圆柱上的铭文，这样写道：

致盖乌斯·恺撒，奥古斯都的儿子，执政官；致卢修斯·恺撒，奥古斯都的儿子，指定执政官。致年轻的王子们。

令人悲伤的是，这两个儿子都在完成父亲的愿望前很早就离世。尼姆的神庙也因此成为他们葬礼的历史遗迹。

佩特拉古城：在沙漠中寂静

佩特拉古城，那缥缈优雅，被遗弃的美却是古代世界文明最好的见证。它是纳巴泰王国的首都，位于沙拉山的高处，控制着世界上最重要的贸易通道之一。阿拉伯人的没药、乳香和香料通过贸易通道从这里向南运向地中海地区，反过来，腓尼基人的铜、铁、雕塑及紫色的布料从这里源源不断地运往他们的集市。这些货物最终还是流入红海和波斯湾地区强大的贸易商那里。

从位于约旦遥远的峡谷峭壁上雕刻出来，佩特拉古城的庙宇、房屋和仓库都被一层厚厚的沙子淹没，直到1810年，一位乔装成为穆斯林的瑞士探险家约翰伯克哈特，骑着骆驼，在途经叙利亚时发现了隐藏在沙子下面的佩特拉古城。他发现了长长的、错综环绕的峡谷和高大的红色沙石墙以及一端茂密的植被。伯克哈特进而确认到，不管另一端是什么，都是非常重要的发现。

我继续沿着叙克曲折蜿蜒的走廊漫步，在几处地方都看到了雕刻在石头上的小壁龛，其中一些是单独存在的；另外几处地方，壁龛三个或四个放在一起，没有任何规律性。它们大小不等，从10英寸到四五英尺高；其中一些的雕像底部仍然清晰可见。

佩特拉非常富有，又地处遥远山区，以峡谷为家，如果有战争，很难攻破，是一个强大可怕的敌人。在不服输的罗马人出现之前，这座城市一直处于和平状态，发展迅速。佩特拉信奉高度个人主义的文化：那里没有奴隶，女人都有很高的社会地位。没有一个人，甚至是国王，可以免除劳作。如果有游客和商人到来，对其表示欢迎的是数以千计的个人住宅、客栈及马厩，尽管它们都是由泥土建造的，但存在时间却很长，因为它们融解后会回归到沙漠里。

遗留给我们的都是仪式性的建筑，位于瓦迪穆萨的伟大的中央寺庙的遗迹，还有500多堵宏伟的王室宫殿外墙，都是从悬崖峭壁里雕凿出来的。纳巴泰风格有很大一部分是借鉴古希腊的建筑，但是其特殊的辽阔平台以及切割成的山形墙是前所未有的。学者们认为，从环绕的大山顶层雕刻出来的平坦平原部分曾经被当作室外圣殿，用于动物祭祀。他们雕刻的祭坛应该都覆盖着一层黄金。

106年，图拉真最终赢得了佩特拉象征战利品的珍珠，由此，佩特拉成为罗马帝国的一个省。接下来，阿拉伯入侵者和基督教的十字军团最终遗弃了这座“石头之城”，把它留给了有着红色纹理的沙漠，它成长壮大的地方。

当伯克哈特在黑暗上加速攀爬，以驱赶不断倾压过来的悬崖的寒冷感时，突然他发现自己正面对着一番非同寻常的场景。雄伟壮观的卡兹尼神殿在他面前隐约可见。它的柱廊，由少许巴洛克风格，顶部是弧角的科林斯式圆柱组成，大约35英尺（10.5米）

上图
宝库，或者说是卡兹尼神殿。传说追随摩西的法老把宝库留在了让人意想不到的裂开的三角墙砂岩的最顶端。难怪好莱坞电影《夺宝奇兵》会选取佩特拉古城作为背景地。

高。神殿顶部柱顶过梁装饰有雕刻的花瓶，以花彩装饰连接在一起。他随后写道：

卡兹尼神殿是古代遗留下来的最高贵典雅的遗迹之一。它保存的状态就像建筑物刚完成一样，而且近距离地检测之后，我发现它的建造一定耗费了巨大的人力。

卡兹尼神殿的命名非常奇特，它可以翻译成“法老的金库”。但是伯克哈特的直觉却很准，这些宏伟的人工雕刻的创造其实是纳巴泰国王死后的陵墓。

罗马拱门

在罗马众多雄伟的凯旋门中，至今只留存有4座。之所以我们今天在这还提到它们是因为它们巨大的建筑影响力。并不是罗马人创造了圆形拱门——美索不达米亚人、苏美尔人、伊特拉斯坎人都曾用过这样的设计，但只有罗马人以一种别出心裁的方式成功地运用了这项设计。罗马人技巧娴熟地在诸如沟渠、大桥和水坝上运用拱形的设计，在这些地方，拱形设计可以最大效率地利用其跨度空间，也可以支撑巨大的重量。

但是凯旋门却是其中最具创新力的，甚至可以说是自大狂妄的，甚至是一场奇思妙想。凯旋门这种建筑形式被当作一场庆祝，一个故事：它的表面上通过雕刻叙述战争的胜利。它还使建筑师从必须设计一种有实用价值的建筑的责任感中解脱出来。这种使人羡慕的自由可以最好地解释为什么这些圆形拱门如此富于创新。

提图斯的圆形拱门（下方右侧）就是在公元70年洗劫耶路撒冷之后在罗马的神圣大路上建造起来的。顶部据悉是第一次使用组合柱式，拱形门上叶形装饰和爱奥尼柱式的涡形花纹组合使用。直到以色列国家成立以前，犹太人都拒绝从拱形门下走过，以表示对罗马人亵渎了耶路撒冷的神庙的抗议。现在他们也许会从凯旋门下走过，但至少通向远离罗马的方向。

塞维鲁凯旋门已被时间和台伯河的浑浊水体损坏了大部分。在某种意义上说，它集所有尊贵于一身。它是为了纪念塞维鲁在197年打败帕提亚人的胜利。虽然只有不到70英尺（21米）高，76英尺（23米）宽，塞维鲁凯旋门是由从马尔马拉海运送过来的精美的放光石——一种白色大理石建造而成的。

以建筑学比例的视角看，宏伟的两面神凯旋门非常有趣。它的两个块状相交叉的拱形门如果单独看起来非常丑，因为这样它们就不能保持平衡了。两面神凯旋门也没有顶楼。有一段时间，它曾充当过防守的堡垒，人们摧毁了顶楼之后才意识到自己的错误，之前一直认为顶楼是后来增加建造的。壁龛——现在是空的——曾经一定装有雕像。它可能是在君士坦丁一世（274—337）时建造的。

君士坦丁凯旋门就在罗马角斗场右边。它建立于312年到315年，是为了庆祝君士坦丁一世大败当地敌人马克森提图斯的胜利。和提图斯相对克制的纪念凯旋门相比，它精心设计，装饰有繁复花纹，由三个拱形门组成，而不是传统的一个，并且从顶楼望过去，能看到宏伟的人物雕像。

上图
宏大壮观的塞维鲁凯旋门现在已被风化严重破坏。塞维鲁凯旋门是为了国王和他的两个儿子卡拉卡拉和格塔于203年所建的，但是卡拉卡拉却谋害了弟弟，并且拆掉了所有提到他弟弟名字的地方。

右图
雅努斯，或者说是两面神凯旋门，可能曾经是热闹的贸易中心的街道交叉地。在拉丁语中，两面神的意思是“通道”。

上图
美丽的君士坦丁凯旋门现在是一个斑驳的历史遗迹。4 世纪时，罗马失去了大部分的势力，所有伟大的雕刻家的工作室都关门了。大多数浮雕都从这些古老建筑物上拿下来了。

右图
罗马凯旋门中最古老的现存实例，内敛的提图斯凯旋门，在 1820 年早期被重建。

中世纪

在法国诺曼底的圣米歇尔山，坐落着由意大利建筑师兼修道士威廉·沃尔皮亚诺于1世纪设计的罗马式修道院，其细节有着大胆的新哥特式风格的。如果想要穿越重新游历一下中世纪，圣米歇尔山是开启旅程的绝佳地点。尽管一开始是作为修道院修建的，它也具有城堡的功能，特别是在经常被攻击的高度动荡的欧洲。其建筑师威廉·沃尔皮亚诺充满传奇的一生的精彩故事，和动荡岁月里的传说有着异曲同工之妙。作为一名意大利伯爵的儿子，他出生在家族岛屿被袭击的时候。攻击中的胜利者，国王奥托一世，收养了这个孤儿。这是一个充满危险的世界，但奥托一世却成了第一个“具有神性的罗马皇帝”，而基督教信仰——沃尔皮亚诺的教堂——城堡——成为他用来控制民众的手段。

在法国诺曼底的圣米歇尔山，坐落着由意大利建筑师兼修道士威廉·沃尔皮亚诺于1世纪设计的罗马式修道院，其细节有着大胆的新哥特式风格。

尊崇上帝

被欺骗和迫害的早期贫穷的基督教徒们过着清贫的生活并虔诚期待着基督复临。首先被这个宗教吸引的奴隶和工匠们所期盼的是去神圣的天堂而不是世间的任何奖励。因为他们没有钱和机会来捐献给早期的神殿，他们被迫秘密地做礼拜。

但是随着罗马帝国转换至新的宗教，教堂慢慢地成为宗教团体进行完整的思想、身体、灵魂净化之地。公元313年，罗马帝国第一任基督教皇君士坦丁一世任命了新宗教官员。逐渐地，旧罗马文化开始与新式基督教融合。

早期的教堂特意很简陋。从某种程度来说，敬奉上帝的场所喻作人类的身体，他们的灵魂位居其中。只要灵魂发挥作用，躯壳便不重要。但是人类倾向于混淆精神价值和世俗价值：建筑常常居于此之间。因此，长方形基督教堂的基础计划应运而生，其以宫殿为模板，“basilical”原始含义为“王室的”。本质上，长方形基督教堂是一个长的椭圆形的会堂，通常带有一个半圆形的拱顶。

公元330年，君士坦丁企图通过重建拜占庭作为君士坦丁堡以巩固分崩离析的罗马帝国。他的新首府将成为世界最伟大的首都之一，其在财富、美丽、野心方面均超越其中多数。这也决定性地使得罗马政权东移，文化影响力扩大。

通过对来世的神秘和世俗的欢愉氛围的创造，拜占庭式的艺术、建筑加强了宗教体验。闪烁的灯光照亮着高高的马赛克内衬的穹顶，充满了让人微醺的熏香气味。绚丽的马赛克像拉文那的圣维塔来大教堂（东罗马帝国皇帝查士丁尼建造于532—548年间）一样，给教堂染上炫目的颜色。

下图

瑞士的罗曼莫捷修道院是最大、最古老的罗马教堂，它由克吕尼的修道士于990—1028年间建造。

上图
在圣维塔来大教堂的拱顶，神秘的基督坐在世界球体之上，圣维塔来大教堂的殉道士、两个天使和 Ecclesius 主教位于他两侧。

右上图
拉文那的圣维塔来大教堂里的拜占庭式马赛克和大理石令人陶醉。北部的墙壁（右侧）是身着帝王紫色的东罗马帝国皇帝查士丁尼正拿着准备分发给民众的面包。

上图
圣维塔来大教堂安静的外墙。不知名的建筑师对建筑内部投入较多心血，创造了一系列的迷人空间，而不是引人注目的外部。

重要日期

532 年 圣索菲亚大教堂建成。
705—715 年 大马士革的奥克巴清真寺地基建成。
800 年 罗马教皇利奥三世于罗马圣彼得长方形教堂为查理曼大帝进行加冕。
802 年 北欧海盗突袭爱奥那岛。
862 年 马扎尔突袭保加利亚、摩拉维亚以及法兰克帝国。
962 年 奥托一世成为神圣罗马帝王，统治欧洲。
976 年 科尔多瓦的大清真寺。
约 1000 年 中国发明了火药；美国人首先在美国佛得角河沿岸的陡岸建造谷仓。
1045 年 忏悔者爱德华开始建造威斯敏斯特大教堂。
1066 年 黑斯廷斯战役之后，征服者威廉成为英国国王。
1070 年 圣奥尔本斯大教堂开始建造。
1090 年 达勒姆大教堂建成。
约 1100 年 伦敦塔迎来了第一批囚犯。
1104—1260 年 沙特尔大教堂。
1140—1144 年 最早的完整的哥特式建筑圣但尼大教堂回廊建成。
1147 年 莫斯科由尤里·多尔戈鲁基王子建立，并在莫斯科河沿岸修建了第一个堡垒克里姆林宫。
1170 年 意大利数学家莱昂纳多·斐波那契诞生。据说，他在研究吉萨金字塔群后发现了斐波那契数列；大主教托马斯·贝克特在坎特伯雷大教堂被谋杀。
1175—1490 年 韦尔斯大教堂。
1184 年 第一个宗教法庭成立。
1189 年 勇士理查统治安茹帝国。
1215 年 大宪章签署。
1265 年 但丁·阿利吉耶里诞生。

圣索菲亚大教堂

与其引进一位建筑师来为他在君士坦丁堡建造新的教堂，东罗马帝国皇帝查士丁尼求助于一批哲学家。结果，由圆屋顶覆盖的立方体成为宇宙的隐喻。建造工作于532年开始，建筑仅在5年后竣工。有这样的故事传颂——查士丁尼于教堂中心双膝跪地说：所罗门，我已超越你。

来自他拉勒的建筑师安西米奥斯和米莱特斯的建筑师伊西多罗，都是理论物理方面的专家，他们设计了教堂并命名它为“神圣智慧教堂”（圣索菲亚为智慧女神）。从教堂外部看，宏伟的长方形基督教堂看上去陈旧、灰蒙蒙的，像一只巨大的甲虫融入拥挤密集的伊斯坦布尔街道而且从来没有在创伤中恢复。一些人批评修建它的泥瓦匠使用了过多的灰浆，其他一些人认为泥瓦匠没有留足够久的时间使灰浆干透。无论原因是什么，圣索菲亚大教堂正逐渐下沉。

然而，从教堂内部看，圣索菲亚大教堂是庄严的。它由来自整个罗马帝国的数量惊人的白色、绿色、黑色、橘色的大理石覆盖，且每一面拱廊都有装饰性围屏。教堂走廊里青绿色的大理石石柱极其优雅——工匠根据材料的纹理来塑造雕塑般的样式。而后，发现这些雕塑来源于寓言中的位于曾被称为世界第七大奇迹的以弗所的阿耳忒弥斯（月亮女神）神庙也就不足为奇了。在开敞式有座谈话间和前厅内的尤为美丽的深红色斑岩石柱来自充满异域风情的巴勒贝克的宙斯神殿。

教堂墙壁上金色的马赛克闪烁着耀眼的光芒。但这并不是令游客感触之处。圣索菲亚大教堂带给世人情感上巨大的影响在于其高耸的中心圆屋顶镶嵌着40块窗户，明亮的窗户闪烁着自然的光芒给予人光明。安西米奥斯和伊西多罗大胆尝试用外窗组成的穹隅式拱顶支撑107尺（32米）宽的的浅碟，这一项工程上的突破改变了建筑式样。

1453年，当君士坦丁堡被奥斯曼土耳其人占领后，圣索菲亚大教堂变成清真寺。尽管源于基督教，圣索菲亚大教堂后来成为伊斯坦布尔主要的几个清真寺的模板，例如，苏莱曼清真寺便由伟大的米马尔·希南于1550年建造。

就像有着复杂历史的帕特农神殿一样，圣索菲亚大教堂具有作为教堂和清真寺的双重身份同样面临着修复难题。早期的基督教马赛克彩砖正逐渐显露，对后来的伊斯兰教艺术作品形成威胁。修复者不得不寻求对两者的平衡。从美学观点上看，由尖塔作为支撑的圣索菲亚大教堂绝对称不上完美。其中一座由红砖筑成，然而其他三座由白色大理石筑成。但是，这还不是最让修复者头疼的事：从数学上来说，安西米奥斯和伊西多罗建造的前院并不包含尖塔。如今，圣索菲亚大教堂又从清真寺变成了博物馆，开启了其悠久历史的新篇章。

左下图

圣索菲亚大教堂——神圣智慧教堂，建造于君士坦丁堡，也就是现在的伊斯坦布尔，列入世界纪录已5年。周围较小的圆顶屋是陵墓，由伊斯兰教的朝圣者于16世纪建造。

右下图

内部空间巨大、阳光充足，连接着气派的廊道以及4个穹隅式拱顶。其建筑样式对东正教、天主教和伊斯兰教世界产生巨大影响。

巴格达的诞生

罗马公历 762 年 7 月 31 日星期六的下午，第二代阿巴斯王朝伊斯兰教主哈里发曼苏尔提出要为他的帝国建造一座新的首都。他命名其为麦地那沙拉姆，即和平之城——我们现在来看，此命名实在是不适合的。曼苏尔召集了 10 万名各种工匠，例如石匠、木匠、艺术家、工人和匠师，将其组成一个团队来为他建造新首都。然而，他们不得不等待，直到曼苏尔的私人占星师 Nawbakht 波斯（约 679—777）宣布吉时已到才开始修建。

占星师 Nawbakht 的影响力不止在占星的预兆，并且他主张地面防御计划。巴格达（名字起源于波斯语，即“上帝所赐”或“天赐花园”）这座新城由一个直径为 1.25 英里（2 千米）的完美环形构成。两个一模一样的同轴心石墙环绕着整体，以城壕的形式来进一步加强防御。坚固的围墙嵌有 4 个门。城市的最核心修建有一座清真寺。其最开始毗邻哈里发的寝宫，即金门宫。金门宫有一个 160 英尺（49 米）高的绿色圆屋顶，屋顶上伫立一个有魔力的拿着长矛的骑兵的铁质雕像。据说，骑兵的长矛会一直指向伊斯兰的敌人所在之处。

金门宫附近便是城市守卫队的兵营、官邸和行政长官的办公室。公园花园掩映着宽阔、绿树成荫的街道，形状像车轮中心的轴条向外延伸一样。人们称之为“宇宙中心”。

巴格达，完全由 18 英寸的砖瓦以及大理石砌成的宏伟建筑，在短时间内取得巨大的成功。阿巴斯建筑以其宏大的规模为特点，使用大量的砖瓦支撑、弓形结构、砖瓦装饰或者有雕刻并成型的灰泥作为结构体系。尽管现代城市已经替代了中世纪建造的城市，但是我们也能设想到清真寺也具有宏大的规模。位于萨马拉穆塔瓦基勒的大清真寺可能也具有同样的规模。巴格达清真寺依然是世界上最大的清真寺，它的尖塔形成一个大螺旋，传承了古代近东建造金字形神塔的传统。

直到 950 年，巴格达的人口增加到约 40 万，人口数量位居世界第一。然而，这座常常为人所知的“环城”最令人吃惊的是它对外界的开放。曼苏尔找出记录不同年代和不同传统的书籍，并把它们译成阿拉伯语放置在他命名的专门建造的“智慧之宫”中。

遗憾的是，好景不长。1055 年塞尔柱土耳其人的统帅图赫里勒·贝格侵略并随后占领了和平之城。更糟糕的是，1258 年 2 月 10 日，蒙古人闪电般攻占了这座城市。伊斯兰教主哈里发提出无条件投降。尽管这样，蒙古人还是进行了为期一周的残忍杀戮，对男女老少肆意屠杀。整个城市近乎被夷为平地。

下图

位于伊拉克萨马拉的大清真寺被烧毁的砖墙，保护了大量有拱廊的庭院和不朽的螺旋形尖塔。蜿蜒的斜坡有 55 米（180 英尺）高。

伊斯兰教

在丰富的拜占庭式建筑风格与基督教相互发展的 300 年后，一种新的宗教——伊斯兰教在罗马人消失殆尽的中东出现了。伊斯兰教的信仰迅速从中东一直传播到非洲、欧洲、印度次大陆、马来半岛和中国。其严令禁止具有代表性的意象，伊斯兰教将对建筑产生极大的影响。伊斯兰教在叙利亚、波斯和巴勒斯坦的第一批征服地由贝都因人修建，他们只是对攻占的建筑稍作修改。

就像寺院曾被改建成为教堂，基督教教堂变成了伊斯兰教清真寺。在每一座新建成的社区清真寺背后，最初的灵感来自麦地那的先知清真寺。由棕榈树树干和软泥墙建成，通过三

上图
叙利亚首都大马士革的多元文化历史在宏伟的大清真寺得到了极好的展示。祈祷正殿的圣坛不仅有撒迦利亚的首领、圣约翰之父、施洗者约翰，还有侯赛因阿里，你的祈祷对象取决于你的信仰。

右图
12 世纪塞维利亚多利斯的庭院。其名字参考了神话中摩尔人要求基督教王国每年进贡 100 位处女作为贡品。

左图
西班牙科尔多巴大清真寺隐藏在厚重的石墙后，有花边状的天花板和如洞穴般空旷巨大的祷告殿，殿内规律地分布着花岗岩和墨绿色的柱子。

右图
尽管大清真寺坐落在倭马亚王朝的首都大马士革，但是其建筑具有拜占庭以及罗马元素。其在古阿拉姆的地基上建造。

道门后便能进入。它也有露天的庭院，庭院中有一个搭建的台子用来诵读《可兰经》。这种基础的构造广为世界的清真寺接受。

清真寺建筑的规模逐渐地变得越来越宏伟，越来越华丽。叙利亚首都大马士革气派的倭马亚清真寺曾于1世纪作为丘比特希腊神殿的一部分。其中有一个在高处的华丽的神龛，放置着伊斯兰教徒和基督教教徒所膜拜的施洗者圣约翰的头像。其于公元705—715年由倭马亚王朝哈里发瓦利德一世建造并且被称为“大清真寺”，是当时伊斯兰教世界中最宏大、给人最深刻印象的建筑构造。祷告殿的三个走廊由真正的古代科林斯式圆柱作为支撑。

从地中海一直延伸到印度的广阔土地，除了被亚历山大大帝统治过之后，第一次被伊斯兰教统一。这为城市的生活、贸易和文化注入新的动力。到9世纪，阿拉伯商人与中国进行方方面面的贸易往来，阿拉伯文化也影响着拜占庭世界的威尼斯。之后，在711年，伊斯兰教的领导者塔里克·伊本·齐亚德航行穿过直布罗陀海峡到达我们现在称作西班牙南部的地方。他征服了贝提卡（现在的安大路西亚）以及托莱多。阿拉伯的势力不断扩大，先是征服了梅里达、萨拉格萨，后来是塞维利亚。

阿拉伯征服者的影响力还表现在穆德哈尔式建筑风格，一种融合了伊斯兰教和西方建筑的风格。阿尔卡萨尔城堡最初是在穆瓦希德统治时期建造，于1364年由佩德罗重建作为塞维利亚的王宫。尤其是多利斯的庭院，最明显地体现了这种建筑风格的融合。

当科尔多巴重回到基督教的统治之下时，位于科尔多巴的大清真寺经由民众投票后决定保留下来。在16世纪，神圣罗马帝国的君王查理五世甚至还在大清真寺内修建了一座哥特式的小教堂。

自相矛盾的是，伊斯兰教教会对于使用象征性意象的限制，反而激发了建筑家们的创造性思维。正如数学家需要给出证明，阿拉伯的设计师和建筑师为世界创造出了许多杰出的几何形建筑。

清真寺的尖塔

“尖塔”这个词语在阿拉伯语中意为“灯塔”或者“天窗”。伊斯兰教作为一个具有征服性质的宗教，尖塔在最初是瞭望塔，由火把点亮。尖塔起源于这些具有实际用途的建筑，后来逐渐发展成为众所周知的伊斯兰教信仰的象征。每座清真寺可以有一个到六个尖塔。尖塔旁边会有探出的阳台或者带有别具特色的小洋葱形状的圆屋顶的钟乳石材质拱顶雕饰带。

几个世纪以来，宣礼员在高耸的尖塔上呼唤信徒做礼拜或祷告。在现代大多数清真寺通过扩音器来呼唤信徒。伊朗首都德黑兰正修建世界上最高的尖塔。它将有750英尺（230米）高。

尖塔作为伊斯兰教最突出的标志性建筑，以至于经常会引起争议。尽管1960年瑞士北部城市苏黎世建成的一座尖塔（颜色洁白、风格简约和极具瑞士风情），一部分瑞士民众仍希望其是最后一个，这在《瑞士宪法》第72条明文中有所体现。

对称的宫殿

阿尔罕布拉宫在完美性上称得上是史诗般的建筑。步行穿过庭院，它看起来仿佛整体完全延伸下去漂浮在水面上：站在桃金娘庭院水池尽头，可以看到光滑如镜面的水面倒映着宫殿的影子，和那晴朗、蔚蓝的天空交相辉映。用手指轻轻掠过水面，那完美的对称性转瞬间消失得无影无踪——脆弱和无常才是人生常有的境遇。

坐落在一块可以俯瞰格拉纳达城岩石上，宏伟的阿尔罕布拉宫或叫“红色堡垒”，它是西班牙奈斯里德王朝最后一位伊斯兰教统治者的居所。宫殿主要留存下来的建筑是于1350年至1400年间建造的，在当时，统治西班牙的基督教教会逐渐地将摩尔人迁移出南部的安达卢斯。由惠灵顿公爵种植的浓密的英格兰榆木，高株绿林般围绕着。如今，从阿尔罕布拉宫红棕色的外观几乎揣测不出里面究竟有什么。

自然界处处存在优势。阿尔罕布拉宫规规整整的庭院使其形成了一个巨大的日晷。数缕阳光穿过窗子照耀到雄狮宫院落，这是一个供苏丹王和王室成员居住的私密公园。斑驳的日光照射到柱子上，投下的影子不断地随着光线变化着，就像天然形成的钟表。水，是阿尔罕布拉宫不可或缺的重要因素，它是伊斯兰教传统建筑整体的一部分。水池和喷泉让人感受到沁人心脾的凉爽，水流动产生着悦耳的声音让人放松。但最重要的是，水中倒映着阿尔罕布拉宫的倒影。其衬托出摩西式建筑最突出的风格：对称。

上图
阿尔罕布拉宫是皇室住所，于13世纪由阿迈尔之子建造。阿尔罕布拉宫融堡垒、宫殿、小城市于一体。

右图
浪漫的狮子庭引发几个世纪以来游客们的遐想；它是根据伊斯兰教诗歌中所描绘的天堂来修建的。

在细节方面，对称还体现在一些错综复杂的设计上，阿尔罕布拉宫由许多带角的对称样式装饰而成：包括一簇簇五星形、三角形、多边形和菱形。天花板、墙壁、地面都覆盖着一样的样式，它们形成一种规律，让人有种墙壁可以没有尽头的感觉。艺术家的“永恒”的建议让摩尔人很是高兴，荷兰艺术家埃舍尔就对阿尔罕布拉宫非常着迷，他曾经参观了好多次。

整个13世纪和14世纪初，阿尔罕布拉宫被改建成为一座延伸的堡垒，有着高高的壁垒和防御塔。这个侧面平坦的阿尔梅里亚或叫堡垒被加固了，它的瞭望塔托雷德拉贝拉修建了起来。然而，在优素福一世（1333—1353）以及伊斯兰教创立人穆罕默德五世（1353—1391）统治时期建造了美丽的阿尔罕布拉宫。

奈斯里德宫（阿尔罕布拉宫）由三块独立的区域组成：梅斯亚尔宫，半开放式区域；格玛雷斯宫，统治者的官邸；狮子宫，极其私密的伊斯兰教女眷内室。每个区域具有不同的功能、建筑、装饰。令人意想不到的是，梅斯亚尔宫用来迎接宾客的是辉煌的金色大厅内绝妙的文艺复兴时期的天花板。

格玛雷斯宫内部是形态各异的穆斯林信徒雕像，分外引人注目。大使厅是阿尔罕布拉宫最大的内部空间，其天花板由雪松木精雕细刻而成，刻画着伊斯兰教信仰的天堂七重天。松木边缘刻有漂亮的菠萝、贝壳图案。木质窗子下金银丝工艺品遮蔽着伊斯兰教女眷内室。她们能够通过窗花格向外张望而不会被窥探。

九个连接在一起的房间装饰有《古兰经》的铭文。与此形成对比的是，狮子宫则展示了基督教巨大的影响力，可能是由于穆罕默德五世与他的卡斯蒂利亚同僚佩德罗之间有着深厚友谊。四个庄严巨大的大厅围绕着狮子宫著名的室内庭院（天井）或叫狮子庭，它的喷泉以雕刻有狮子而与众不同。《古兰经》禁止对动物和人类生活进行表现。

最富丽堂皇的大厅是豪华的姐妹厅或叫两姐妹厅。姐妹厅位于苏丹王的女眷和王室成员居住的中庭的中间。从侧面小窗子射进来的阳光照耀在花纹繁复的天花板上，有种惊艳的美丽，看起来就像个极大的蜂巢。成百个微小，经精雕细刻的壁龛像饰带一样嵌入灰泥天花板内——这是一门叫作蜂窝工的高超技艺。

天主教的君主费迪南和伊莎贝拉于 1492 年夺回西班牙的格拉纳达，阿尔罕布拉宫成为基督教的宫廷。此后，神圣罗马大帝查理五世开始了另一段时期的建造。

然而，令人难以置信的是，在 18—19 世纪期间阿尔罕布拉宫停止使用。从 1808 年至 1812 年，拿破仑一世的军队攻占西班牙的格拉纳达，将阿尔罕布拉宫的许多宫殿变成兵营使用。后来被迫撤兵，拿破仑一世开采并炸开门德洛斯波索斯和水塔，使它们成为一片废墟。

一直到将近 1870 年时，阿尔罕布拉宫由官方宣布成为国家历史遗迹，开始进行对其一系列重要的修复工作。这座红色堡垒能够留存下来真是个奇迹。阿尔罕布拉宫便是建筑有时候能够成为令人惊叹的奇迹的最激动人心的例证。

城堡

权力和财富总是会引来掠夺者，这便是加强防御工事的想法产生的原因。公元前13世纪，赫梯沙的首都赫梯，也就是如今的土耳其，是四周由岩石作为防御工事的第一批国家之一。后来，古埃及人用泥浆制成的堡垒防守他们国家不固定的边界。这种方式后来被中世纪的欧洲沿用，基督教还未传入的希腊城邦用高大、封闭的城墙来庇护他的人民。

法兰克的统帅查理曼大帝为统一西欧做出了许多努力。814年他去世后，马扎尔和挪威的入侵者看准了这个进攻的时机。他们残忍的袭击促使法兰克史无前例地大规模加强防御工事。整个欧洲的村寨、村落、城市都开始修建防御工事来抵制外邦人。高耸的城墙、倾斜的屋顶、防卫塔、小窗户随处可见。甚至教会和教堂也为了自我保护而加入其中，许多教堂，比如德国的古罗马式的圣迈克尔·希尔德赛姆教堂，掩蔽在巨大的插满弓箭的石墙之后，甚至还增设了瞭望塔、堡垒、护城河。

在中世纪欧洲初期，最便捷、造价最低的防御方式是修建一个建有城堡或营地的高地、在城堡外建立一个城壁或者高地加城壁的结合。高地是一个高高的护堤，由碎石和泥土堆砌而成。高地上部修建一座多面堡或者堡垒。在没有外敌侵犯时，城壁与高地相连接的区域可以让人们往来贸易。城壁通常建有一个储藏谷物、牲畜的大厅，一个锻铁炉，一个军械库，也许还有一个小教堂。然而，这些城堡的主要构造是木头，容易起火。

上图

罗德兰城堡位于威尔士北部。始建于1277年，由石头制成的防御工事带有同心环，河边还有一个受保护的码头与大海相连，为战时运送物资。

右图

建立在血泊之中：卡尔卡松的堡垒塔建造于朗格多特，历经9个世纪，据说坚不可摧。

高地加城壁的结合造价较低，宜于修建。从本质上来讲，它们是铁器时代山丘堡垒的缩小版，构造有同中心的壕沟和浅滩。紧随着在1066年征服英国，诺曼人建设了十几处高地加城壁的防御工事来维护、保持自身的权利。防御工事不总是发挥作用：1075年，在修建成防御工事后的两年，诺曼人在英国弗林特郡罗德兰城堡之战中惨败于威尔士当地的首领格里菲斯。创造性的想法是伟大城堡设计者的敌人：仅仅几年之后，在1099年，十字军战士通过把带轮子的云梯架到城墙上而攻陷了耶路撒冷。护城河作

用于阻挡此类袭击以及破坏城堡城墙的行为。

随着封建制度在10世纪确立，从君王（英格兰的贵族；日本的将军）那里租借土地的直属封臣感觉需要更大、更坚固的城堡来使自身免受敌对领主的威胁。数以百计的石头城堡在整个欧洲建立起来了，并且随着时间的推移数量不断增多。在13世纪建造的卡尔卡松城堡，其城墙卓越的抵御外敌和防卫的能力便是历史上有力的证明。最初由罗马人加强防御，后来是西哥特人，这座城市成为卡特里派的堡垒，拥有固若金汤的名声、让敌人闻风丧胆——直到英国莱斯特五代伯爵西蒙·蒙特福特的十字军队于1209年迫使其宣布投降。

英格兰君王爱德华一世为了表示征服威尔士的决心，在1277—1284年间建造了一些令世界叹为观止的城堡，其中包括卡那封城堡、康威城堡、哈勒赫城堡、博马里斯城堡依然屹立。君王理查德一世“狮心王”（勇敢的心）在法国阿基坦修筑了一系列相似的防御工事试图持有英国王权的领土。从夏部洛城堡壁垒射出的火弩箭杀死了理查德一世。该城堡现今已成废墟。然而，在其附近还有一个差不多相同时间建造的城堡，即建造于1179年的蒙特布兰城堡幸存了下来。从来自十字军东征的阿马尔里克·贝林修建了蒙特布兰城堡开始，尽管这座城堡在数年间经历了多次改造，却依然是中世纪后期最完美的城堡。

由于贸易路线的又一次打开，封建主义开始瓦解，接着斯堪的纳维亚语和马扎尔语被吸收进欧洲宗教、文化主流中。瘟疫使此过程加速，劳动力得到了重视。在中世纪，当城镇、市镇变得普遍时，城堡的时代便终结了。然而，在带有护城河的蒙特布兰城堡，其童话般的炮塔和肃穆的中央公园，保持着中世纪特有的氛围和建筑遗产。

右图

蒙特布兰城堡位于法国多尔多涅。现今成为一座私人住宅，坐落于带有新月形护城河的湖泊之上，从破落的城堡主楼朝着夏部洛城堡的堡垒方向望去，那里是“狮心王”理查德死去的地方。

下图

康威城堡由圣乔治地区的詹姆斯建造。史料记载中提及他是一名拉丁语“工程师”或叫工程师，爱德华一世在威尔士建造的17座城堡的建造抑或是加固中至少有12座出自他之手。

左上图和右上图

对于爱德华一世在威尔士卡那封建造的城堡的最终陈述，造价为22000英镑，这在当时是一笔巨款。因为爱德华曾经是十字军的一员，因此城堡线形的设计受到君士坦丁堡防御工事的影响。著名的鹰塔位于城堡中心。

通往星空的庙宇

位于柬埔寨的吴哥窟，是世界上最大的庙宇群，是一座巨大的石雕。苏利耶跋摩二世是高棉帝国（1113—1150）君主，建造吴哥窟作为王朝的庙宇并打算使其流传于后世。吴哥窟的建造师们将拟定施工蓝图视为己任，之后的巴洛克式宫殿的建筑师也那样做。仪式大道是一条跨过625英尺（190米）宽的护城河的宽阔砂岩堤道。最终，你会到达一个纪念碑式的仪式大门，那里有三座楼阁，每座楼阁顶部冠有一个连花蕾状宝塔。

后来，吴哥窟成为佛教圣地，最初作为给印度神毗湿奴进行祭礼使用。“窟”在高棉语中意为寺庙，“吴哥”仅意为城市。高棉人统治了这座位于亚洲东南部面积最大、屹立时间最久的帝国，吴哥是工业革命前世界上最大的城市。

吴哥阶梯式的砂质露台上建造了五座塔，以象征着须弥山，印度神们的居所。堤道路过几座图书馆，那里之前曾经还有几个静谧的湖泊，其朝向的方向是一个十字形的平台和一扇新门，只有牧师才能进入。吴哥窟的

上图
在弗雷德里克一世统治时期以及哈佛大学成立的时候，巨大的、阶梯式吴哥窟金字塔定义了柬埔寨的古典风格

右图
勘探家亨利·莫哈特描述吴哥窟为“由那些古代的米开朗基罗建造”，然而高棉人的杰作却因丛林遮盖而近乎遗失。

庙宇如此独特、迷人，以至于出现了大量有关于它的神秘说法。有人猜测，它的布局再现了天龙星座——龙的命名。

总之，吴哥窟是一座巨大、复杂的艺术作品。精雕细刻的浮雕仿佛叙述着印度史诗《摩诃婆罗多》里面的故事，描述着印度传统中37座天堂和32座地狱。12世纪繁复精细的雕刻品在其复杂程度上位列世界第一。19世纪，法国勘探家亨利·莫哈特不相信高棉人建造了这座庙宇，误认为其历史年代是古罗马时期。但是吴哥窟并不是唯一的台阶式庙宇。位于印度尼西亚爪哇的佛教建筑婆罗浮屠，也是金字形阶梯式庙宇。大约公元800年，建造于高山之上的婆罗浮屠是在位于拉文那的圣维大理圣殿建立的250年后和位于日本的东京皇城开始建造的50年后，才开始修建。

在爪哇转而信仰伊斯兰教后，婆罗浮屠便受到冷落，在丛林中自生自灭。直到1814年，爪哇的英国人统治者汤姆·莱佛士爵士重新发现了它。可想而知，那时的场景一定十分令人震惊。

吴哥窟和婆罗浮屠这两座庙宇的兴建遵循了宗教的宇宙哲学。在婆罗浮屠中，朝圣者旅程穿过一系列的阶梯和墙上有1460块刻着救赎故事嵌板的走廊。这些象征着他们走过欲界（情感世界）、色界（实体世界）、无色界（非实体世界）。

罗马式建筑

这些幸存的罗马式建筑风格的军事废墟，是中世纪建筑师留下来的最强有力的建筑典型。在这个时期建立的一系列相关的建筑风格后来都被考古学家查尔斯·德·热维尔贴上了“罗马式建筑风格”的标签。这种建筑风格一直延续到查理曼大帝在位时期。它以厚重墙体和半圆形拱为特色，纵深的中堂通常为半圆形拱顶所覆盖，窗户周围常用清晰的雕刻来凸显一些建筑体的重要性。

位于佛罗伦萨主教座堂广场的比萨（1067—1173）大教堂建筑群就是罗马建筑风格的最著名的代表之一。在主座教堂广场的中央就是主教堂，或大教堂。在这里，建筑师布斯凯托打造了别具一格、现闻名于世的比萨——罗马式建筑风格。虽然最初主教堂内外都是黑白相间的大理石贴面，但如今颜色褪去，只留下了一层淡淡的灰褐色。圆形洗礼堂的尖拱有着独特的伊斯兰风味：比萨是一座像威尼斯一样富有冒险精神的贸易城市。哥特式的建筑是由尼古拉·皮萨诺和儿子乔瓦尼后来扩建的。

但吸人眼球的却是超乎想象的矗立在大教堂广场180英尺（55米）高的钟楼。它为人所熟知的名字就是比萨“斜塔”，它与众不同的拱廊设计使得城市的宗教游行队伍被看上去拾级而上。

由于地基不适当，1173年，只有35英尺（10.5米）高的钟楼开始倾斜。但后续的建筑师们就像在14世纪建成它的建筑师托马索一样，只是对不断增加的倾斜进行简单的修补。钟楼距离垂直地面的倾斜度有其自己的作用：据说伽利略在这里做了自由落体实验。至今钟楼的倾斜度在以每年一毫米的速度增长。在花费2亿将斜塔垂直后，你终于可以不会再害怕从攀登光滑大理石面滑下来，而能到达钟楼顶端了。然而在1995年，钟楼突然向前倾斜……

下图
比萨斜塔于1178年在建到第三层时开始下沉，尽管做了各种努力，至今依然向西南方向倾斜，倾斜度将近4度）。

右图
施佩耶尔大教堂。紧挨着房顶线的就是一个柱廊的画廊，因为其对称性，这是典型的罗马式风格。然而，施佩耶尔也通过肋架拱顶开始了中世纪的向天空的扩展。

现今留存最早的有趣的建筑遗骸之一就是施佩耶尔大教堂。始建于约1040年，直到约1140年才完工。教堂中殿抛弃了查理曼时期的“卡洛琳王朝”建筑风格的蹲坐式建筑，而是有一系列像罗马渡槽式的宽拱，光线穿高窗而过。然而施佩耶尔标志着真正的罗马式建筑风格的结束。为了容纳大批虔诚的朝拜者，另外一座教堂风格引领了一种建筑趋势——追求高度。

朝拜是中世纪约定俗成的惯例，相当于文化胜旅，或当今的“间隔年”。任何坐落在朝拜线路上的村庄都有幸能期待得到大量的财富。有些村庄甚至为此开辟一条朝拜的路线。法国孔克这个小村庄曾遣送一位间谍前往阿让镇的修道院。十年后他返回孔克，带来了圣福瓦圣女遗骨。随之所有重要的朝拜路线的轴心发生了巨大的变化，孔克也需要一个新的教堂来迎接成群前来的虔诚的朝拜者和忏悔者。

新教堂（1050—1120）的设计要满足扩充的新功能。朝拜者在教堂内绕三圈后要在金色的圣物箱前驻足，以祈求去往圣地亚哥一路平安。 为了阻止小偷，这座教堂前面做了一个坚固的金属屏障，用来抵御在穆斯林统治的西班牙熔断脚镣、摆脱囚禁、获得自由的朝拜者。

修道士们发现接待成群的朝拜者很困难，便模仿路途朝拜点的设计，建立一个回廊。这座教堂本来就有一个双壳结构。在围绕着边界的通道连接着各个附属礼拜堂，所以朝拜者可以在不打扰牧师的情况下走遍整个教堂。

但圣福瓦教堂改建的创新不仅仅这一点。其他教堂，比如在希尔德斯海姆市的圣米歇尔大教堂，平平的天花板镶嵌在木质的屋顶框架上。而在圣福瓦教堂，68英尺（28.5米）的桶形拱顶横跨在中殿上。为了承担多余的重量，小型拱壁来加固外墙，而隐蔽的内部拱形结构抵消了拱顶的压力。图卢兹的圣塞尔南大教堂长度几乎是圣福瓦教堂的两倍，但是高度却不能与之相媲美。基督教徒的建筑理念就是朝向天堂。

令人惊讶的是，法国大革命后，在各种破坏随处可见的法国，圣福瓦大教堂保存完好，甚至连圣福瓦女神的金身雕像都保存了下来。凭借着朝圣者带给这个小村庄的财富，建立了欧洲最统一的中世纪城镇之一。这些砖木结构房子的房顶都回应着教堂的尖塔。

倾斜的顶部

1934年，本尼托·墨索里尼命令他的下属把比萨塔垂直。他们向地基倾注水泥，却造成地基进一步的下沉。1993年，修复者们耗资2亿英镑把这个比萨世界著名钟楼顶部的倾斜角度“纠正”过来。然而1995年的9月，这座历史建筑突然又倾斜了1/16英寸。与其去关注钟楼的倾斜部位，英国工程师约翰·布兰德则预测到了危机的下一步发展趋势，从而决定通过其稳定的部位去平衡它，但是这需要非常非常慢的过程。通过把重量引导到北面，同时用螺旋钻把建筑下面的土壤挖掘出来。逐渐地，钟楼沉入一个新的凹穴。通过这种方法，倾斜度被调整了大约16英寸（40厘米）。即使如此，钟塔还是被预测在未来的300年内会重新回到其之前倾斜的角度。

去朝圣

对于中世纪的基督教徒们，一次去往西班牙北部城市圣地亚哥—德孔波斯特拉的朝圣之旅已经成为他们的人生之旅。朝圣者们从欧洲各部拥入这个据说是圣徒雅各遗骨所在之地。由于路途中没有成文的法律约束，朝圣者们遭遇了抢劫甚至更糟糕的事情。但是信仰支持他们继续前行。

有四条主要的朝圣之路穿越法国：巴黎、韦兹莱、皮-昂沃莱市和阿尔勒。朝圣旅途的教堂建立在圣人遗骸之上，其中一些教堂可以追溯到十字军东征圣地之时。

在11世纪，韦兹莱一举成名。一个很狡猾的修道士从普罗旺斯一个竞争教堂里盗窃了玛丽玛德莱娜的圣物。两个世纪以来，成群的朝圣者前来参观玛丽的“坟墓”。金钱和贸易伴随而来，朝圣之旅成为这座城市的命脉。

随着对玛丽祭仪的狂热，韦兹莱变得重要起来。因此，贝恩沃德，后来的里昂主教，在1140年前后建立了新的圣玛德莱娜教堂。教堂巨大的前厅或入口区域可以容纳大批虔诚的朝拜者——它的确做到了。1166年，贝恩沃德利用韦兹莱的讲坛驱逐了一些牧师；1146年，克莱尔沃的圣伯纳德在那里鼓吹十字军二次东征；公元1190年7月，勇士理查德和法国菲利普二世从大教堂出发，发起了十字军三次东征。

这座神殿的特别之处是什么呢？建造它的修道士必定是有灵感的工程师，因为在教堂的中央有种几近神秘的经历。具有罗马式建筑风格的中殿，作为教堂最古老的部分之一，建于约1125年，有深浅颜色交替的石头构成的令人震撼的拱形建筑。

夏至之时，阳光穿过高墙上的光孔洒入。教堂前厅的光会突然被反射成宽的光束。随之大量的光束沿着交叉穹窿的中殿射入唱经楼，创造了“光明之路”：对于虔诚的朝圣者们是一条通向光明的奇迹之路。

16世纪，胡格诺派劫掠了韦兹莱并焚烧了这些遗迹。法国大革命时期成千上万历史建筑遭到破坏，见证了古老的修道院建筑群毁为一旦。但回廊和僧侣住宿地逃过一劫，留下的还有这座教堂。尽管许多雕刻不是被毁坏就是被掠夺，但仍有一部分幸存了下来。

有两个地方尤其引人好奇；在教堂正门入口上方雕刻有“最终的审判”的描述和一个令人费解的浮雕——一个半圆形的雕刻——就在前廊入口处上方。这个半圆形的浮雕在中世纪图解中没有任何记载，在学术界仍是一个谜。浮雕上，耶稣坐着，指尖的火喷向他的十二门徒。可能是通向韦兹莱光明之路的一个暗示吧。

上图
韦兹莱的罗马式，交叉穹窿中殿在中世纪时期是世界闻名的。

下图
一个新教堂的中世纪浮雕。尽管经历了法国大革命破坏，他仍旧保留着其精致的罗马式雕刻。

早期哥特式建筑

右上图
圣丹尼教堂是建筑史的一个里程碑，它是第一个重要的哥特式建筑，虽然只有部分现存。它也是第一个采用法国辐射式风格的。

左图
诺曼人是欧洲技艺最高超的建造者，达勒姆大教堂证明了这一点。总体上是罗马式风格，大教堂还有着其政治用途，加强着诺曼人对北英格兰的统治。

最早，“哥特”一词发源于一种侮辱性的词语，意思是“哥特人的”。促进哥特式建筑发展最重要的一个因素就是扇形肋穹顶的发明。诺曼人掀起了英国罗马式建筑的第二次高潮。早前，像格洛斯特大教堂在拱廊中设置笨重的圆筒拱顶时，达勒姆大教堂的中堂拱顶便对远古的罗马穹棱拱顶进一步改造，第一次使用了带有尖形架构的对角线肋拱。实际上，达勒姆大教堂建于1093年，可以说是拉开了哥特式建筑革命的序幕。

无论是从西面看起来，它高高地耸立在危险的威尔河上，还是从它的内部，有着简单却美得令人窒息的圆柱，达勒姆大教堂是叹为观止的。它高标准的石砌建筑彰显了英国装饰传统和诺曼建筑技能的结合。教堂正厅交错的组合结构和环形的窗间壁上刻有清晰图案：锯齿、长笛和斜纹。拱廊上的这个长长的画廊，有着英国第一个飞扶壁。据说还引进伊斯兰石匠参与这项建设。号称加利利教堂（1153—1195），它长长的拱廊很像伊斯兰清真寺拱廊。很难想象，在基督教世界最远的北部，这样一座具有创造性的建筑竟然用了不到40年就完工了。

哥特式建筑风格就是直接触摸你的情感，无论是恐惧、好奇还是宗教热情。这种建筑风格出现在第一次十字军东征后绝非巧合。十字军在去宗教圣地的途中看到了君士坦丁堡的圣索菲亚大教堂。随后去了耶路撒冷，自1099年起，这里便是圣殿骑士的总部。在耶路撒冷，他们可以直面清真寺岩石圆顶上富丽堂皇的装修风格。这个圆顶是世界上最古老的穆斯林遗迹。从耶路撒冷的任何一个地方都可以看到这个金穹顶。具有讽刺意味的是，阿卜杜勒·马扎克于688—691年修建了这个圆顶，他的目的只是与代表基督教徒信仰的宏伟教堂相媲美。

同时，这也是宗教法庭当权的时代，教堂是用来争夺权力的工具。阿尔比的教堂隐约给这座城镇蒙上了一层恐怖的色彩，教堂的建造就是为了对抗宗教反叛。

哥特式圆拱建造十分简单。它们高耸在精心打磨的石头上，向上飞扬。这种圆顶也极具灵活性：通过改变其角度的灵活性，一个交叉拱顶可以覆盖任何形状的吊窗。这些耀眼的哥特式教堂就像是刻在石头上的故事。教堂从顶到底满是石雕，这些雕刻讲述着《圣经》里引人入胜的故事。但是，这些石雕墙面几乎开始褪去。退化在艺术彩雕玻璃上的图画，对于文盲们来讲，《圣经》变得栩栩如生。约翰曾这样描述天堂耶路撒冷：

> 这座城市是墨绿色的，纯金制造，犹如镶嵌在透明玻璃里。整个地基都由各种珍贵的石头建成。

这座富丽堂皇的城市，正是中世纪的哥特式建筑石匠努力追求打造而成的。

几个世纪以来，圣丹尼教堂是法国国王及家人的埋葬地。但是修道院院长苏格把这座巴黎人的教堂设计在了架构图里。苏格决定建造一座充满天堂之光的建筑。他写道：“新教义散布在高大的建筑里才能拥有光明。”

苏格为了建成他想象中的精神振奋的天堂玻璃墙，他把斜拱、细柱和飞扶壁各种建筑风格融合在唱经堂中（1144 年）。这是第一个出现在主体建筑中的哥特式建筑风格。苏格不仅是法国国王路易七世，他儿时的伙伴的神学家、改革家和顾问，更是一位卓越的管理者。这位修道院院长是建筑史中的英雄，不仅仅是因为他创新的思维，还有他一丝不苟记载历史的精神。在记载中，他发明了一种让宗教对“麻木之人”有吸引力的最好的方法。答案就是，用他的财富，建造惊人的建筑。

苏格的圣丹尼教堂内有罗马康斯坦丁凯旋门（315 年）的体现：教堂分隔成为三部分，分别三个入口（不仅仅是文艺复兴时期的建筑师从罗马人那里获取灵感）。这样就解决了高峰期人群拥挤的问题。

最简单的哥特式建筑造型就是尖拱窄窗，比如英国常见的尖顶窗。他们把这种组合在一起并通过装饰肋拱连接起来的窗户发展成花式窗格。苏格说，这样会更大，更高，更明亮。坚固垂直的窗间壁代替了厚厚的墙。尖拱代替了为人所熟知的圆筒形穹顶。尖拱这种向下俯冲分散开来的建筑形式更加经济，而且更加新颖、精致。哥特式尖拱直指天空。

精致的、令人叹为观止的建筑内部是典型的哥特式风格，富丽堂皇的墙面布满了织锦画、挂毯，当然，通过色彩斑斓的玻璃的光线柔和，给所有的东西都附上一层神奇的光，还经常伴有音乐。在哥特式建筑魅力的影响下，礼拜成为一种神秘的体验，因为他们坚信上帝就在不远处。

上图

“怪兽状滴水嘴”这个词来源于“ gargouille”，法语是咽喉或是食管。严格意义上讲，一个怪兽状滴水嘴就是一个雕刻的喷水口，虽然它们还被用来抵挡黑暗和邪恶的灵魂。

中图

圣塞西尔阿尔比大教堂显示了中世纪教堂可怕的一面。形同一艘战舰，它建造于镇压 Cathar 的宗教法庭期间。

右图

中世纪最伟大的教堂是法国的沙特尔大教堂。通过外墙的支撑从而可以使墙体较薄更高，这样就可以有更多的窗户从而使室内得到令人振奋的神的光芒。

清晰透明的哥特式花窗玻璃

法国沙特尔大教堂在建筑上的飞跃掀起了哥特式建筑第二阶段的热潮。这位不知名的建筑师起初设计时，只是想用更加清晰、简单的线条表达出哥特式建筑原理的内涵，从而创造一个颇具规模的建筑。这种风格就是欧洲的辐射式哥特式建筑（1240—1350），在英国叫作盛饰式（1275—1375）。这种建筑风格大都高耸向上，如此引人注目的新形式被称为“垂直式建筑”。

盛饰式建筑风格最显著的创新就是环形花窗玻璃。法国兰斯大教堂、亚棉大教堂、布尔日大教堂都体现了这种独一无二、雄伟壮丽的风格，但最雄伟辉煌的教堂在沙特尔。虽然早期的罗曼建筑环形窗也出现过，正如建于10世纪的意大利摩德纳圣马利亚大教堂，但是直到12世纪这些清晰绚丽的迷人设计才真正吸引了人们的目光。从未有过的艳丽装饰和颜色使得玫瑰花窗成为哥特式建筑风格一个亮点。

下图
剑桥大学国王学院礼拜堂：玫瑰战争期间的视觉盛宴。其已经褪色的玻璃是后来由佛兰德和英国的手工艺人制作的。

1248年，法国宫廷建筑师托马斯·迪克蒙特设计的巴黎圣礼拜堂，设定了13世纪中期哥特式建筑装饰物的新标准。它是由路易九世作为存放圣物建造的。路易九世曾花重金买下了荆棘之冠和甚至真十字架的一部分作为圣物。

实际上，它整体的结构可以做个统一的隐喻：它就像是一个敬献给上帝的巨大的带有花式窗格和尖拱的圣物箱。内部装饰比建筑本身花费还要高。但是彩色玻璃对上帝令人惊叹的描绘使墙体精致的框架结构黯然失色。

德国亚琛大教堂的唱经楼，建造有巨大的窗户，就是受到圣礼拜堂的启发。但是建造于20世纪60年代的芝加哥圣杰姆斯大教堂更胜一筹，几乎完全一样的复制建造。

耗时许多年建造的坎特伯雷大教堂和威斯敏斯特大教堂，是英国最早的大面积哥特式建筑群体。 威斯敏斯特教堂（1245—1269）依中殿而建的走廊部分建造复杂，约克大教堂（1260—1320）的西前方都是盛饰式哥特建筑的典型。独特的S型曲线开始发展成欧洲花式窗格，开启了被称为哥特式火焰状式的风格。由于它更大的窗户和直冲云霄的垂直式石雕窗花，威斯敏斯特教堂的后期的英国垂直式风格（1380—1520）很容易辨认。像珍珠般光彩壮丽的亨利八世教堂犹如一颗稀世宝石。英国素以其壮丽的木雕房顶著称，比如埃尔瑟姆宫。

上图
尚·德·谢耶设计的巴黎圣母院（1240—1250）玫瑰花窗玻璃显示着圣经的分层，最里面是被先知们围绕着的圣母和孩子，然后外圈环绕灵光。

扇形拱顶

扇形拱顶是英国最令人激动的晚期哥特式建筑增加的元素之一。密密麻麻的扇形支架从圆柱顶端发散开来。最初，这种拱顶出现在格洛斯特大教堂的走廊中，在威斯敏斯特大教堂也可以找到。但是它的最佳艺术效果却是呈现在剑桥大学国王学院礼拜堂内，其拱顶是于1446—1515年间由英国最重要的工匠师约翰·威斯特尔建造的。教堂叹为观止的天花板就像是一棵参天大树开枝散叶形成的华盖。

居民住房

什么是居民住房？早期中世纪居民住房看上去紧凑拥挤。于是雄伟壮丽的新型哥特式风格逐渐产生了更广泛的影响。

建筑记载了社会面貌的变化过程。随着社会财富积累的增加，居民住房也在发生变化。随着一批新型企业家崭露头角，他们希望世界了解他们。做羊毛生意的商人威廉姆·格雷维尔在奇平卡姆登镇的家就是这类建筑引以为傲的典型建筑。他居住的科兹沃尔德小镇的居民房（约 1380 年）就建得高耸入云，和教堂一样高。弓形窗上一排排放射状呈现的细长石柱和垂直式哥特建筑如出一辙。格雷维尔可能非常虔诚，但更加可能的是他想炫耀财富。

越成功的家族，他们的庄园或大厅经历整改的可能性越大。建于 15 世纪中期克里基厄斯附近，以石头为地基，走廊贯通的伯纳斯达庄园，就是显示当代威尔士绅士风格的一种典型家庭庄园。建在石头上的罗曼式拱门清晰可见，随着一代代的足踏，石板已被磨得很薄，但是那未曾改变的历史印记却依稀可见。

形成鲜明对比的是，在肯特，曾属于亨利七世，宏伟壮丽的诺尔城堡最古老的大教堂（1460 年）如今只留下了两扇石门。其余都被黑橡木木材和灰泥天花板所覆盖，就连超凡脱俗的橡胶屏幕也被维多利亚时代的一层虫胶所掩埋。

另外一个故事就是在康沃尔地区，坐落在塔玛河畔的加力克度假屋。它是英国都铎王朝时期保留原貌最多的现存庄园之一，大部分是由于这个家族在 1553 年搬迁到了 10 英里（16 千米）以外的新居，而且几乎没有再回来。自此，这座成熟的石砌庄园只是偶尔被占用。这个教堂式的庄园有一个稀世古董——一座有前摆的钟——依靠两个 90 磅重的砝码运行。至今都还在运转。

在布尔日可以看到法国典型的哥特式居民住房，这家庄园属于一个相当富裕的商人杰克·柯尔，后来他掌管了一家造币厂。这座庄园建于 15 世纪中期，它华丽的外部装饰包括抗腐蚀性的栏杆，有心形的和扇贝壳形的，是柯尔的徽章。上到来自法国教堂建筑大量无以估价的物品，下到滴水嘴，无一不彰显了柯尔的狂妄自大。

下图

威廉姆·格雷维尔之家，坐落在英国格洛斯特郡繁荣的中世纪城镇奇平卡姆登。格雷维尔是一个羊毛经销商，那时英国的羊毛远销至佛罗伦萨。

在意大利

圣吉米亚诺是一座开放型的精美的哥特式建筑博物馆。托卡斯纳坐落在一座山上，它还有着最原始的城墙和大门， 以及 72 座最古老石灰岩城堡中的 14 座。这座城市直插入山峦中，被青山环绕，成为意大利闻名遐迩的景观。我们发现的这些美如画的城堡，曾是对立家族的城市据点。直到 998 年，居民才建立了他们第一座防御城墙。

上图

没有人会忘记他们第一眼看到的坐落在威尼斯的圣马可大教堂。拥有哥特式尖塔，拜占庭圆顶和中世纪天使的著名长方形大教堂立在东西交会处。

圣吉米亚诺的大多数建筑建立于 12 世纪或 13 世纪。自从市议会规定了建筑面积，市民们便向建筑师提出，要把自己和邻居的房屋区别开。因此，圣吉米亚诺市有趣地混合了优雅的意大利建筑风格：中世纪锡耶纳哥特式建筑，有着优雅美观的砖砌结构和尖拱窗户，混合了更加肆意跋扈的线条状比萨罗曼式风格和经典的佛罗伦萨早期文艺复兴时期的风格。这座城市曾经对建筑用地限制，攀比意味着增加建筑高度。凡是负担得起的，都建造了更高的城堡，有些人甚至建造两个。

圣吉米亚诺最重要的遗迹就是小圆齿状的人民宫，罗曼式联合教堂和圣阿戈斯蒂诺教堂，这里描述了北非希波主教的一生。城镇呈线形分布，每条线的末端都有一扇门和有商场和公共建筑的两个大型广场。在 13 世纪，市议会禁止改造房屋，除非建造得更好。然而现代的城市却没有如此进步。

同时，威尼斯，犹如穿越中世纪的一个建筑寓言故事，矗立在圣马可长方形教堂顶端的四座青铜马诉说着这一切。圣马可长方形教堂可能是世界上最著名的拜占庭建筑。有一段传奇故事说，圣徒在去罗马的路上停留在漂浮的里亚尔托岛上，受到了一位天使的欢迎。天使告诉他：“马克，和平的福音伴随着你。你的身体将在这里休憩。”于是圣马克和他的标志，一头长翅膀的狮子，自此便成为这座城市的一个象征。

几个世纪以来，威尼斯商船会带着来自世界各个地方的圆柱、塔顶和饰带返回。通常来讲，教堂的外部覆盖着大量的大理石和雕刻，有一些甚至比建筑本身还要古老。改造的罗马式浅浮雕融合了 12 世纪拜占庭工匠的浮雕手艺和 13 世纪后增添的威尼斯拜占庭哥特式风格。中央大门是罗马式风格。

左图

主教座堂广场， 在意大利要塞圣吉米亚诺镇的中心。军事化平淡外表的大教堂（左）内部的罗马式内饰是奢华的。

这座长方形教堂直面圣马可广场。拿破仑曾评论说这座广场是“欧洲最出色的大厅”。的确是：作为一个完美的公共活动空间它连接着世界上最受欢迎的建筑体。建筑师帕拉第奥认为依斯特拉石头砌成的圣马克图书馆是遗迹里最美丽的建筑。这都应当归功于文艺复兴时期的建筑师圣索维诺，他的设计摒弃了中世纪混乱的建筑风格，使得超凡脱俗的哥特式公爵宫得以呈现。

这座城市的总督府，大部分都是由杰出的工匠们在1422年前后建设的，被维多利亚时代的评论家约翰·拉斯金称为“世界的中央建筑”。维多利亚时代的英国赞同他的这种说法。哥特式复兴的仿制建筑包括布拉德福德羊毛交易所和格拉斯哥坦普尔顿的地毯工厂。但是没有任何一座仿制建筑可以和总督府的威严雄壮相媲美。尽管一场大火破坏了12世纪之前的结构，但这个广场躲过了文艺复兴时期的建筑热潮，因为总督决定继续采用具有历史意义的哥特式审美风格。它大部分的墙体由精美的白色依斯特拉图案和粉色的维罗纳大理石建造而成，因而光彩夺目。

这座精致的“叹息桥”连接着第戎公爵宫和威尼斯普利奇欧尼宫阴森的地牢。

在离开威尼斯，结束这个中世纪建筑的故事之前，在大运河上的卡多洛金屋驻足片刻是非常值得的。它是威尼斯最美丽的景色之一。由于它使用很多雕刻作为自己的建筑结构，所以金屋这个名字来自其带有伊斯兰色彩的黄金般的装饰。它的带有异域风情的S型拱顶和褪去的红白色调——其实曾经是佛青和朱红——其实就是公爵宫的色彩。不足为奇，由于泥瓦匠建筑师乔瓦尼邦和儿子巴托罗梅奥参与建筑，这与众不同的不对称结构映射了房间内部布局：入口大厅直接通向大运河，但是大厅后却还有一个凹进去的凉廊，阴暗且隐秘。在一楼主厅的开放式阳台上的四叶花窗随着楼梯高度的增加，越来越轻盈剔透，使得这座像神仙饼的建筑看起来仿佛漂在水面上。

意大利可以说是一个合适的地方来结束哥特式建筑的探索。因为它下一个建筑风格的改革震惊了世界。倘若古典主义可以在世界某个角落重生，那么一定是意大利，这片但丁和彼得拉克生存的土地，人文主义的故乡。

上图
由菲利波·卡伦达里奥设计的威尼斯公爵宫的细节；始建于1329年，1355年其因叛国罪被处死而停建。

下图
独特的威尼斯哥特式卡多洛金屋（中），1428，是大运河上最漂亮的宫殿。

文艺复兴

文艺复兴建筑以轻盈、透明和合理为特点。这里是我们的宇宙，文艺复兴时代的人说，我们就在它的中央。在14世纪的文学里，人文主义作家和学者们，例如但丁和彼特拉克，已经开始复兴古时的语言和手工艺。通过研究西塞罗和维吉尔的作品，他们争论说，在古代，思想的能力是上帝赋予人类最珍贵的礼物，所以他应该运用它。从此，中世纪被认为是黑暗世纪。建立在理性、古典的原则上的新的建筑将会诞生。

香波尔城堡，是卢瓦尔河谷三百个城堡中最大的，通过它圆锥形的炮塔连接着中世纪，和精雕的石头连接着文艺复兴。

自由时代

汝当遵从本心，摒弃束缚，于吾主所赐之境，界约本性。既令汝之于天下万物之中，使之易于观此世也。
——乔瓦尼·皮科·德拉·米兰多拉，《关于人的尊严的演说》（1486 年）

1402 年，两个衣衫褴褛的年轻流浪汉来到了当时瘟疫肆虐的罗马城，开始寻找古遗迹。那时，朱庇特神庙早已是一片废墟；昔日壮丽的神坛也沦为了 Campo di Vacchino ，即“放牛之地”。经过了几个世纪，古罗马的辉煌已深深掩埋在了碎石瓦砾之下：古老的沟渠破败、坍塌，地震、战争的幸存者们无人问津。

这两位拾荒者，一位是画家，另一位是手工艺人。他们在废墟被车子拉走之前，开始挖掘这些巨型古遗迹。对于当地人来说，这种行为实在令人费解，因为他们相信，挖掘这些古老的罗马异教文物会带来厄运。并且，看着其中一人整天用一根长棍测量这些建筑，人们也搞不懂究竟是为了什么。

一个崭新的时代即将来临。凭借着富有的美第奇家族（伟大的艺术与建筑赞助人）慷慨的捐赠，佛罗伦萨俨然发展成为了“新雅典”，一座雄心勃勃的、正在崛起的城市。佛罗伦萨在服装贸易与国际银行等方面都取得了巨大的成功，并由一个公共政府进行管理。该政府在城市的发展过程中，小心翼翼地管控着方方面面：最重要的，当然还是在建筑上。美第奇家族相信能够借由佛罗伦萨的美丽，把城市本身那种理想共和国的形象展示出来。在这里，公民都有着高尚的道德与良好的教养。

在欧洲，越来越多的人对历史知识展现出浓厚的兴趣，而这对于基督教所倡导的认知来说，无疑是一个前所未有的巨大挑战。一种新的哲学观点开始出现，并对人类在自然界中的地位进行了重新考量，后来我们称其为人文主义。到了 15 世纪中期，针对人文主义已形成了一系列完整的课程——人类学。这一课程体系从修辞、哲学、诗歌及历史等方面对古典主义作家进行了研究。同时，随着由摩尔人占领的伊比利亚半岛的收复，欧几里得、柏拉图、亚里士多德等人的古老作品得以重见天日。这些著作曾一度为西方文明所遗忘。

佛罗伦萨的建筑热潮始于 12 世纪，其狂热的程度堪称前所未有。这座城市的总人口约为 50000 人，几乎相当于整个伦敦的规模，对于自己的民主政治相当自豪。然而，它也存在着一个十分棘手的问题：拥有世界上最不能完成的建筑任务。

1296 年，人们开始了圣母百花大教堂的建设筹备工作。正当佛罗伦萨共和国的人民对这一伟大工程满怀激情时，许多人对大教堂当时的设计也提出了异议：圣母百花大教堂将成为世界上最大的基督教王国，拥有着独一无二的穹顶。相比于现世最为壮观的、900 多年前建于君士坦丁堡的圣索菲亚大教堂来说，这个教堂的圆顶理应更为宏伟壮丽。然而天有不测风云，人们往往事与愿违。1347 年，亚洲黑鼠病瘟疫随着热那亚商贸船只的到来，悄然登陆了意大利。一时间，佛罗伦萨五分之四的百姓染疾身亡，国家不得不进口鞑靼和切尔克斯的奴隶以缓解当地劳动力短缺的问题。画家乔托历经 20 多年的时间，设计并建成了圣母百花大教堂中 280 英尺高的钟楼。然而，一直到 1418 年，仍然没有出现关于大教堂穹顶部分的可行性设计方案。

上图
佛罗伦萨领主广场喷泉之上的海神雕像，1575 年由米开朗基罗学徒阿曼那提设计。

从古至今，还从未出现过这样的建筑形式：在圣母百花大教堂中，建筑师创造性地将穹顶设计为八边拱形，如此大的面积与重量却未使用任何的外部结构作为支撑，即使是现代的建筑技术也望尘莫及。按照设计计划，圆顶距离地面的高度将达到令人难以置信的 170 英尺，超过了曾经最高的哥特式拱顶建筑——位于博韦的圣彼得大教堂。但是，早在 1284 年，圣彼得大教堂就已经完全倒塌了。

在中世纪，高大的建筑物坍塌事件并不常有。迷信的世人，将这一切归因于上帝之手。如此，这对于它的建造者来说是幸运的。佛罗伦萨的人没有意识到，因为不扎实的地基在持续沉降，他们的竞争对手博洛尼亚和比萨所建造的钟塔已经开始倾斜——虽然，政府极有可能将这一切的罪过推到建筑师的身上。简而言之，圣母百花大教堂的穹顶建设将是对信心的坚持。因此，新一轮的竞争便悄然开始：人们在寻找一位可以完成这“不可能完成的任务”的建筑师。

重要日期

1300 年 佛罗伦萨市成立，并成为欧洲银行业中心。其所铸货币“弗罗林”是第一种国际流通货币；此时巴黎是欧洲最大的城市，人口为 20 万—30 万。

1308—1321 年 但丁的《神曲》问世。

1374 年 彼特拉克（意大利诗人、学者、欧洲人文主义运动的主要代表）逝世。

1381 年 瓦特·泰勒领导农民起义。

1406 年 中国紫禁城开始修建。

1400—1500 年 文艺复兴时期，又称“15 世纪”或“文艺复兴初期”。

1434 年 菲利波·布鲁内列斯基监督完成大教堂（圣母百花大教堂）的建造。

1438 年 印加帝国崛起（今秘鲁）。

1444—1460 年 美第奇宫建成。

1450 年 伟大的画家、雕塑家与先知列奥纳多·达·芬奇于佛罗伦萨出生。

1451 年 梵蒂冈图书馆成立。

下图

佛罗伦萨，圣母百花大教堂：其巨大的八角形穹顶由建筑师及雕塑家菲利波·布鲁内列斯基（1420—1436）设计，是结构中的杰作，文艺复兴时期首个主要的建筑壮举。

1453 年 奥斯曼人攻陷君士坦丁堡。

1455—1485 年 英国玫瑰战争。

1471 年 Qarshise 清真寺建成于科索沃的佩奇市。1999 年塞尔维亚部队将其摧毁。

1476 年 威廉·卡克斯顿于英国完成《坎特伯雷故事集》的首版印刷。

1483 年 波提切利:《维纳斯的诞生》。

1492 年 克里斯托弗·哥伦布发现美洲大陆。

1493 年 经历过一场巨大的火灾洗礼后，伊凡三世下令严禁在莫斯科古城内修建木质建筑。

1494 年 法国入侵意大利。

1498 年 列奥纳多·达·芬奇创作《最后的晚餐》；中国人发明了由猪鬃毛制成的牙刷。

1500 年 安特卫普大教堂建成，耗时 148 年；世界人口达到 4 亿。

1500—1525 年 意大利文艺复兴鼎盛时期，又称“16 世纪意大利艺术时期”。

1504 年 米开朗基罗创作《大卫》。

1506 年 古代雕塑《拉奥孔与儿子们》发掘出土。

1515 年 托马斯·莫尔创作《乌托邦》。拉斐尔接任布拉曼特，成为罗马圣彼得大教堂的首席建筑师。

1517 年 马丁·路德发表《95 条论纲》，并将其钉于威滕伯格教堂的大门之上；安德烈·德尔·萨托完成祭坛装饰画《哈匹圣母》。

1519 年 香波城堡在法国动工，计划将耗时 30 年完成。

1520—1600 年 矫饰主义时期。

1520 年 为西班牙效力的埃尔南·科尔特斯征服墨西哥。

1525 年 米开朗基罗开始美第奇家族教堂的工作。

1527 年 罗马之劫。

1530—1590 年 亨利二世风格在法国兴起并得以发展（历经五代君主）。

1530 年 教皇驳回亨利八世的离婚请求。亨利随即宣称，英国教会的最高领导人是他自己，而非教皇。

1533—1603 年 伊丽莎白一世统治英国时期。

1538 年 由米开朗基罗设计的卡比托利欧广场（卡比托利欧山）开始建造。

1555 年 诺查丹玛斯创作《百诗集》。

1568 年 维尼奥拉：罗马耶稣会教堂开始建造。

1595—1596 年 莎士比亚创作《罗密欧与朱丽叶》。

1618—1648 年 “三十年战争”。

左图
在佛罗伦萨育婴堂（1419—1445），布鲁内列斯基运用理性的古典概念对建筑进行彻底的改造：一系列拱形结构负载于立柱之上。

上图
这个世界上最大的孤儿院由“Cloth maker's 协会”创办，安德烈亚·德拉·罗比亚的陶瓷圆形浮雕展现了一个尚在襁褓中的婴儿。

在这场较量中脱颖而出的是一位42岁的男子。他名下设计的建筑作品只有区区一个（上图）。他叫菲利波·布鲁内列斯基，做过金匠和钟表匠，终日蓬头垢面，脾气极坏，难以与人相处。他就是我们之前提到的两位“寻宝者”之一——另外一位是他的朋友，雕塑家多纳泰罗。在那之前，访问罗马的只有一些朝圣者，他们是为了寻找圣徒的遗骨——比如圣托马斯的“手指骨”，或是圣安妮的“手臂骨”等。布鲁内列斯基和那爱惹是生非的乡野村夫多纳泰罗，开创的是一种全新的朝圣之旅——追溯古人的思想。

布鲁内列斯基常常被称为“皮波”，他是在这个未完成的大教堂阴影中成长起来的。尽管具体的细节我们无从知晓，但他或许生来就是为了迎接这个挑战。他能在佛罗伦萨一夜爆红，全凭着一个当时看似不可思议的小花招——对绘画中透视图的重新发掘。

他所设计的穹顶，可以用双薄壳结构来建造。这是一种古罗马的技术——在石头肋拱框架中，用砖块铺设出一个箭尾形图案。外层的薄壳用以凸显穹顶的高度：在两层薄壳之间，由铁钳所固定的砂岩梁可以减轻整个建筑物的压力。最顶端的炮塔，仅仅是表面的装饰，就巧妙地将整个穹顶固定为一个整体，并大大抵消了圆顶所承受的各种“拉力”与“推力”。

随后，这位前金匠便开始了他的模型制作。他雇用了佛罗伦萨最有天赋的两位雕刻家——多纳泰罗与南尼·迪·班科来完成木工的部分。布鲁内列斯基最终的模型成品高12英尺，共消耗砖石5000块，评委们可以在其中行走。关于这个模型还流传着一个故事，现在看来其真实度还有待考察。传说为了说服评委们，这位老金匠提议，谁能够不借助任何外力，将一枚鸡蛋立于大理石平面之上，谁就是这次比赛的获胜者。当所有人对此一筹莫展时，布鲁内列斯基将鸡蛋的底部磕出一个小坑，轻而易举地把它立了起来。

无论这个故事真实与否，有一点我们是可以肯定的：教堂的穹顶部分依然是人们争论的焦点，布鲁内列斯基显然任重而道远。他的死对头，洛伦佐·吉贝尔蒂作为联合建筑大师，似乎是为了监视他，与其平分每月6弗罗林金币的酬劳。布鲁内列斯基避开瘟疫、战争与政治纷争的困扰，重新改造古老的建筑艺术，使这个耗费了7000万磅金属和木料、高达数百英尺的圆顶能够屹立于苍穹之上。在整个建造的过程中，这位建筑师受到千夫所指，人人以为他是个疯子。然而，经过28年的不懈努力，佛罗伦萨大教堂最终成为了文艺复兴时期的一个奇迹。“皮波”为建筑艺术提供了一种新的可能性和目的。

作家与哲学家们虽早已对古罗马的辉煌成就进行过不少讨论，但直到看

过多纳泰罗与布鲁内列斯基的经历，人们才意识到，这之前似乎根本没有人详实地研究过它们。如今，莱昂·巴蒂斯塔·阿尔伯蒂、安东尼奥·菲拉雷特、弗兰切斯克·德·乔治与米开朗基罗等一大批建筑家将在两位前辈的引领下，于古罗马的废墟之中找到灵感。

凭借着这份于古罗马遗迹之中重获的知识——还有与生俱来的几何与机械工程方面的天赋——布鲁内列斯基在建筑领域开创了一种全新的理性主义方法。这种方法与音乐中的和声一样是系统化的，令人为之心醉神迷。它强调，建筑应遵循比例：正如希腊数学家欧几里得所言，只有将黄金比例运用其中，我们才能获得和谐之美。几个世纪以来，建筑师们都在努力践行着这一理论，尤其是6个世纪之后的现代主义大师们，例如勒·柯布西耶。

佛罗伦萨的另一位建筑师莱昂·巴蒂斯塔·阿尔伯蒂（1404—1472）将布鲁内列斯基的这一突破性成果进一步发扬光大。“皮波风格”中讳莫如深的地方，象征的是“文艺复兴人”心中不可能实现的理想，阿尔伯蒂想要将它们完成。他是个私生子，来自一个被流放出境的佛罗伦萨家庭。因此，阿尔伯蒂广为游历，后来成为一

上图
阿尔伯蒂为位于佛罗伦萨现有的哥特式建筑圣马利亚小教堂所设计的正立面。它遵循音阶中1:2的比例：包括山形墙在内的上层部分是整个塔身的一半长。您可以用尺子测量一下。

下图
“旋涡”图案的细节部分。“旋涡”（volute）一词来源于拉丁文“scroll（卷轴）”。绿色与白色大理石的几何图案部分源于罗马式托斯坎尼风格。

上图
松果庭院是梵蒂冈博物馆的一个内部露天庭院，院内有一座古罗马巨型青铜松果雕塑。

名主教文职。运动员、作家、音乐家、画匠、数学家……阿尔伯蒂在多个领域之间转换自如，无所不能——他还是个出色的马术师。他对于建筑之美的阐释可谓是历史上少有的经典，极尽魅力。他曾说道：

……若要实现所有建筑部分的和谐一体，我们需遵循这样一个原则：任何细处都不得随意增减或修改，除非它不尽完美。

通过个人的著作以及一些建筑范本（例如拥有精巧比例的圣马利亚小教堂正立面），阿尔伯蒂提出了关于简单比例的系统性理念。这些理念启迪着一代又一代的建筑师们。他对古代建筑师及数学家们关于和谐理论的研究进行了新的发掘与探索，将音乐中的听觉规律类比到视觉经验中来。按住音弦的中央部位，便会产生出一个高八度的音。按此方法按住弦的三分之二或四分之三部位，我们将得到一个高五或高四度的音。根据这样的推断，阿尔伯蒂得出结论：符合同等比率的空间也会自然而然地拥有和谐之美。在圣马利亚小教堂（佛罗伦萨，1470年），他将这个意大利哥特式建筑的正立面进行了复杂的加工，赋予其韵律之美，加入了古代风格的完美比例及古希腊神庙山墙的元素。

阿尔伯蒂作品的内容十分广泛。他在《建筑十书》中提出了一个永恒的难题，即城市建筑物中哪些部分需要强调，哪些部分必须隐藏。根据阿尔伯蒂的观点：

如果我们能在市区或者任何适宜的场所兴建多种多样的工匠作坊，那么城市一定会变得更加美好。银行家、画匠与金匠在广场周围；他们附近的商店里商品琳琅满目、香料四溢芬芳，裁缝店和各类重要的商铺点缀其间。不入流的货品则远离人们的视线之外。

根据这位杰出的建筑大师的思想，文艺复兴时期的许多城镇开始革新与运用古罗马的城市规划理念。即使在混乱的中世纪，这些城镇也竭尽所能为整齐规范化的城市广场建设创造条件，还包括各类用于集会、购物与贸易交流的场所。为了效力于神圣之主——文艺复兴早期的教皇宫殿，激进的建筑物层出不穷。例如，巴西奥·庞泰利（Baccio Pontelli）为英诺森八世而建的松果庭院，至今看上去仍有中世纪和军事化的遗风，具有军事作用。这使得多纳托·伯拉孟特，也就是人们常说的“布拉曼特”（“布拉曼特”意为“贪婪的”）能够重建出符合罗马人审美的奢华建筑，既大胆而又富有想象力。布拉曼特仿效帝国浴室，在1508年开始主持修建位于杰纳扎诺（Genazzano）的水神宁芙神殿（Nymphaeum）。该神殿是为一位年轻的主教旁派·科隆纳（Pompeo Colonna）所建。根据古建筑传统与阿尔伯蒂的规定，这座建筑只有一层：而如今残存的只剩下一堆古雅的废墟。

哥特风：竞争对手的建筑风格

佛罗伦萨的古典理性主义，兼具美学考量和政治目的。而北部城市米兰的公爵吉安加莱亚佐·维斯康提便是这座城市最大的敌人。公爵已经制服了比萨、佩鲁贾与锡耶纳这三座城市，如今，他的目光又投向了佛罗伦萨为自身发展而开创的建筑盛世。满脸姜黄色络腮胡的维斯康提崇尚哥特式建筑风格，是历史舞台上绝对的反派角色：他盾徽上刻有图案，描绘的是一条毒蛇正将一个小人碾压致死。当拥有民主精神的佛罗伦萨人民认同了罗马理念，并坚信这座城市是由尤利乌斯·恺撒所建时，邪恶的维斯康提便着手建造起一所哥特式教堂来抗衡佛罗伦萨的教堂，以及飞扶壁式建筑等。

维特鲁威与文艺复兴

莱昂·巴蒂斯塔·阿尔伯蒂在佛罗伦萨设计的圣马利亚小教堂正立面正是基于和谐的原则，拥有迷人的美学比例。他运用了一系列的几何正方形，嵌饰以各种各样的大理石，来覆盖在一个中世纪建筑结构上，并遵循经典的古罗马比例原则。山形墙与雕带的灵感就来源于罗马古迹。在一座修道院中，阿尔伯蒂与布鲁内列斯基偶然间发现了一份出自1世纪作家维特鲁威的手稿，而接触到了理性的新古典思想。他们竭尽全力地希望再创一种建筑，可以彰显理智与心灵上的完美。

文艺复兴盛期及晚期

布鲁内列斯基与阿尔伯蒂创造了一种过渡性风格：从哥特式到一种全新的理性建筑形式——这一风格是对意大利人引以为傲的古遗迹的一种回归。渐渐地，这种文艺复兴风格走出了繁荣喧闹的佛罗伦萨，慢慢进入了更多地区，人们对古典的运用越来越得心应手——这一时期我们称之为“文艺复兴盛期”。

上图
坦比哀多礼拜堂，布拉曼特的首个重要作品，巧妙地结合了部分古典形式。他用多立克柱环抱一圈、以半圆形穹顶加盖的建筑样式被广泛模仿。

身处纤细的多立克柱环抱之中，头顶一方穹顶，多纳托·布拉曼特的雕刻作品坦比哀多礼拜堂堪称世界上最为精美的小型建筑之一。坦比哀多位于西班牙圣彼得的一处庭院之中，据说是圣彼得受刑的地方。它在体现和谐之美方面，是文艺复兴时期首屈一指的佳作。

坦比哀多——“小型庙宇”的代言词——文艺复兴盛期建筑风格的制高点。这一圣殿的内部直径仅为 15 英尺。它的建造目的不在于供游览者畅游其中——坦比哀多更多的是一种视觉上的愉悦：它是一帧如画的风景。列奥纳多·达·芬奇对为获得透视图效果的光影的运用进行过大量著述。布拉曼特作为错觉绘画艺术的大师，他的这一作品似乎就从达·芬奇身上获得了灵感。古罗马明媚的阳光在坦比哀多的立柱间晃动嬉闹，简洁的托斯卡纳柱与多立克柱环抱在四周，加之寺庙的内殿，一切看上去总是那么庄重肃穆，威严夺目。教皇尤利乌斯二世对坦比哀多十分满意，因此任命布拉曼特为圣彼得大教堂的总建筑师。

人们将坦比哀多礼拜堂的建筑模式无休无止地进行着复制，从 18 世纪花园中的“惊鸿一瞥”，到列恩的圣保罗大教堂中巨大的围柱式穹顶。这其中最受人推崇的当属 1676 年贝尔尼尼在圣彼得的收官之作圣礼教堂。在圣礼小教堂中，他设计了一座镀金的坦比哀多微缩铜像，手持圣饼，象征的是耶稣，他是圣礼的主人。

在意大利文艺复兴时期的众多杰出建筑之中，若论最为宏伟壮丽的作品，当属教皇尤利乌斯二世位于梵蒂冈的圣彼得大教堂。这一尝试跨越了两个激荡的世纪，引发了激进的传教士马丁·路德的愤怒，甚至冲击了最伟大的文艺复兴思想。该教堂建筑及装饰的浩大工程历经 27 位教皇才得以完成。

左图
位于意大利蒙达维奥的罗卡·罗文勒斯卡城堡。弗朗切斯科·乔治·迪·马丁尼或许是文艺复兴时期最伟大的军事建筑师。

1505年之前，在梵蒂冈城内，君士坦丁的古老教堂的墙壁出现了6英尺的偏差。教皇尤利乌斯照旧不假思索地要求立刻拆除这座基督世界中最为古老与神圣的教堂。人们挖出了几个深25英尺的巨坑，以便打造新的地基。成吨的建筑材料七零八落地堆放在街道与广场上，2000位木匠与石匠整装待发，为这个自古罗马时期以来，意大利现有的最大建筑工程跃跃欲试。

然而颇具讽刺意味的是，为建造圣彼得大教堂——这个罗马最伟大的建筑之一，教皇们却从罗马斗兽场中掠夺了2522车石料。罗马斗兽场建于80年，是该古城中最为惊艳与重要的古典建筑之一。由于资金短缺、教皇更替，加之建筑师离世等原因的频繁出现，这一工程可谓命运多舛，枝节横生，施工过程几度中断。在拉斐尔离世后，桑迦洛与朱里奥·罗马诺又相继去世，这为71岁的米开朗基罗·博那罗蒂留下了广阔的发挥空间。作为一名杰出的雕塑家，他从不畏缩、勇往直前，公然抨击了桑迦洛的作品，认为它们都很低劣。关于这个教堂的建造，米开朗基罗准备重拾布拉曼特的精神及他大部分的原始设计。他厌倦了壁画的绘制与雕刻，决心在接下来的18年里，全身心地投入到建筑中来。米开朗基罗所建造的这一壮丽的穹顶，尽管开工于1505年，直到1626年才彻底完工，却使得罗马庄严宏伟的万神殿都黯然失色，成为了其他所有的圆顶优劣评判的量度。

大多数艺术历史学家认为，文艺复兴中昙花一现的盛期主要归功于以下三位伟大艺术家的出现：列奥纳多·达·芬奇、米开朗基罗与拉斐尔。文艺复兴时期具有人文主义情怀的学院派建筑师们，尽管大多数接受的是绘画与雕塑的训练，但他们更像是工程师，或者我们今天所谓的产品设计师。他们希望，建筑是对人们力所能及的所有成就的颂扬。几何平面和空间的形成，以及数字与比例的组合，都将是对人类智慧的赞美，对上帝造物的颂歌。

罗马的崛起

一代又一代的教皇们雄心勃勃地相信，罗马是画家与建筑师的职业所在地。15世纪末之前，教皇均来自富裕而有权势的家族，长年累月地资助公共艺术，雇用他们自己的私人画师。为了前教皇呕心沥血的建筑与艺术品，他们轮流鼎力相助，倾其所有。这些神圣的“命令”常由全副武装的使者传达：如果一位教皇要求你出席，或为西斯廷教堂绘制天花板——即使你那时还不是一名壁画画家——你也只得唯命是从。

人是一切事物的衡量标准

文艺复兴时期，人们普遍相信，“人是一切事物的衡量标准”。因为在基督教的信条中，人是根据上帝的形象创造出来的。因此，人们认为，人类的形态比例必须如天堂般的设计一样理想。

列奥纳多·达·芬奇在他的画作《维特鲁威人》中探索着这一想法。画中人伸展开的双臂长度与身高相同，身材修长，可以同时与其外部的圆和正方形相吻合。这个近似于镜像的事实同样具有非凡的意义：对于像达·芬奇一样的文艺复兴时期的思想家来说，对称至关重要。

这一想法并不是达·芬奇所提出的：它来自古罗马建筑师维特鲁威的著作，《建筑十书》的第三卷：

“如果一个人可以面部朝上地平躺，并伸展开他的四肢……那么他的手指与脚趾可以达到以其身体中心为原点的圆周上。”

维特鲁威认为，建筑应符合这些神圣的比例。许多文艺复兴时期的人物，例如城堡与宫殿的设计师弗朗切斯科·乔治·迪·马丁尼，以及之后的安德烈亚·帕拉第奥，都运用并发展了这一理论，并取得了极佳的效果。

罗马圣彼得大教堂

许多人认为，耶稣最出色的门徒就葬在罗马的圣彼得大教堂。历代教皇都试图将这个中世纪教堂在原有的基础上进行完善，但其中一些因资金短缺而失败了，另一些也显得力不从心，或者两者都不具备。颇具讽刺意味的是，最终，是人类的虚荣心给了罗马动力去完成这个天主教世界当中最伟大的教堂，而非他们隐忍的谦卑。圣彼得大教堂面积约为一个足球场那么大，高相当于一座 13 层建筑，是天主教信徒身心的焦点所在。

圣彼得埋葬在了一处普通的墓地当中，因此在 4 世纪，君士坦丁大帝命人在其原址上建造一座教堂。在 14 世纪末之前，君士坦丁时期的建筑已经摇摇欲坠。1505 年年初，教皇尤利乌斯二世开始构思自己的墓地，并命令并不情愿的雕塑家米开朗基罗对其进行设计。然而对于最为苛刻的教皇来说，这一纪念物需要有富丽堂皇的环境。

尤利乌斯的工程在规模与雄心上都具有不朽的意义。或许人们常称其为“战神教皇”，或者“恐怖教皇”——他倾向于残暴统治，比如用棍子痛打部下——但是，他的赞助也能将任意的建筑师打造成罗马之星。

这场好戏的阵容可谓星光熠熠。63 岁的朱利亚诺·达·桑迦洛自信满满，深信自己能够赢得这次主持修建圣彼得大教堂的机会，因此从佛罗伦萨举家乔迁到罗马。派头十足的多纳托·布拉曼特也紧随其后。在此之前，桑迦洛已经在意大利的萨沃纳为尤利乌斯打造过一座辉煌夺目的建筑，德拉·罗韦雷宫（Palazzo della Rovere）。整个罗马都屏息等待着，见证优胜者的诞生。个人的事业——还有一大笔赞助费——究竟何去何从，全都取决于这个决定了。1506 年，尤利乌斯命布拉曼特起草一份设计规划。由于深受哈德良大帝的万神殿影响，这份设计无论从规模抑或雄心壮志上都与尤利乌斯心中所想的样子难以媲美。况且，大自然也从中作梗，1514 年，布拉曼特去世了。许多教皇与建筑天才们都根据进程，在这座大教堂的建造上投入了大量的心血，直到 1615 年教皇保罗五世统治期间，它才全面竣工。接下来的工作涉及了画家拉斐尔、米开朗基罗与后来的贝尔尼尼，安东尼奥·达·桑迦洛——某种程度上或多或少——在这一过程中充当了坏人的角色。

许多建筑师继续着安东尼奥·达·桑迦洛的工作，圣彼得大教堂的官方网站中这样描述他们——“复杂而又不和谐，依然有哥特式艺术的影子”。米开朗基罗挣扎着要在死前完成穹顶的部分，他没能达成心愿。但是，人们最近发现的一张罕见的图纸证明，米开朗基罗的设计方案最终赢得了尤利乌斯的青睐，在角逐中胜出。

上图

在米开朗基罗去世之后，德拉·伯达（Giacomo della Porta）与丰塔纳完成了这一刚劲有力的穹顶。教皇克莱蒙特三世在圆顶上安放了一个十字架——这一仪式进行了整整一天。据说，这个十字架包含真十字架（钉死耶稣基督的十字架）的遗物。

左图

卡洛·马代尔诺设计了这一石灰华的立面，其包含基督耶稣、施洗者圣约翰及 11 位使徒的雕像。传言，马代尔诺的这个设计是被迫赶工出来的，批评家们对这件事抱怨连连，认为其与该建筑极不成比例。

文艺复兴三杰

左上图

为克莱门特七世修建的劳伦齐阿纳图书馆，建于佛罗伦萨，米开朗基罗赋予其浓郁的古典气息，使之成为风格主义的原型。

右上图

玛达玛庄园，其杰出的建筑装饰由拉斐尔及其助手设计而成。而这座庄园内的形象和果蔬以穴怪图的风格被描绘出来，这种壁画风格在尼禄的黄金宫中被重新发现。

每当提到文艺复兴，最先出现在脑海中的总是列奥纳多·达·芬奇、米开朗基罗和拉斐尔。因其艺术成就，三杰获得了无上名誉，也对建筑思想产生了巨大而深远的影响。三杰就是那个时代的智慧之星，被人们寄予厚望，用他们神奇的双手幻化一切。

列奥纳多（1452—1519）为亚历山大六世之子恺撒·波吉尔工作，担任军事建筑师暨工程师，并随恺撒·波吉尔游遍意大利。1495 年至 1499 年，达·芬奇在威尼斯担任伊莎贝拉·德斯特的建筑顾问。在世界历史上，被翻印次数最多的可能就是他的知名巨作《维特鲁威人》，由此也将维特鲁威比例理论带入了这样的考验：达·芬奇可能已经发明了空中建筑设计的绘画技巧。而且，他和米开朗基罗都精于军事要塞的建筑设计。

洛伦佐·美第奇是米开朗基罗的第一位赞助人。米开朗基罗建筑作品众多，其中就包括劳伦齐阿纳图书馆。米开朗基罗受美第奇家族的克莱门特七世委托，在佛罗伦萨设计修建了这所图书馆。图书馆内，壁柱与天花板的横梁相对应，其间的窗户巧妙成排。它被视为高度正规的风格主义建筑原型。米开朗基罗独出心裁，把新式雕塑融入建筑，包括巨型壁柱和锥形壁柱，圣彼得大教堂的圆穹顶也由他设计建造。尽管他创作出了西方艺术史上最具影响力的壁画，但他的西斯廷教堂天花板壁画评价不高，因此，他有些抗拒做拉斐尔（1483—1520）的导师。

拉斐尔年轻时十分崇拜达·芬奇，也曾想方设法接近米开朗基罗（但据大家所说，事实上并不如他所期望的那样融洽）。如同之前，圣彼得大教堂指定拉斐尔为正式的建筑师，但其他建筑师取代了他的大部分工作。然而不久之后，拉斐尔在建筑界的崇高地位使得他画家的光芒黯然失色，他成为罗马炙手可热的建筑师。

拉斐尔最完美的创作之一就是人民圣母教堂中的基吉礼拜堂，位于圆屋顶之下，向世人展现了开天辟地的过程。圆形穹顶韵感十足，交接斜交角高高立于四墙之上。向公众开放的只有入口处的拱门，其他拱门皆未开放。拜堂的精致之处就在于其古典的科林斯式壁柱以及柱顶做工精细的彩色大理石，以花彩装饰的雕带与华丽壮观的科林斯万神庙相似。即便是细微的部分，建筑师也设法成功地将其化为艺术不朽之作。

上图
基吉礼拜堂。拉斐尔把饰以精美马赛克穹顶之下的空间设计成八角形，其规模在16世纪独一无二。

右图
卢瓦尔河谷香波城堡的双螺旋阶梯，由八个方柱支撑，被认为由列奥纳多·达·芬奇设计而成。

拉斐尔之所以声名斐然，主因就是，他通过对玛达玛庄园式格局独特新颖的建造，使休闲别墅风行罗马。这座依山而建的豪华小筑是为红衣主教朱利奥·美第奇设计的，就是参照普林尼对自己别墅的描述而建造的仿制品。站在台地花园内，就可以望见台伯河；山坡外挖掘建造了一座露天剧场和一个赛马场。拉斐尔运用维特鲁威建筑比例设计建造了前庭、中庭和周柱廊。拉斐尔对这座建筑的描述体现了他在别墅设计上投入的精力不比整个别墅建造过程少。走进别墅前院，穿过别墅入口，接着就是一排圆形和椭圆形露台，而当你渐渐接近这些露台，对别墅的期待也越来越高。高贵奢侈、梦想集结、渴望复兴，玛达玛庄园把这些本质展露无遗。帕拉第奥到罗马时曾画过玛达玛庄园，这也是他当时画过的唯一一座现代庄园。

拉斐尔37岁去世，与年长的达·芬奇同一年。据报道，拉斐尔死于与情妇福尔娜瑞娜的过度性爱。因而，小安东尼奥·达·桑迦洛不得不被调遣来继续建造玛达玛庄园，该庄园现已改成博物馆。

文艺复兴后期

左图

圣马可图书馆。桑索维诺用他的双手创造出了更具观赏性的文艺复兴风尚。

下图

中世纪建筑：威尼斯的圣马可广场，教堂、总督府和教堂钟楼赫然矗立。其他都是拿破仑一世时期的建筑。

1527年，神圣罗马帝国皇帝查理五世率雇佣兵进攻罗马，洗劫教堂，抢空宫殿，破坏建筑，烧杀抢掠。克莱门特七世被迫逃往戒备森严的古圣天使城堡。随着天主教会势力的渐渐衰弱，前卫的新建筑中心向东转移出了罗马。

雅各布·桑索维诺，佛罗伦萨人，曾参与建造圣彼得大教堂。他被任命为圣马可大教堂的总建筑师和修复人之时，把古典主义融入了至今仍存在的威尼斯哥特式建筑。威尼斯的中心广场是世界上最宏伟的地点之一，而且立有桑索维诺雕塑的圣马可图书馆是世界上最受人喜爱的建筑之一。他设计而建的图书馆（1537—1588）与总督府于广场两侧相对而立。他还拆毁了周围杂乱无章、毫无特色的建筑物，因为其挡住了雅致精巧的中世纪宫殿。从传统上说，古典主义语言理性至上，强调克制与约束。桑索维诺以最文艺复兴的方式来处理圣马可大教堂的空间结构，统一而又有理化。他所设计的图书馆，拱廊曲线优美，十分符合威尼斯人对表面装饰的审美。

文艺复兴时期的建筑，即便规模相对较小，仍在世界范围内产生了重要影响。多纳托·伯拉孟特仿照维斯塔古庙和蒂沃利古庙，设计了圣彼得坦比哀多礼拜堂，并建于罗马。从华盛顿的美国国会大厦到位于英国霍华德城堡的霍克斯莫尔的陵墓，无数建筑都复制了这所礼拜堂的边边角角。罗马精神传遍世界，而且它将彻底改变我们的生活方式。

风格主义

左图

埃斯特庄园，为鲁克蕾齐亚·波吉亚与阿方索·埃斯特之子红衣主教埃斯特而修建于1550年，树木成荫，梯层交会，泉水喷涌。

下图

朱莉娅别墅，标准的18世纪府城代表，让人惊喜的是，别墅后呈半圆形。

米开朗基罗率先提出了风格主义，它是一种风格上的冒险，存在时间较短，而乔科莫·达·维尼奥拉（1507—1573）的建筑作品则充分展现了从文艺复兴后期到风格主义的过渡。维尼奥拉一直在枫丹白露为弗朗索瓦一世工作，曾是米开朗基罗的助手，在某些程度上像他一样，是文艺复兴风格与巴洛克风格过渡的桥梁。

意大利某些别墅和花园十分受欢迎，这都归功于风格主义者。有着深厚影响力的尤里乌斯三世的朱莉娅别墅是最好的例子之一，它由维尼奥拉与作家、建筑师瓦萨里和桑巴特鲁姆·亚马那提合作而成。而且，维尼奥拉还是一位悬念剧和隐藏剧大师。

这种让人愉快的感觉也是一种解放。朗特别墅（1566），位于巴格涅阿，它可能是意大利最完美的16世纪式的“惊喜园林”。

在水利工程天才托马索·吉努奇的帮助之下，维尼奥拉所设计的这座抒情诗调园林展现了人类从黄金时代开始没落的故事。维尼奥拉依据奥维德的《变形记》，并受梵蒂冈贝尔维迪宫启发，设计出了园林的几何结构。吉努奇与利戈里奥继续合作，建成了埃斯特庄园。到目前为止，这座风格主义巨作仍旧吸引了无数游客前往蒂沃利参观游览。

埃斯特庄园的台地、瀑布、水池、沉睡的女神让人惊叹万分，而庄园最精彩的部分则在于吉努奇所设计的管风琴喷泉，它演奏出的美妙乐曲无不让前来参观的游客啧啧称奇。

上图
朗特别墅，非单栋别墅，而是一对风格主义小别墅，分属于不同的主人。这是一座造型独特（文艺复兴式方形与圆形）、故事型和装饰型花园，而非园林式花园。

左图
埃斯特庄园。庄园修建之时，用到的许多雕塑和大理石都取自附近的哈德良别墅，也就是罗马皇帝哈德良的别墅。

下图
埃斯特庄园。游客逃离酷热难耐的罗马来到庄园，定会对幽径小山、浓荫密树、清凉流水的完美结合充满感激。

1556年，受强大的红衣主教亚力山德罗·法尔奈斯委托，他在卡普拉罗拉为其家族设计了呈五角形的法尔奈斯庄园。若想进入庄园，则要按照顺序走一条特殊路线：首先需走过一条林荫道，而后越过台地，最后还要穿过两条对称的拱形斜坡（它为几世纪之后的巴黎歌剧院开创了先例）。批评家认为，风格主义者工作“手法”（方式）矫揉造作，更注重智力上的自负而不是严谨的古典主义本身。但

帕拉第奥

文艺复兴起源于佛罗伦萨，时断时续，逐渐扩展至整个欧洲乃至世界各地，但对世界建筑产生最深远影响的唯有文艺复兴。帕拉第奥既不是佛罗伦萨人，也不是罗马人，而是出生于帕多瓦。纵观 16 世纪建筑全貌，安德烈亚·帕拉第奥是个例外。他远离了意大利中心，反而在南部威尼托工作。

想到“帕拉第奥”这个词，沉静的抒情之感油然而生。直至今天，帕拉第奥式建筑仍旧象征着理想化的威尼斯乌托邦：我们总把高雅的文化、悠闲的生活与意大利联系在一起。安德烈亚·帕拉第奥曾接受过泥瓦匠和石匠训练——他是那个时代极少有此经历的建筑师之一。还与众不同的是，他不是画家，不像布拉曼特、拉斐尔、佩鲁齐或者朱里奥·罗马诺等人接受过专业训练；他也并非雕刻家，也不曾像桑索维诺或米开朗基罗那样学习过雕刻。这个磨坊主的儿子有一番非凡的事业，他设计了维琴察巴西利卡教堂、基耶里凯蒂宫、奥林匹克剧院、两大威尼斯教堂和多座美丽的桥梁。但是，大部分人都委托他设计私人住宅——尤其是乡间别墅，以及城市宫殿。那时，无数狂热的委托人请帕拉第奥设计私人别墅和宫殿，无一建筑师可望其项背，包括当地的英雄小安东尼奥·达·桑迦洛在内。

上图
阿尔皮尼古桥，由安德烈亚·帕拉第奥设计于1567年，因其背靠意大利美丽的群山而得名。古桥在德国军队撤退时遭到了毁坏，但已于1948年得到修复。

左图
基耶里凯蒂宫，坐落于维琴察，第一层的凉廊高出广场5英尺，横贯整个正面的11个壁凹，且中央稍微外凸。

如若不是他的赞助人（贵族作家吉安·乔治·特里西诺），帕拉第奥可能只是一个聪明能干的工匠。特里西诺，一位语言学家，曾是美第奇教皇莱奥十世文化圈的内部成员，也是一位才能出众的业余建筑师。他改建了自己在维琴察城外克里科利的城郊住宅，相比起罗马最时尚的建筑也不遑多让。那个时代，意大利的建筑师需持“真的”文化和知识证书，才能拿到佣金。16 世纪 30 年代起，特里西诺参照希腊智慧女神帕拉斯·雅典娜之名，把“大师”帕拉第奥的原名改为更好听的新名安德烈亚·帕拉第奥。特里西诺资助这个泥瓦匠深入学习古典主义，把他介绍到了社会最上层。

上图

救世主教堂，建于1592年，座落在威尼斯某岛，由帕拉第奥设计而成，是一座圆穹顶教堂，其实是为了感谢救世主将人类从灾难中解救出来。

右图

圣弗朗西斯科教堂，帕拉第奥设计了其正面门型，并巧妙地把阿奎那最新的流行宗教思想融入了这座教堂之中。

16世纪40年代，帕拉第奥跟随特里西诺游览罗马。140年前的布鲁内莱斯基震惊于罗马的一切，如今，罗马也让帕拉第奥在这次旅行中大开眼界。他写道：

这些古老的建筑虽已成为遗迹，但它们仍旧把罗马帝国的美德之所在、宏伟之姿态做出了清晰而又绝佳的展示，而且研究这些高质之美，竟让我达到了为之疯狂的地步。带着最高的期待，我把自己全部的精力都贯注在这些建筑当中。

从此以后，帕拉第奥开始在建筑中运用维特鲁威原理。这一原理与文艺复兴早期建筑师所遵循的路线有异曲同工之妙，而两者最大的差异则在于帕拉第奥面对新思想、新知识的流入所做出的反应。从16世纪40年代末开始，这位维琴察建筑师就发展形成了自己连贯统一的建筑体系。在其他国家，比如英国，工匠只是把同等地位的人们的房屋拼凑得稍稍精致一点。帕拉第奥的建筑体系化、标准化观念包括房屋形态、厅类尺寸以及秩序应用，经众建筑师实践，被认为是建筑史上的一大进步。每设计一座建筑，帕拉第奥都不会白费力气做重复的工作。

帕拉第奥将壁柱之间的间距视为建筑必不可少的部分，比如爱奥尼柱式，柱间距应为其直径的2.25倍；再比如科林斯柱式，柱间距应为其直径的2倍。得助于翻阅研究维特鲁威及阿尔贝蒂的建筑著作，帕拉第奥把特里西诺的文学思想之规范语法应用到了建筑当中。不论是有意还是无意，这次智慧上的飞跃得到了周围人文主义学者的普遍认可，比如他的朋友们，比如他的资助人达尼埃莱·巴尔巴罗。

对于巴尔巴罗以及那些受过良好教育的朋友来说，帕拉第奥创造出了新事物，真正意义上的理性建筑。1570年，他首次出版了《建筑四书》，该书详细讲述了他的建筑思想和大量精细的设计。特里西诺为其改选了一个好名字。帕拉第奥的《建筑四书》

上图

卡普拉别墅，也以圆厅别墅著称，坐落在维琴察，由罗马万神庙的设计美学改造而成。别墅整齐匀称，旁边是引人注目的拱形门廊。

清晰地表明，他已经熟练掌握了维特鲁威著作的编纂与逻辑精髓。建筑史上从未出版过如此精细的设计，帕拉第奥是第一人。同时，他作为首个建筑师，按照严格的比例系统，为读者提供实际尺寸。他这样写道：

> 有七种不同的房间式样，款型最漂亮，比例匀称，效果也更好。它们可以被设计成圆形，虽然很罕见；或者被设计成正方形；或者设计成长宽及对角线长度都相等的正方形；或者是一又三分之一个正方形；或者是一个半正方形；或者是一又三分之二个正方形；又或者是两个正方形。

帕拉第奥创作出了统一的 3 层和 5 层建筑设计模式，以及外形和比例规范，而这些创造在很大程度上都源于常识。长时间以来，工匠和石匠已经习惯使用采石场标准尺寸的石块，他们也已经习惯使用标准形式、标准尺寸的门、窗、柱。

人们对新型乡村住宅有了新的追求，而帕拉第奥设计的别墅则恰好满足了这一需求。为了解除威尼斯和威尼托对进口农作物的依赖，贵族们纷纷改善土壤，并且在城外修建农场。这些威尼斯人在维吉尔《牧歌集》和《农事集》的熏陶下成长，精明又有教养，习惯居住精致宏伟的宫殿，绝不会在普通的农场群定居。时间艺术让威尼斯人越来越关注理想景观，而帕拉第奥恰恰就为他的委托人设计出了威尼斯乌托邦。他的灵感来源于那些古建筑群，比如蒂沃利的胜利者海克力斯神庙。他相信，罗马的建筑古迹就是他理想中的风格，所以，帕拉第奥会把相同的神庙门面运用到教堂中去，比如圣弗朗西斯科教堂，也会改编进别墅设计中。

人们置身于别墅，仿佛置身于平静整齐的景观中心；四周的柱廊和凉廊很像美式门廊，可以让人把乡村美景尽收眼底。若别墅建在山丘上，像卡普拉别墅（也以圆厅别墅著称），风景就会延伸至四面八方，文艺复兴的自信精神也皆汇聚于此。别墅的理性秩序高于自然秩序，而人类就是别墅的中心。别墅上的圆形屋顶象征着神，所以总会被保留下来用于修建礼拜堂和大教堂。

虽然是开放式凉廊，但这些别墅仍旧是城堡的直系分支。别墅周围有一片由墙合围起来的区域，内有谷物、面包炉、鸡舍、马厩、鸽房、家仆住所，还有制作奶酪和葡萄酒的地方。

除了开放式凉廊的不同，这些别墅几乎都是由城堡演化而来。别墅外围是一圈围地，建有谷仓、面包房、鸡棚、马厩、鸽舍和仆人住所，还有厨房，可以做奶酪和挤葡萄汁。帕拉第奥也为未来居住在这里的贵族着想，将来无须再花太多钱，他们就有非常广阔的选择空间。仅通过布局、错落有致的窗户、山形墙和拱形凉廊，就可以使一座建筑的外表显得端庄典雅。帕拉第奥所设计的撒拉逊别墅和秃鹰别墅就是采取这样的设计思想。

帕拉第奥始终坚采取对称性的设计理念。在他设计的许多建筑中，都运用了调和平均数原则，调和平均数即房间里最小的尺寸（通常是宽度）乘以长度得出数字的平方根。此外，这个数字还决定房间的高度。在写于1949年的《人道主义时代的建筑原理》一书中，评论家鲁道夫·威特科尔举出了一个例证，他认为艾伯蒂和帕拉第奥的比例原则来源于音乐。符合“调和比例”的旋律十分悦耳，人们认为它们是一种更高级的通用原理，视觉美学也同样适用。威特科尔根据这个想法的演变，从柏拉图一直追寻到毕达哥拉斯学派。

建筑师们关于乡村建筑设的通识对18世纪的英国人极具吸引力。沉迷于古圣贤书和世外桃源，英国人对乡村和城市的不同生活方式有着特殊的感情。他们十分渴望拥有真实的农舍，经营着自己的庄园，他们还希望自己房子高贵有地位，且不失风格。帕拉第奥做到了。由科伦·坎贝尔（1720年）设计的世界闻名的斯托海德园就是受帕拉第奥的埃莫别墅和依理高·琼斯的女王宫的启发。女王宫坐落于格林威治，始建于1616年，是英国第一座帕拉第奥式风格的建筑。其他国家也纷纷效仿帕拉第奥式风格和一些现代风格，特别是美国，当今的房屋依旧以他的设计为典范。

或许帕拉第奥曾想过追求不朽，但他绝不曾预料会取得这样成功。他的作品不仅使他在其他国家也赫赫有名，而且还激起了不同世纪的追捧。

上图

大殿正面采取帕拉第奥式风格已经非常普遍。此外，还有位于英国的斯托海德园。这个建筑是1720年科伦·坎贝尔参考帕拉第奥的埃莫别墅设计的。

左下图和右下图

弗斯卡利别墅，名为“La malcontenta”（不满），正面和背面建于1550—1560年，坐落于靠近威尼斯湖的一条运河旁；它的名字来源于住在那里的一个女人，遭丈夫抛弃，郁郁寡欢。

木材结构

16世纪英格兰乡绅家的房屋像一个兔舍，与意大利威尼托地区迅速兴起的帕拉第奥风格建筑构成了鲜明对比。

其中的一个例子就是位于英国柴郡的小莫尔顿堂，这是15世纪中期显赫的莫尔顿家族委托帕拉第奥所建的一座岛式庄园宅邸。帕拉第奥对各建筑采取了彼此协调的风格，不同的走廊的景观使参观者知道他们的目的地是哪里，在这里找到路是一件需要凭感觉的事。不同楼层之间没有走廊，四个蜿蜒的窄梯连接着不同楼层。橡木嵌板的房间像壁橱一般地陡然通向一片开阔的空间，现在由于房屋的重量使得建筑扭曲变形，所有的地板都摇摇晃晃。半木材建构的房屋在英国中部的西边树木众多的山谷中十分常见，威尔士紧随其后，加之离奇的自然风光为其更添一分魅力。

上图

坐落于斯特拉特福德市埃文河旁的莎士比亚故居是一个著名的旅游景点。该建筑约建于16世纪。在维多利亚时代，建筑外表面原来所覆盖的石膏层脱落后，才露出里面的木材。

左图

位于英国柴郡的半木材建构小莫尔顿堂。三层长廊的重压使得梁木变形了，起初可能梁木是原色，现在已经褪色成一种漂亮的银灰色。

巴巴罗别墅

巴巴罗别墅算不算建筑师跟顾客的最完美合作的体现呢？巴巴罗别墅的两位著名赞助人——外交官兄弟丹尼尔和马克安东尼奥·巴巴罗都是建筑专家。作为阿奎莱亚推选的族长，丹尼尔还是维特鲁威 一个作品的翻译者之一。在1556年，帕拉第奥也为这部作品提供了插图。

巴巴罗别墅坐落在威尼托地区，也得名微波别墅，其流线型的外形与周围起伏的山丘交相辉映。也许这座建筑效仿了罗马祖先，但是它赋予了形状全新的含义——这是一种实用却不乏优雅的美丽。巴巴罗别墅不仅是一个综合性的农场，也是一个低调的豪华会所，它以神殿作为前殿就能凸显帕拉第奥客人的地位和修养。

帕拉第奥是第一位将罗马神殿正面引用到居家建筑中的建筑师，由此开启了一直持续到20世纪的建筑新潮流。利用三角墙来展示房屋主人的权势和地位。帕拉第奥本人就很好地诠释了这句话：

上一层的地板跟后院的铺石路面处于同一高度，后院小山被夷为平地，还有一处用灰泥和油漆装饰的喷泉。这眼泉涓涓流淌形成一片小池，被当作小鱼塘。泉水从这里一直流淌到了厨房，从厨房出来后灌溉了小路两侧的花园，而后，慢慢地盘旋而上，通往房屋里面。随着泉水通过公路路面，泉水分流形成了两个小鱼塘，在分流的地方，泉水灌溉着花园，那里有枝繁叶茂的果树和形形色色的灌木丛。房屋正面有四个爱奥尼式柱子，柱子顶部和边上两个的朝向不同。房屋两侧都有凉廊，凉廊的尽头是鸽舍，鸽舍下面是可以做葡萄酒的地方，还有马厩，还有一些别墅的其他附属建筑物。

罗马式建筑是很不常见的形式，更与罗马人的观念相一致，因为他们

左图
巴巴罗别墅，偶尔也被附近村庄的人迷惑地称为主人别墅，一座静谧的杰作。来自一个古老的贵族家族的委托。中央走廊是效仿罗马门廊建造而成的。

右图
维罗纳和帕拉第奥曾多次合作，共同设计了巴巴罗别墅里以和谐为主题的壁画。假门的装饰设计得非常个性，不拘形式，充满智慧。

觉得别墅更应该是一个望楼，而不是像大多数威尼斯别墅那样重实用性。这些罗马风的雕塑有可能是马克安东尼奥·巴巴罗自己雕刻的。别墅里的泉水可能被加以利用了，但是更重要的是，他们为别墅注入了神圣和安宁。

就像其他的别墅作品，帕拉第奥为平凡的农庄建筑乔装打扮，将实用性变身为美学元素。比如，优雅的拱形低层地面就是模仿古典拱形建筑巴切斯，可以用来储存农具和饲料。尽头的阁楼可能装有巨型日晷，安在三角墙上，起到装饰性作用，但其实它有马厩、酿酒厂，上面还有鸽舍，留着过冬吃。

受这对兄弟的委托，别墅里精妙绝伦的壁画是由保罗·维罗纳所作。他们就好像与参观者玩了一个游戏，壁画不仅展示了神话人物和妖魔鬼怪，还有当代的名人。在奥林匹斯堂，维罗纳画了基丝缇妮娅娜（马克·安东尼奥·巴巴罗的妻子），还有她的小儿子和他的奶妈。在这幅画里连家里的宠物、鹦鹉和西班牙猎犬都躲在楼梯扶手后面偷瞥。为了达到栩栩如生的目的，画中在克罗斯若房间仆人们躲在假门后偷窥。壁画中古代和当代、神话和现实的分界并不明显，这也完美地和谐了帕拉第奥自己对古代和现代的混合。

世界上的建筑

随着意大利开始沦入外国统治，人们对于新建筑的关注也转移到了欧洲其他国家。到 15 世纪末期，意大利人文主义思潮，尤其是古典元素的运用，深受其他国家的喜爱。维特鲁威的《建筑十书》在 1486 年只有拉丁语版本，直到 1521 年才出现有插图的意大利语版本。在 16 世纪，阿尔伯蒂的《论建筑》被翻译成了意大利语、法语和西班牙语版本。

中世纪时期是这样记载的，将古典主义应用到他们现有的建筑领域中，对于时尚的法国人来说自然是再习以为常不过的了。法国统治者弗朗西斯一世（1494—1547）曾派大量远征军到意大利，大多数聚集在罗马。这一切使得意大利技艺高超的画家和建筑师的生活不得安宁，所以他们决定离开这里。列奥纳多·达·芬奇就是其中之一，弗朗西斯将他带走并视他为战利品。传言，他们俩成了很好的朋友。在弗朗西斯占领米兰之后，列奥纳多·达·芬奇也出席了弗朗西斯一世和罗马十世教皇的会议。列奥纳多受任为法国国王制作一只机械狮，这个狮子不仅会走路，胸腔还可以打开露出一串精美的百合花。

法国建筑师开始将古典元素添加到陡坡屋顶的中世纪建筑中，建于 1520—1550 年的尚博尔皇家城堡（见 74 页）就是一个例子。然而，弗朗西斯一世命贾科莫·维尼奥拉和塞巴斯蒂亚诺·塞利奥为首组成了一个意大利团队，设计了枫丹白露宫殿。他们还将法国风格融入意大利矫饰主义风格，应用到室内装饰，还有园艺花坛图案上。塞利奥生于博洛尼亚，也是另一个来自罗马的难民。塞利奥所引入的 U 形联排别墅设计方案成为时尚之都巴黎的精英住宅的典范。

罗浮宫，始建于 1546 年，是由皮埃尔·莱斯科执行监理指导的，以及由菲利贝尔·德洛姆设计的阿内城堡，这些精美的建筑表明了法国文艺复兴思潮的成熟。而后，风格渐渐改变，好多细节被省去。就像英格兰的塔，塔的高度变矮了，建筑物的突出部分和阁楼也变平了。区别是屋顶依旧很高。梅森府邸的设计师，弗朗索瓦·蒙莎，于 1642—1646 年，设计了如此夸张的房顶，在上面还刻着他的名字——现在拼作双重斜坡屋顶。法国人发展了自己的古典主义暗语，这种语言只有他们自己能够心领神会。

下图
罗浮宫，自弗朗西斯一世起被当作博物馆使用。现在这个拿破仑博物馆的院子中央，是贝聿铭所设计的金字塔形玻璃入口。

在西班牙，建筑文艺复兴时期装饰物的早期运用和当地斯兰艺术的习俗密切融合。因此，产生了花叶形装饰。这种西班牙式诠释也被传播到了被西班牙殖民者称为“新世纪”的地方。比如，墨西哥普埃布拉市附近的韦霍钦戈圣米格尔修道院，据说于1544—1571年由一位牧师所设计。

然而在意大利以外，查理五世在格兰纳达建于1527—1558年的摩尔王宫是最早的纪念纯文艺复兴时期的建筑设计的例子。建筑师佩德罗·马舒卡曾在意大利留学，其设计方案体现了典型的意大利风格——圆形列柱的王宫位于广场中间。后来，位于马德里外30公里之外的埃斯科里亚宫（1562—1582）被当作菲利普二世的王宫。建筑师圣胡安·包蒂斯塔·托莱多和胡安·德·埃雷拉根据文艺复兴时期的十字广场进行了设计。

这个时期的邻国俄罗斯依旧是以本土的拜占庭风格为主。圣巴索大教堂花哨的色彩和洋葱形圆顶与这个世界上最大的国家形成了鲜明大胆的反差。

在16世纪，文艺复兴的影响体现在伊丽莎白时期的豪宅中，比如萨默塞特的蒙塔丘特、德比郡的哈德维克厅，虽然最终结果还是回归于古怪的纯英式风格。

一直到1715年，帕拉第奥风格才影响到英国。在17世纪时，依理高·琼斯全力推崇将经典风格作为宫廷设计的风格。

荷兰近当代的琼氏，雅各布·范·坎彭，是一位坐享清福的绅士建筑师。然而，一次意大利游访让他灵感大发，他巧妙地将古典复兴风格引入荷兰巴洛克式建筑中。他的建筑体现了本土荷兰风格与维特鲁威风格的奇异融合。范·坎彭设计了荷兰第一座剧院——阿姆斯特丹城市剧院。而后，在大约1645年，他又设计了海牙市莫瑞泰斯府邸。这是一个备受欢迎的教堂，这个教堂后来还影响了排斥巴洛克风格的古典主义学者克里斯托弗·列恩。范·坎彭最著名的作品莫过于阿姆斯特丹的大市政厅（始建于1648年），现在成了位于水坝广场上的王宫。

现在，越来越多的巴洛克风格建筑取代了文艺复兴时期整齐古板的对称风格。享乐主义开始融入建筑。

上图
贵族雅各布·范·坎彭，海牙市莫瑞泰斯府邸的设计师，其设计是典型的保守荷兰风格。

下图
西班牙风格横跨大西洋影响到墨西哥的一个案例，位于普埃布拉附近的圣米格尔，据说由一位牧师所建。

炫目的建筑

位于莫斯科的圣瓦西里教堂以绚丽的色彩和诱人的糖果形状著名，几乎没有外国记者不曾在它前面报道过新闻。这座令人惊叹的建筑不仅因为它自身而闻名遐迩，可能还在于这是俄罗斯野蛮历史的一个象征。这种说法既对也不对。

建于1555—1561年，这座建筑是为伊凡四世而建。他的暴行使他得名“恐怖伊凡”：他砍下狗头当作吉祥物，对所有村庄实施残酷统治，对村民滥杀滥刑。传说，圣瓦西里教堂完工的时候，波斯特尼克·雅科夫列夫就被沙皇伊凡四世派人给弄瞎了，以防他再造出另一座能与这个教堂相媲美的建筑。

教堂建于高处，能够俯瞰莫斯科河的左河畔，教堂的历史见证了莫斯科的历史。这是一座建立在鲜血之上的建筑，1552年伊凡大帝为纪念战胜喀山鞑靼军队而建。此后，阿斯特拉罕可汗占领了里海，这对于俄罗斯正统基督徒来说是一个胜利，但此时教堂的建立还是受到了强烈反对。

在俄罗斯，拜占庭东边的圆拱式教堂逐渐变成了尖尖的斜塔或者圆锥形状（帐篷形状教堂）。波斯特尼克对圣瓦西里教堂真正的美学突破在于结合了俄罗斯传统多穹顶的特征。整体设计基于宗教象征主义：作为新耶路撒冷的建筑代表。在西边，主轴线是用来迎接基督荣进耶路撒冷，同时也象征着伊凡大帝战胜喀山。因而产生了一个每年的复活节传统，在这一天沙皇牵着马，而不是驴，进而丰富了棕枝主日的习俗。

九个独立的礼堂的顶部都有一个独特的圆葱状穹顶，是最早的著名建筑之一。关于圆葱形穹顶的起源有很多说法，最早的据说是在11世纪，诺夫哥罗德市的圣索菲亚大教堂就已经有圆形穹顶了。有的说，起源于印度，还有的说，球形顶起源于15世纪末期的圣物匣里面所描绘的中世纪圣墓之上的苍穹。1583年大火过后，圣瓦西里教堂的这些穹顶都进行了修缮。曾经，主教堂房屋的穹顶是镀金的，其线条边缘也是镀金包边的。现在，人们只能看到上了釉的赤陶色。即使这样，扇形鼓还是会让人不禁联想起美国的克莱斯勒大厦。整体的魅力在于圣瓦西里教堂的每个穹顶的设计都独一无二。

事实上，设计中还运用了精密的象征命理学理论。该建筑群以中心塔为主，八角形建筑环绕在周围。朝向为东，每个教堂的三个要素：轴线、对角和侧边都需要符合三体系（三位合一）。八个圆葱顶塔围成一圈，围绕着第九座尖塔。

上图
令人震撼的圣瓦西里教堂，位于莫斯科。在几次破坏中仍被保留下来，第一次是被拿破仑，另一次是被布尔什维克主义所破坏。

右图
内部装饰很有民间风格。里面有几个独立的小教堂紧密相连，在其东面的墙面上画满了神圣的人物。
数字八也带有宗教含义：它代表了耶稣复活的日子（犹太历的第八天）和理想天堂。周围的八个角代表教堂为人类指引光明。

迄今教堂的八角菱形设计带有更多的含义，角形设计由两层广场叠加构成，代表了对信仰的忠诚，代表了世界的四角，代表了四位布道者，还代表了圣城里等边的四面墙。

令人诧异的是，如此富丽堂皇的外表却有着更为低调的内饰。起初，墙面主要是用漆涂出来的红砖和用泥灰涂抹出的白缝，这是一种传统的仿砖技术，被称为“由砖”。建筑内部有许多灯光昏暗的小教堂，到处是迷宫一样的走廊。许多墙面上饰有精美的花图案，色彩柔和，这些花图案可以追溯到17世纪。教堂内部空间很小，在宗教日容纳不了太多参拜者，所以宗教活动就会在外面的红场上举行。某种程度上，圣瓦西里教堂变成了室外的圣坛。

拿破仑被这座建筑深深地迷住了，所以传言说，他曾想把整座建筑运回巴黎。当他意识到这项任务不可能完成之后，他便下令摧毁它。法军撤退时，他们早已安置好火药桶，点燃了导火索，神奇的是，突然下了一场大雨，浇灭了大火。

对教堂威胁最大的来自布尔什维克主义的无神论。在1918年，共产党领导人开枪杀死了大主教，约安·沃斯托尔戈夫，没收了教堂的财产，烧毁了钟，并关闭了教堂。在20世纪30年代，斯大林的一位同僚，同时也是红场重建的负责人，拉扎尔·卡冈诺维奇，甚至提议彻底摧毁圣瓦西里教堂，以腾出空间来方便坦克进出广场。好在斯大林否决了这个提议。后来，卡冈诺维奇再次想摧毁教堂，他便令卡洛明斯克娅博物馆的负责人彼得·巴拉诺斯基准备动工摧毁圣瓦西里教堂。巴拉诺斯基是一位有经验的建筑师，断然否决了这个提议。于是巴拉诺斯基面临着在教堂台阶上被割喉的生命危险。斯大林赦免了巴拉诺斯基，但是被惩罚关在狱五年。

幸运的是，斯大林没有弄瞎巴拉诺斯基。巴拉诺斯基是这个故事里真正的英雄。他出生于斯摩棱斯克的一个农民家庭。在1912年，巴拉诺斯基成为一位工程师，在一家工业公司从事铁路项目。对自身也是一个极大的挑战，他成为了莫斯科建筑史上最重要的人物之一。新领袖约瑟夫·斯大林清除了所有的反对派，顽固的宗教力量也被极力打压。教堂被查封，遭到破坏，甚至改为他用。据说资产阶级和反共派曾想保护沙皇时期的建筑物。随着俄国革命到达巅峰，激进的新建筑艺术风格——未来主义和至上主义得到了发展。在全国各地，成百上千的地标性建筑物被摧毁。

巴拉诺斯基逆流而行，于20世纪20年代重修了喀山大教堂，在1927—1934年间买下或者保留了许多位于乡村的古代木质建筑。比如，彼得一世在阿尔汉格尔斯克的房屋和位于白海的苏梅监狱的瞭望塔都被保留下来。1934年，巴拉诺斯基顶着“反苏维埃”的罪名从集中营被流放出来。他找到当时被称为外社会的博物馆同事。

经过巴拉诺斯基的秘密保护计划，后来被共产党当作公厕使用的喀山大教堂，于1993年进行重修。圣瓦西里教堂就这样得以幸存永远留在人们的镜头里。这个充满异域风情的象征性建筑，都得幸于那位冒着生命危险保护它的建筑师。

右图
喀山大教堂，现已重修。始建于1636年，斯大林执政时期用坦克推倒了红场上的所有建筑。重建于1993年。

伊丽莎白的游行

一道教皇的训令曾宣称年轻的伊丽莎白一世是乱伦的私生子，她的出生是罪恶的。她也许是英格兰最成功的君主，把自己表现成“童贞女王”的形象，但自从她不幸的母亲安妮·博林被斩首之后，年轻的伊丽莎白的生活就如履薄冰。

也许正是这种危险给了伊丽莎白时代风头正劲的奢靡。亨利八世镇压英格兰的修道院时收获了巨大规模的财富——伊丽莎白和她的法院从中获益。她的统治改变了英国艺术和建筑，并开启了一个恃强凌弱的贸易和征服时期。

像弗朗西斯·德雷克爵士一样，各种探险获得了掠夺海洋的许可。他做了很多伊丽莎白时代新贵们当时都在做的事——从西班牙的财宝船上掠夺财富。他买下一个被肥沃土地包围着的古老的宗教建筑：就像伊丽莎白父亲的所作所为而被突然出售的众多类似建筑之一。一个恶棍水手支付了3400英镑，买下了位于巴克兰德文郡巨大的前哥特式修道院，由此成为了一位庄园主。

伟大的华丽的建筑也是伊丽莎白的臣子们修建的，希望能让她在每年的全国游行注意到—— 年度游行是这个国家的一项传统，也被称作游行。王室随从带着400多辆车的行李浩浩荡荡穿过整个乡村，举国上下的城镇都被震撼。这一定是一幕惊人的场景。1575年在伊丽莎白到达斯塔福德郡之前，刷新房子、修整街道、重修老城路口这些工作都被提前准备。显然，当该镇送给她一个价值30英镑的修饰银杯时，她说：“哎，可怜的灵魂。其他镇给我他们的财富，你们给我的却是你们想要的。”

所以想象一下那些有招待她住宿任务的皇室贵族会是什么样子。当她参观奥斯特里（房子已经被罗伯特·亚当改造过）时，金融家托马斯·格雷欣爵士在恐慌之中为她建立了一个崭新的高花园墙，她显然不为所动。还在期待中的诺丁汉的警长弗朗西斯·威洛比爵士聘请了伊丽莎白时代最大胆的建筑师罗伯特斯迈森，来为他设计一个全新的房子渥拉顿会馆。

上图

英国进入文艺复兴时期。蒙塔丘特楼柔和的色调，低调的风格，出自一位石匠大师之手。

和中世纪向内形成内部庭院的房屋风格不同，伊丽莎白时代的房子看起来更大胆地向外延伸，通常装有大量闪闪发光的玻璃。文艺复兴的影响是存在的，但体现在一种特殊的边缘。伊丽莎白在游行时参观的房子是爱德华·菲利普斯爵士的家，位于萨默塞特郡蒙塔丘特。他是下议院议长，同时也是案卷主事官。

在合适的光线下，蒙塔丘特会渗发出颜色，它的奶油蜜褐色哈姆丘陵岩微微地斑驳着些地衣。爱德华爵士的建造师威廉姆·阿诺德（一位当地人）

上图

时尚的追随者？哈德维克庄园是十分自信的，即使什鲁斯伯里伯爵夫人贝丝从未设法成功诱引“童贞女王”伊丽莎白一世来访。

是石匠大师，他精湛的技艺展示出来。原始入口前端是僵硬的几何形状，从远处看起来相当平坦。三层巨大的直棂窗跨越外墙：将近200英尺长，装配有优雅的佛兰德风格的山墙。

草坪前院三面都被护栏封闭。每个末端都是相同的圆拱形凉亭，每个的顶部都有一个石星盘。这些建筑漂亮的房子——伊丽莎白时代防御塔的纪念性建筑曾经是在中世纪前院的侧翼——精致优美。屋顶层是另一种文艺复兴风格的护栏，与花园遥相呼应。

当你走近有伸出的门廊和侧厅的房子时，你会看到房子正面的各种细节和变化。穿过前院，你会看到外墙有大量的细微细节：窗口有弧形檐口，墙有扇形壁龛。第三层栏杆下面的壁龛装饰有罗马士兵衣着的雕像。事实上，他们代表中世纪骑士道九伟人——在他们的宗教传统里所有的骑士精神的寓言——约书亚、大卫、犹大·马加比、赫克托、亚历山大、尤利乌斯·恺撒、亚瑟、查理曼和布永的戈弗雷。

房子的顶部是一个宏伟的长廊，这是伊丽莎白时代的另一项创新。现在是作为艺术画廊，以前可能是一个宴会厅，也供人们散步和玩游戏，这在经常下雨的英国是非常实用的。

另一个美丽的长廊位于哈德威克庄园，它是所有华厦中的佼佼者，矗立在德比郡山丘的侧腹上，傲慢地站立在风中。哈德威克的贝丝是一个乡绅的女儿，但是通过四次巧妙的婚姻，最终把自己提升到什鲁斯伯里伯爵夫人的身份。野心勃勃的贝丝修建哈德威克的目的很明确，就是为了有幸能得到伊丽莎白的造访。哈德威克也是由罗伯特·斯迈森设计的，它的六个塔刺向苍穹，窗户随着高度提升变得越来越大。尤其是在夜里，这使房子看起来像一个闪闪发光的灯笼。贝丝名字的缩写骄傲地挺立在屋顶上的镂空护栏上，所有人都能看到。

这是为了向伊丽莎白致敬，将她奉为戴安娜狩猎女神。她的异国情调的庭院里有鹿、猴子和大象；守护着“黛安娜”的鹿象征着贝丝的家庭，卡文迪什，效果十分精巧细腻。有记录显示，虽然房子里有375名工人，但没有一位是外国人，这是哈德威克一个强烈的特色。虽然它的许多设计都受古典主义影响，但结果确是独特的英国风格。

当伊丽莎白“亲爱的妹妹和表妹”苏格兰玛丽女王从法国回国时，这两位女王成了争夺权力的对手。对贝丝具有讽刺意味的是，玛丽是唯一曾经看过哈德威克的女王。伊丽莎白把她“亲爱的妹妹和表妹”关在那里。

依理高·琼斯（1573—1652）

能成为英格兰第一位专业建筑师，那得是一个真正的表演者。在意大利，像米开朗基罗这样伟大的艺术家会因他们的作品而被款待，但古板务实的英格兰建筑师几乎不存在这样的待遇。即使是像罗伯特·斯迈森（建造了哈德威克庄园、沃莱顿庄园和伯利别墅）这样的天才通常也只是被称作“石匠大师”或“测量师”。

然而，伊丽莎白的继任者斯图尔特开始严重调情建筑风格，最终演变成了一个恋爱故事：古典主义。开始这一切的人是一个个性张扬、傲慢的威尔士人，他把英式建筑从本质上的中世纪河床转移到欧洲主流。他的许多建筑项目都是规模巨大的。但是，依理高·琼斯生活在动荡时代，他的建筑只有七处被保存下来，而且它们都变化巨大。

琼斯出身于一个布艺工人家庭，他是如何将自己从工人阶级抽离出来并开始进入这个国度最上流的圈子，这完全是个谜。我们掌握的信息少之又少。他在历史上上演的第一个角色是作为一位精心制作化装舞会的设计师，他与剧作家本·琼森合作为皇家服务。我们也知道琼斯在意大利游历过，可能是在贵族赞助的公司，在那儿他买了很多帕拉第奥的图纸。

琼斯在时尚方面与琼森发生争吵而分手，但他仍得到王室厚爱：他的“声光图片”为巩固新君主权力做了很多贡献。1615 年詹姆斯一世任命他为王室工程测量师，实则授予他首席设计师的桂冠。他担任此职位一直到 1642 年，内战在查理一世掌权时爆发。我们知道这个重要的新职位的薪酬：每天的娱乐费用是 8 先令，骑乘和差旅费用是 2 先令 8 便士，每年 80 英镑作为他的援用酬劳或薪水。固定收入总额达到每年 275 英镑，一个令人羡慕的数额。

他的职责比那些建筑师要广：伦敦的供水和卫生设施，各种公害，维修各处的皇家宫殿，同时还要准备为皇家的游行。

琼斯幸存的最早的建筑物是格林威治女王馆，这是他在 1616 年为丹麦的安妮承担的一个项目，于 1635 年竣工。然而，我们今天看到的严肃的建筑——一个简单的矩形——并非琼斯的设计——也许仅仅是在优雅、对称而内敛的经典细节上是和当初一样的。像许多伊丽莎白时代的房子一样，该建筑的构建采用 H 计划，起初它实际上横跨多佛主大道。在“H”的两边之间架起一座桥梁，允许皇家女士们入园参观，而无须穿过嘈杂、泥泞、繁忙的大道或与伦敦道路上的牲畜贩子和小贩擦肩。

右上图

白厅的宴会宫。受帕拉第奥的想法启发，琼斯把意大利式的精致、最首要的内敛和简约带到伦敦。以前从没看到过这种风格的建筑。

左上图

宴会宫，一个用于球类和化装舞会的大型表演空间，由琼斯亲自设计。查尔斯一世在这里有一个地下饮酒室。

下图

著名的琼斯女王馆的“郁金香”楼梯坐落在伦敦格林威治，是英国的第一个几何自承楼梯。其铁艺是最初原创的。

对于这些从未出国游历过的伦敦人而言，女王馆看起来一定是个大变革。但琼斯最著名的建筑也许是白厅的宴会宫（1619—1622）。适用于国家职能的目的，这是一种意大利古典元素的复杂手法，在很大程度上归功于帕拉第奥。在斯图亚特王朝时期的英国，这种块状的，宫殿式的石头建筑几乎令人震惊。当时的伦敦主要是木材建筑。即使是上层人士也是住在相当低调、中世纪风格的房子里。君主的伦敦宫殿也好不到哪去，是低平不张扬的红砖建筑，而非石头建筑。

宴会宫的帕拉第奥式影响在于它的双立方比例以及七个分隔间的主外观的方式，两层之间通过古典的壁柱优雅合理地连在一起。首府都是由石雕花环连接的罗马风格。内部是一个单间。比起同时代普遍流行的菱形、方形、星形互锁的詹姆士一世网格，它的天花板特别简单。利用这种简单，1635 年彼得·保罗·鲁本斯的绘画，画中国王指向他统治下的和平和丰盛之地，被展示于此。鲁本斯对此并不知情。

琼斯的伟大建筑将是他的赞助人毁灭和他自己职业生涯结束的场景。

上图

格林威治王后馆，节约内敛。这是琼斯创新的第一个双立方建筑。一间凉亭可以俯瞰整个公园。就算是帕拉第奥本人也会赞赏。

左下图

科芬园圣保罗教堂，有两只猫，伊尼戈和琼斯。这是后面的外观：在前面琼斯设计了一个方形柱和圆形柱交替的夸张的托斯卡纳柱廊。

随之而来的是一段苦涩时期，优雅的君主经历两次内战失败并面临被审判叛国罪。1649 年 1 月 30 日，查尔斯一世从圣詹姆斯宫被转移到宴会宫。他从一个窗口走出来——我们不知道是哪个窗口——走到绞刑台。琼斯的世界，一个充斥着国王神圣的权力、豪华的宴会仪式和奢华建筑的世界，随着他一起消失了。

但琼斯的影响仍然存在。像宴会宫这样的建筑以及他为科芬园圣保罗教堂（仍现存，但变化很大）的壮观经典的设计将激励英国新一代的帕拉第奥的追随者。

巴洛克和超越

一想到韩德尔、巴赫、斯卡拉蒂或维瓦尔第，浮现在脑海的便是细致精美、错综复杂的音乐序列——高度修饰，复杂的模式并融合着一种乐趣。巴洛克时期的作曲家热衷于表现、对位法，以及精心设计的和谐。在巴洛克式建筑中，和谐和对位也同样至关重要。巴洛克是一种研究对比和对立的流派：大小形态、远近、明暗。运动、能量及张力是它的口号。它壮观而华丽，有时令现代的我们有些费解，而对于现代建筑来说则是它强调简约。也许可以用来解读和理解巴洛克的词就是“快乐”，纯粹的、宗教的快乐。

天主教堂鼓励巴洛克和洛可可风格，认为它们美化了日常生活。这是位于巴伐利亚州瓦尔察森的一座修道院图书馆，始建于1725年。

狂喜

这一时期的艺术和建筑的视觉张力反映了横扫欧洲的宗教变革。1517年马丁·路德已经牢牢地将他的新教主张钉在威滕伯格的教堂大门上，留下一心要证明自己的力量和合法性的天主教信徒。一种科学理性主义的新精神也在威胁着基于教会的权力。

文艺复兴的艺术家和建筑师工作在这样一个时期：教会足够强大，可以容忍世俗的和理智的冲击。但随之而来的哥白尼“地球围绕太阳转”的异教揭示，勒内·笛卡儿“唯有理性决定知识”的争论，都让教会越发感到威胁。

特别是在第一阶段，巴洛克直接和反宗教联系在一起。巴洛克风格的艺术家和建筑师们采用文艺复兴的人文主义视角并进一步发展它。建筑语言是强烈而复杂的；它表达了专制教会的权力，随后才是国家权力。重要的职责来自新教制度，就像耶稣会士要向世界各地传播新的浮华的风格，尤其是拉丁美洲。很快，西班牙、匈牙利、奥地利以及德国仍有强烈天主教氛围的地区都纷纷发展自己不同的新风格。但是也有一些重要的例外。天主教的意大利和新教国家——荷兰、英国和德国——之间的永久的宗教分歧意味着这些新教徒不会完全接受这种新的风格。在新教徒手中，巴洛克会采取非常不同的方向。

文艺复兴时期的建筑师往往也是雕塑家和画家。米开朗基罗和贝尼尼都曾把建筑的戏剧风格与感性而非感官的绘画和雕塑使用结合起来。米开朗基罗总是独断专行，他用自己大量大胆的处理预测着巴洛克，尤其是他在梵蒂冈的作品。济安·劳伦佐·贝尼尼对于曲线和戏剧性灯光以及不可思议的剧院感的钟爱，使他成为这种豪华风格的早期王储。如果贝尼尼宣称他的一些宗教雕塑是世界上最动人的，那么他的建筑也同样是。圣彼得华盖（1624—1633），罗马圣彼得大教堂壮美的青铜华盖，是他为教皇乌尔班八世创作的第一部作品，但很快他就负责教堂所有的工作。一览无余、宏伟的教皇广场和柱廊是贝尼尼的创造，成千上万的信徒聚集于此拜访教皇。

下一步发生得有些偶然。是命运的安排让米开朗基罗的风格在他死后获得新的重要地位。他的学生贾科莫·德拉·波尔塔被要求重新设计罗马教堂的外观：该教堂为耶稣教堂，是耶稣会士的母教堂。这项委托他的命令将对历史产生巨大影响。

这是一个非凡的结构。德拉·波尔塔被要求将一个人字形外墙添加到伽科莫·巴罗兹·达·维尼奥拉早已设计好的原本计划上。这个外墙是文艺复兴和巴洛克之间的第一个连接。它通过涡卷的部分将建筑上下两层联结在一起，会让你立刻联想到阿尔贝蒂的新圣玛丽亚教堂。但新圣玛丽亚教堂的外墙是平坦的，而德拉·波尔塔的则是雕刻的，将会成为一种巴洛克规范。耶稣教堂是个典范，影响了整个欧洲的建筑，从慕尼黑的圣迈克尔教堂（1583—1597）到白俄罗斯的科珀斯克里斯蒂教堂。最终，带着传教士般的热情，它的影响遍及世界各地。

弗朗切斯科·博罗米尼是贝尼尼的一个主要对手，他是意大利巴洛克风格最伟大的人物之一。据他所言：角落是所有优秀建筑的敌人。他以一种非传统的方式处理球体、椭圆和充满活力的外墙。他和贝尼尼在巴贝里尼宫一起工作，该建筑是备受喜爱的建筑，目前是世界上最好的艺术收藏品之一的藏地。至少从流行度来说，博罗米尼著名的螺旋楼梯将胜过任何宫殿建筑特色。

上图

贝尼尼创作了圣彼得广场的全部设计，包括象征着教堂拥抱的手臂的柱廊。这项巨大的任务使他耗时从1656年到1667年。

右图

贝尼尼设计的圣彼得华盖，一度声称是世界上最大的一块青铜，有四根高达98英尺（30米）的螺旋柱，每一根支撑一位天使。

重要日期

1600 年 提倡哥白尼学说。布鲁诺在火刑柱上被罗马教皇烧死。
1603 年 卡洛·马代尔诺完成罗马圣苏桑纳教堂外墙。
1604 年 莎士比亚的《奥赛罗》在伦敦怀特豪尔宫首映。
1605 年 “火药阴谋”在伦敦被发现；盖伊·福克斯被捕。
1620 年 清教徒从英国普利茅斯航行到美国。
1637 年 勒内·笛卡儿发表《方法论》。
1640—1650 年 博罗米尼建立特殊的罗马圣依华堂。
1642 年 弗朗索瓦·芒萨尔建造靠近巴黎的迈松城堡。
1645—1652 年 贝尼尼的圣特瑞莎狂喜和考奈罗教堂。
1656—1667 年 济安·劳伦佐·贝尼尼重新设计圣彼得广场。
1658—1678 年 济安·劳伦佐·贝尼尼设计圣安德烈教堂。
1661 年 路易十四和建筑师路易·勒沃开始他们重修扩建凡尔赛宫的计划
1666 年 莫里埃的《恨世者》。
1670 年 路易十四为退伍老兵在巴黎荣军院订了一家医院和养老院。圆顶教堂是受圣彼得大教堂启发，由儒勒·哈杜安·孟萨尔和里贝哈·布吕昂设计，是一次“法国巴洛克的胜利”。
1675 年 查理二世铺放了英国皇家格林威治天文台的基石。
1685—1688 年 詹姆斯一世统治斯图亚特的英格兰。
1687 年 钟表首次装上两根指针。
1693 年 西西里岛的诺托城被地震摧毁，重建成巴洛克风格。
1719 年 西班牙巴利亚多利德大学：迭戈·托梅。
1703—1711 年 所谓的“彻底的巴洛克”布拉格圣尼古拉斯教堂。
1705 年 弗吉尼亚州威廉斯堡第一议会大厦。它在 1747 年被烧毁，不得不重建。
1708 年 圣保罗大教堂为建筑师克里斯托弗·雷恩的 76 岁生日开放。
1726 年 位于伦敦斯皮塔佛德的尼古拉斯霍克斯莫尔基督教堂竣工。
1741 年 韩德尔创作音乐《弥赛亚》。
1743 年 德累斯顿的圣母大教堂完工。
1754—1762 年 巴托洛梅奥·拉斯特雷利建造的洛可可风格的俄罗斯沙皇冬宫。
1764 年 巴黎玛德莱娜教堂开工。
1776 年 《美国独立宣言》。
1778—1788 年 新古典主义者艾蒂安·路易斯·布雷在国立路桥学校教课。他的会说话的建筑对晚期修饰主义艺术运动有着巨大的影响。
1793 年 旧东方，位于美国北卡罗来纳州的最古老的公立大学建筑。
1796 年 廉·钱伯斯设计的新古典主义萨默塞特宫在伦敦开放，它取代了文艺复兴时期的一个建筑。
1797 年 位于亚利桑那州的圣萨维尔修道院使命教堂。

上图
博罗米尼建造的巴洛克杰作之一是圣卡利诺教堂。建筑师图纸显示出他当时正在设法在一个椭圆里放几个等边三角形。

作为石匠的儿子，他作为建筑师的第一个突破是在圣彼得，在那里他开始为叔叔卡罗·马德尔诺工作。四泉圣嘉禄堂（1638—1641）蜿蜒的轮廓使它看起来活灵活现：墙面是扭曲的，凹凸的表面错综排列。博罗米尼不得不致力于把因为如此之小通常被意大利人称作圣卡利诺的教堂，建成一个狭小的空间。每层有三个分隔间，装饰着贝壳和花彩，被带有大写字母的爱奥尼式立柱分开。小的立柱加强两侧的半圆形壁龛，这些立柱支撑一个不寻常的起伏的柱顶，建立起一种对立的律动。

在意大利，17 世纪是一个盛大的公共景观的时代，有庞大的国葬和绚丽的公共节日。歌剧的发明是催化剂。威尼斯的圣卡西亚诺歌剧院是首个公共歌剧院，在 1637 年开放。到 17 世纪末，威尼斯就有 11 家歌剧院。剧院变得更大，表演更精细。令人惊叹的巴洛克式奢华在罗马达到巅峰，这座不朽之城具有非凡的公共活动。本着角斗场的精神，整个城市广场变成了戏剧舞台背景。

左上图
巴贝里尼宫，1950 年《欧洲人权公约》在这里通过。博罗米尼设计了这个非传统的螺旋塞式楼梯。

左图
巴贝里尼任教皇乌尔班七世时曾拥有巴贝里尼宫。现在是一个艺术馆，它宏伟的双层中央大厅被世界各地效仿。

右图
耶稣教堂，因其耶稣会非凡的成就，是历史上最具影响力的教堂之一。教堂是纯维尼奥拉式：外观（1584 年）贾科莫·德拉·波尔塔，是维尼奥拉和米开朗基罗的学生。

纳沃纳广场曾是图密善皇帝的体育场，因圣埃格尼斯教堂（博罗米尼的另一座教堂）和三个新的喷泉（包括贝尼尼的四河喷泉）而焕然一新。古柱顶部雕刻的石灰华大理石鸽子象征着教皇的权力。在节日当天，广场灌满水，有时会模拟著名的海战，但更多时候是象征挪亚洪水。在炎热的 8 月的星期天，贵族们喜爱的社会身份的新象征是大客车，将被开着，伴着音乐围着水深两到三英尺的广场绕行。

除意大利之外，巴洛克风格也抓住了外面的纯净教堂世界。它主要以宏大宫殿的形式表达——首先是在法国，诸如位于巴黎附近，由弗朗索瓦·芒萨尔设计的迈松城堡（1642 年），然后是整个欧洲。有时它的影响力甚至更远，远到泰姬陵。

耶稣教堂

在以前的教堂里，信徒可以通过前廊（一种缓冲区）进入教堂的主体。罗马的教堂没有前廊和走廊，会众直接进入中殿。它的壁画天花板后来被一个叫乔凡尼·巴蒂斯塔·高里的 22 岁青年在贝尼尼的指导下完成。圣名崇拜（一股宗教信仰旋风）是幻觉绘画的胜利。高里的人物跃出他们的框架，创造出一个极度狂喜、令人眼花缭乱的世界。它激发了视觉陷阱风潮，建筑幻觉主义开启了 17—18 世纪天花板的惊人视角。

时间脸颊上的泪滴

罗宾德拉纳特·泰戈尔，诗人和哲学家，曾把泰姬陵描绘成“悬挂在时间脸颊上的一滴孤独的泪”。作为世界上最优雅的结构之一，它坐落在阿格拉市，印度北部的大平原上。穿过亚穆纳河河岸的一条漫漫长路，通过古遗址留下的土丘，你接近陵墓。渐渐地你会看到它，像镜面反射形成的海市蜃楼一样耸立着。它看起来如此的精美别致，那样的超凡脱俗，以至于你会预感它会随时烟消云散。

这是为穆姆塔兹·玛哈尔而建的，她是莫卧儿帝国皇帝沙贾汗最宠爱的王妃，1631 年在产下他们的女儿后去世，那是他们的第 14 个孩子。据说修建她的陵墓雇用了 20000 名男工，用时 22 年之久。

该陵墓的建造始于 1632 年。乌斯塔德·艾哈迈德·拉哈瑞，一位声誉极高的数学家和天文学家，是最有可能的建筑师候选人。他曾设计过附近

左图

泰姬陵是永恒的爱的象征，其目的是唤起宁静和敬畏。它会根据一天中不同的时刻和季节改变颜色，闪烁着像月光下的金子。

下图

泰姬陵的一块天花板。像许多伊斯兰艺术一样，它与数学和几何相关联，并以相连的星星为特色。

上图

贾阿林，一扇不同寻常的格构大理石屏风环绕着纪念碑。陵墓上方有一盏开罗灯，人们认为其火焰永远不会熄灭。

的红堡。然而，宫廷史志强调沙贾汗的个人参与。他的统治代表了莫卧儿建筑的黄金时代，他热衷于建筑，与建筑师和监理举行日常会议。

优美的陵墓位于一处凸起的平台上，被四个尖塔环绕，是和谐的视角游戏的巅峰之作，相互交错的运河上闪烁的形象更是带来一种迷惑。陵墓到大理石圆顶有 35 米，其高度等于该建筑物的底基座。圆顶的最顶部饰有莲花，增加了其高度。高大的装饰塔尖名为古尔达斯塔斯，为了视觉强调从底层墙延伸出来。

图像谨慎的平衡通过大理石表面随着太阳逐渐越过天空而改变的方式得以增强。四条运河是《古兰经》里提到天堂的四条河流的象征，先知穆罕默德在升到天堂时看到的。许多学者把陵墓看作建筑的寓言，描绘了审判日当天浮动在天堂花园上方的真主阿拉宝座。

外墙上装饰着优美的书法，在白色大理石上的几何雕带上镶嵌着刻在碧玉上的碑文，是波斯书法家阿马纳汗的手迹。在黑色大理石上镶嵌着二十二种不同的《古兰经》经文。在内部，大理石墙上装饰着精致的镶嵌宝石的复杂图案。一系列带有惊人新鲜感和现实主义的石花图案覆盖在帝国纪念碑上。这些花卉图案的雕刻方式为简单的无色或冷肃浮雕（木纳巴特·卡里）或镶嵌着像碧玉和玉这样的半宝石（帕尔钦·卡里）。设计这些的目的是反光，其方式与外面的水反射花园里的玫瑰和茉莉大致相同。该技术类似于佛罗伦萨马赛克饰面，其宝石或半宝石薄碎片被格外小心地切开，然后塑造成卷须的花卉花纹。

不幸的是莫卧儿建筑的御宝已被掠夺多年。入口起初被镶满银钉的银门守卫，每个都有由索纳塔卢比制成的门头。在 18 世纪，莫卧儿的前敌人贾特人熔化了银门，掳走了墓里大量的珠宝。

但更糟糕的接踵而至。1857 年莫卧儿王朝在德里统治的最后阶段以英国人的洗劫而告终。1863 年一位法国游客叙述道：

> 现在很难看到一朵花、一个完整的装饰。许多带有红玉髓和琥珀色花瓣的精致花朵，被士兵用短剑和刺刀破坏掉了。

拉哈瑞也许重建了秩序与和谐、美丽与完美，但生活却很少遵循相同的模式。

当沙贾汗病倒时，他的四个儿子争夺王位。对他而言不幸的是他最喜爱的儿子达拉舒科未能在激烈的斗争中获胜，而获胜者奥朗则布把他病重的父亲囚禁在阿格拉堡。相传，沙贾汗临终前眼睛牢牢盯着在他的牢房里清晰可见的泰姬陵。他死后被葬在心爱的皇后旁边。

进取精神

在伽利略、牛顿、笛卡儿和莱布尼茨时代，发现着迷于对立并不稀奇。在信仰方面，欧洲分为两派：北部是新教徒，南部是天主教徒。建筑也是如此。在荷兰，就像今天一样，效率和舒适性优先于任何的富丽堂皇。注重实用的荷兰不用林荫大道，取而代之的是运河。在这里，空间被利用的方式以水为主。在占据着阿姆斯特尔河两岸的阿姆斯特丹，修了一条堤坝来阻挡水流。不久，一项总规划被批准，挖三条与16世纪城墙同心的运河。房屋迷人的个性看上去与荷兰的进取精神相得益彰。

在德国南部、奥地利和波西米亚，这些正遭受三十年战争的破坏和来自东部奥斯曼的压力的地区，直到18世纪早期前都没有多少建筑。直到此时，一个非凡的、近乎放纵的情绪接管了教堂建筑。阿萨姆、齐默尔曼兄弟、巴塔萨·诺伊曼和其他人装饰了这里的一切，从窗户到门，再到祭坛和讲道坛，在空间点和对位方面肆意神游。

在西班牙，丘里格拉家族的三兄弟被看作同时代领航的建筑师，以至于“西班牙巴洛克式建筑式样”一词通常用来定义西班牙巴洛克建筑。他们的高度雕塑建筑装饰一直流行到1750年。位于萨拉曼卡的圣斯蒂芬教堂的主祭坛是三兄弟中最出名的一位约瑟·贝尼托·丘里格拉的高度复杂风格的一个很好的例子。

上图

酿酒者运河，主要建于荷兰黄金时期——17世纪。高大狭窄的运河房屋和轻拱桥是阿姆斯特丹典型的如画美景。

丘里格拉通常采用一种不寻常的柱形式（见右图），这在当时是西班牙建筑的一个鲜明特点。你可能会认为它承袭了典型的伊比利亚风格，但高度装饰，所谓的“所罗门”柱具有惊人的历史。君士坦丁大帝从耶路撒冷的所罗门圣殿保留下一些原始的柱子，该殿在公元前586年被巴比伦人破坏。其中十二根柱子被带到原来的圣彼得大教堂。这十二根柱子中只有八根仍然存留，其余的则不知何故地消失了。其中的两根覆盖着螺旋扭槽

右图
在西班牙，约瑟·贝尼托·丘里格拉发展高度复杂的装饰形式，比如所罗门柱。它具有真正的古老渊源。

左图
阿萨姆兄弟在慕尼黑建造的阿桑教堂，这是他们为自己建造的一所私人教堂，是一个远离大多数欧洲平静沉思的设计风格的世界。

和树叶浮雕，高高地矗立在贝尼尼著名的华盖后面的桥墩上。贝尼尼直接仿效它们蜿蜒的形式。

西班牙巴洛克式建筑远不仅仅是这个时期唯一的西班牙风格：摩尔式影响和银匠式的风格从未消失。莱昂纳多·菲格罗亚设计的塞维利亚教士医院是正式的摩尔式，在文艺复兴时期重现。它的拱形走廊精致典雅，色彩的使用十分内敛，是意大利和穆德哈尔元素的一种灵感融合。下沉式喷泉是中央庭院的焦点，由同心砖和瓷砖台阶构成。同时，阿隆索卡诺设计的格拉纳达大教堂的外面（1667 年）在结构上是经典之作，但指向洛可可风格。

但在受西班牙影响的墨西哥，巴洛克达到了超越宗教狂热的令人目眩的高度。也许视觉陶醉形式主要是在墨西哥城发展起来的，在那里，出生在西班牙的洛伦佐·罗德里格斯建造了一个杰作——萨格拉里奥，墨西哥城主教堂（1749—1769）。它的外墙采用典型的巴洛克式螺旋堞状形状，成为拥有伟大尊严的建筑。

左图
塞维利亚教士医院受伊斯兰影响，是典型的安达卢西亚风格。塞维利亚，有丰富的哥特式、穆德哈尔、银匠式以及巴洛克式杰作。

上图
前沿巴洛克；圣萨维尔修道院传道会，亚利桑那州，一个极好的西班牙殖民建筑的例子。

通过耶稣会的传教活动，西班牙巴洛克在美洲站稳了脚，传播到美国南部的本土建筑。位于亚利桑那州的圣萨维尔修道院传道会大概建于1797年，由本土的图霍诺·奥哈姆部落修建，很好地反驳了“巴洛克已经过时”的观点。用类似于土坯的窑烧砖制成，塞满了火山碎石，再铺上白色砂石灰膏，它比土坯更耐久。它也是“前沿巴洛克”最著名的例子之一，一个美丽的象征并在恶劣的沙漠气候中生存下来。设计将西班牙伊斯兰和墨西哥影响融合在一起。通过努力筹资，在20世纪90年代它获得了150万的修复费用。在内部，迷人的美国本土图案混合着墨西哥巴洛克风格的镀银非常奢侈，全部都呈现在令人眼花缭乱的壁画和镀金里，还有琳琅满目的友好天使在拱门跳舞的雕塑。

奇思妙想

阿尔贝蒂建议建筑中的楼梯越小越好。毕竟，楼梯是纯功能性的物件，不是吗？它们占用了大量的空间的话，那这些空间你就不能实际使用。建筑关乎空间和错觉，也具有实用性。后来的设计师——想想爱森斯坦设计的战舰波将金号或希区柯克设计的丽贝卡——看到了简陋楼梯的巨大潜力。首先，它们可以用来强调层次，提高美妙的悬念感。

巴洛克建筑师并不是首创，但他们肯定位列最具创意的设计师之中。他们乐于创造开阔的门廊，尤其是戏剧性的入口：摘星天梯。这些昂贵又占空间的创造准确地展现出顾客究竟有多么的富有和重要。王子主教宫在巴尔塔扎·诺伊曼接手之前已经过两位建筑师之手，它是一个真正的关于自大的例子。宽阔的中心展馆有三个巨大的门，在漆黑的雨夜，王子主教能够把他的大客车直接开到室内，在楼梯处下车，他华丽的衣服不会被滴上一滴雨水。楼梯本身建于所谓的“帝国计划”。起初，中央阶梯的末端是一个梯台，然后阶梯分成两个双层弧背，把你带到更高一层。这些设计都是为了减缓进程，让你能体味那一刻。

威尼斯画家提埃波罗为穹窿天花板画了精彩的壁画。试想一下，斯派尔的王子主教身着礼服站在诺依曼的楼梯顶端，客人们都全神贯注地注视着他下楼的震撼画面。

贝尼尼用他在梵蒂冈宫设计的皇家楼梯开始了这一宏伟趋势，这象征性地带领你走向教皇——上帝在尘世的化身。它是进入梵蒂冈宫的主要入口，也是连接宫殿和圣彼得大教堂的主要纽带。巨大的楼梯以一种戛然而止的场面将艺术与建筑、雕塑与装饰结合在一起。桶拱形柱廊越到末端越狭窄，通过角度来强调距离。

这一时期的建筑师主要关注的是空间：设立，然后扭曲的错觉。所以一个受欢迎的巴洛克技巧就是在楼梯尽头塑造序列空间，使它们明暗交替。另一个关注是对立感：狭小的房间打开后富丽堂皇。

左图
巴尔塔萨·诺伊曼为维尔茨堡主教宫设计的宏伟的楼梯，被拿破仑命名为“欧洲最好的牧师住宅”。诺伊曼发起了一种独特的巴洛克德奥风格。

右图
梵蒂冈的皇家楼梯是欧洲最谦逊的楼梯之一，具有无与伦比的规模。

法国的力量

如果罗马仍是天主基督教的首都的话，那么巴黎则是欧洲的政治支点。拥有 2000 万人口，法国是欧洲最大的国家。然而，这个地方似乎像钟表一样运行。建筑被看作国家事务，由官员统治。路易十四的大臣让 - 巴蒂斯特 · 科尔伯特在 1666 年成立了建筑学会，由此建筑重心从意大利转移到法国，风格将成为需要被控制的一件事。交易在工艺作坊开展并由国家管理，其中包括挂毯、家具和玻璃。

吉安 · 劳伦佐 · 贝尼尼，戏剧性作品的终极大师，是我们跟法国最初的联系——尽管他并没有在那里坚持多久。经过烦恼和紧张的招募期，路易十四终于在得到教皇的许可后成功聘请到了贝尼尼作为他的建筑师。这位艺术家抵达于 1655 年，因为鲁莽的评价说圭多 · 雷尼的一幅画作价值胜过整个巴黎，使其还没有大展身手就失宠了。

你不能指责路易十四不明白他自己的想法。贝尼尼对罗浮宫的想法将会去除掉许多现存的结构，取而代之的是意大利夏日别墅，这在巴黎中心看起来可能有些不合适。在路易斯的住所，他选择了克洛德 · 佩罗——他是翻译灰姑娘童话的著名作家的兄弟。佩罗的设计非常的理性：可以用严肃来形容。佩罗柱廊上面加盖上一个典型的非法国式古典屋顶，柱廊中央是山形墙凯旋门入口。这样一来巴洛克风格永远地被推翻，纪律有序的古典主义被用来规划 17 世纪的法国建筑。尽管法国存在过一段简短的巴洛克时期，法国的逻辑形式化的能力意味着新的学派给艺术、文学、绘画和建筑赋予了一套连贯的规则。这是法国的一段黄金时期，政治力量提升，杰出人物辈出，诸如莫里哀、科尔伯特、拉辛。也有伟大的建筑学家，如朱尔斯 · 哈登 · 芒萨尔、雅克 · 默西埃。建筑就像艺术一样，学派最看重明晰、美感和尊严。法国古典主义带有沉静、理智和克制。

法国皇家法庭——国家权力的崇高中心，必须具有独特完美的美感。1682 年"太阳王"路易十四首次将法国法庭迁到凡尔赛，使他自己完全控制政府，远离巴黎。相比之下，英格兰君主的官邸圣詹姆斯远非壮观。1725 年丹尼尔 · 笛福形容它"低劣和粗鄙"。

沃克斯子爵城堡，位于巴黎南部曼西的庄严城堡，是路易斯的典范。它标志着一个新规制的开始。花园、建筑物和室内都要协调设计，就像一首乐曲，所有的一切都要和谐。在子爵城堡（为国王强大的财政部部长尼古拉斯 · 富盖而建）工作的团队是法国的顶尖人才：画家和装饰师查尔斯 · 勒布伦、园林设计师安德烈 · 勒诺特和建筑师路易 · 勒沃。

有了自豪的子爵城堡——建得就像是矩形护城河里的一个王子城堡，富盖犯了他一生中的错误。路易十四当然不甘示弱。豪华的子爵城堡成为精美音乐会和精心筹备的派对的中心、社会谈论的焦点。1661 年 8 月 17 日，在一个著名的庆典后不久国王就逮捕了富盖，当时莫里哀的戏剧《找麻烦的人》正在上演。国王缴获了 120 条挂毯、雕塑和所有的橘树。然后他抓住了艺术家团队（勒沃、勒诺特和勒布伦），把他们送到凡尔赛。

在富盖著名的宴请之后，伏尔泰写道："8 月 17 日晚上六点富盖是法国国王；早上两点他什么也不是。"

凡尔赛城堡实际上是一个皇家城镇，建来向王权致敬。它的大部分都被皇家宫殿和花园占据。它始建于1669年，当时建筑师路易斯·勒沃和园林设计师安德烈·勒诺特开始整修路易十三在1624年建的老城堡。现在作为旅游圣地和大量历史事件的发生地，奢华宫殿的墙上见证了多少故事的发生。

凡尔赛主要是三个人的作品：布洛斯、勒沃和朱尔斯·哈登·芒萨尔。有的游客可能会发现它的水平线是令人失望的；芒萨尔不喜欢路易十四的主张，他延伸了勒沃原来的宫殿。在一个晴朗的天气观光的话，首先去花园喷泉，然后去看庄严的室内。

凡尔赛历经了最好的时代和最坏的时代。太阳王统治下的过剩辉煌的太平盛世和法国大革命的英雄悲壮都被蚀刻在这些石头里。仅仅一个世纪后，来自巴黎的一群人入侵这里寒冷的大厅，路易斯不幸的继位者和他的王后被驱逐回城。这片神圣土地的入侵预示着法国君主的血腥毁灭。

凡尔赛宫背后的哲学非常简单。它就是关乎权力，纯粹而简单。路易十四找人为自己创作了不计取数的画作，在这些画作中他身着礼服，很像一个罗马皇帝。但他的威望最明显的表现，至少对法国人来说，就是凡尔赛宫。就像行星围绕着太阳一样，法院和贵族围绕着太阳王路易十四。

你想知道是否在凡尔赛宫放弃正常的法式陡峭屋顶、采用意大利平栏杆屋顶的勒沃是在试图唤起罗马恺撒的力量。如果是这样的话，象征并没有就此止步。城堡里面，豪华的各个大厅里都陈列着描绘皇家胜利的寓言画，而尽头“阿波罗房间”，里面是艺术作品更是令人浏览忘返。国王的房间——修长广阔的对称建筑的中心房间——是整个设计的轴心。凡尔赛宫的正中心是御座——法国权力系统的支点。难怪路易十六发现与玛丽·安托瓦内特完婚很困难。贵族把宫殿群称为“本国在这里”：凡尔赛宫本身就是一个国家。

上图
1682年在凡尔赛建立法国法庭。宫殿的建造目的是权位象征，令人眼花缭乱的财富和令人窒息的礼仪旨在加强服从。

左图
巴黎南部曼西的子爵城堡。它为古典主义法国建筑设立了标准，但其野心让它的拥有者置身于一个麻烦的世界。

新古典主义前进

1771年在法国，克劳德·尼古拉斯·勒杜为女伯爵杜巴里设计了路弗西安城堡的一个展馆，为巴黎设计了一系列城门（1785—1789）。这都例证了法国新古典主义建筑的早期阶段；然而他之后的作品包括一个理想城市项目（从未实施）。1804年当拿破仑成为国王时，他的宫廷建筑师查尔斯·皮谢尔和皮埃尔·弗朗索瓦·丰丹备受重用，努力实现他的愿望——把巴黎变成欧洲最重要的首都，采用令人生畏的豪华的罗马帝国建筑。

这些壮观的公共工程是帝国风格在建筑上的缩影，比如皮谢尔和丰丹设计的卡鲁塞尔罗浮宫的凯旋门，丰丹设计并同年开工的香榭丽舍大街。这些宏伟的项目，始建于1806年，于勒杜富有远见的作品的精神大相径庭。

英格兰的希腊风格建筑有约翰·索恩爵士设计的伦敦英国银行圆形大厅（1796年）和罗伯特·斯默克爵士设计的大英博物馆柱廊（1823—1847）。轻松摄政风格的存在缓和并修饰了在乔治王朝时期英格兰的希腊复兴，引人注目的建筑实例有约翰·纳什设计并在1812年开工的摄政街外观和他在布莱顿的皇家宫殿（1815—1823）。

苏格兰爱丁堡的新古典主义建筑是一个高度个性化的诠释，并为城市赢得了北方雅典的称号。在其他地方，新古典主义的推动力被德国的卡尔·弗里德里希·申克尔完全占据。

城堡本身是一个专制的、看上去不可饶恕的建筑。它不是块状的，不像监狱一样。相反，除去规模而言，它是精致的，但多少有些冷漠。作为旧政权绝对权力的象征——法国人觉得他们需要推翻的东西——这可能再好不过了。也许正是如此，凡尔赛宫激发了整个欧洲大批的宫殿建筑。勒诺特的设计有交叉对角线和半径，被从奥地利到圣彼得堡的花园效仿。凡尔赛宫的影响在其他地方也可以看到，从华盛顿公共建筑的宏伟到伦敦摄政公园周围约翰·纳什对排屋的清除。

城堡的内部也是非常有名的，尤其是镜厅，整个宫殿最大的房间。画馆是谦逊的，毫不夸张。它让你想要踮起脚尖好似不存在一般地走到尽头，仿佛你从没真实存在过一样。对于爱美者和考古学家来说，这些低矮吊灯的玻璃是精湛的，当太阳王移动时它们将他的光折射在微妙的舞蹈中。17扇拱廊窗户包含21面镜子，每一扇都可俯瞰花园。

凡尔赛宫的许多副本现仍存在，比如，那不勒斯波旁王的路易吉万维泰利的卡塞塔宫（1752—1780），它是18世纪的欧洲建立的最大的宫殿。现在被联合国教科文组织评为“巴洛克壮观艺术的绝唱”。

然而洛可可一旦成为主流后巴洛克就消失了。18世纪，巨大的壁柱和科林斯柱式被清除，18世纪上半叶洛可可在法国、德国南部、意大利北部和中欧占据了主导地位。它是戏剧性的赋格曲（巴洛克）和很快出现的交响曲般严肃的新古典主义之间有趣的，但有时也有一些过度的插曲。洛可可这个词来源于法语“rocaille”，指的是富人的花园石窟里最爱的贝壳和水穿石。

蓬巴杜夫人是路易十五最重要的情人，她常被认为是运动的主要赞助者。然而事实上，尽管她可以获得国王的财力，但建筑风格在她受到国王宠爱前就已经全面开展。路易十四的室内风格从开始的重涡卷形饰突然变成蛇形S曲线。巴洛克风格逐渐从一个浓厚的笃信宗教艺术转变成一个简单的多余。愉悦是洛可可的准则，大多数情况下，它比巴洛克更加平静、理智。很多基本图案完全相同，但是它们内部明显的不同是门口上白色和金色配色及绘板的频繁使用。来自自然界的一些图案，例如，植物、贝壳和藤蔓与罗马装饰中奇异风格的东西结合起来。之所以说它们奇怪，是因为经常能在洞穴里发现它们。墙壁、窗框和檐口会镀上金边加以突显。

等级装饰

等级是18世纪的欧洲一种游戏的名字。雅克·弗朗索瓦·布隆代尔在巴黎美院教建筑课程，1755年他被路易十五委任为建筑师，他认为客户的等级是建筑师决定他的装修风格的根源。他建议，爱奥尼柱式适用于牧师，因为它预示节制。适度的复合混合精致适合法官。帕拉第奥精心描述的托斯卡纳圆柱式不符合他的口味。事实上，他抱怨托斯卡纳圆柱式太土气，不能用于贵族住宅。

右图

洛可可风格复杂精细的壮美：位于慕尼黑的阿美连堡狩猎宫。

左图

阿美连堡镜厅，无疑是受到凡尔赛的壮丽所启发。弗兰索瓦·德·屈维利埃曾在法国学习过。

下图

克莱登住宅位于白金汉郡，是哈利·弗尼爵士和弗洛伦斯·南丁格尔的妹妹帕耳忒诺珀的家乡，也是非凡的洛可可、哥特式及中式风格装饰的故乡。在这里，中国人以茶待客。

最具吸引力的例子之一是阿美连堡狩猎宫——一个极小的狩猎宫，坐落于慕尼黑宁芬堡宫的公园里，是为查尔斯七世和其妻子选举和公爵夫人玛丽亚·阿玛丽亚而建的。法院侏儒弗兰索瓦·德·屈维利埃的高超技艺帮助形成了当时的洛可可风格。与其富有才华的齐默尔曼兄弟并肩工作，弗兰索瓦·德·屈维利埃在1734年至1739年间设计建造了阿美连堡。阿美连堡外部相当低调正式。一间优雅的圆形镜厅占据内部展馆最重要的位置，该镜厅饰以巴伐利亚的国家代表颜色银色和蓝色。其墙壁装有大的窗户和门，光束被镜子放大了，如同凡尔赛宫一样。饰以玻璃粉的精致银灰泥浮雕栩栩如生地环绕在一个舞动的檐口上，檐口上饰有镀金的鸟儿，飞向天空般的穹顶。小屋可能是我们所知道的猎犬最豪华的犬舍了。

其整个内饰的样式跟洛可可风格同时达到了巅峰。“中国风”常被用作房子室内设计的外来变化元素。中国风不对称，也颇不受约束，常出现在迷人的卧室里，以拥有华丽羽毛的鸟儿或幻想中的“空中岛屿”为特色。牧师是约翰·派尔门特，在七年之战中期，于伦敦和巴黎两个城市，他以某种方法设法发表了他幻想中的具有中国风的小屋或者荡秋千的女士版画。

在白金汉郡克莱顿一位叫卢克·莱特福特的神秘设计师创造了可能是世界上最为壮观及最为怪异的中国风的房间。中国的茶道用带着真铃的石膏表演出来，长着惊人大胡子的中国人支撑着宝塔状的门框。我们对可怜的莱特福特几乎一无所知，只知道他被解雇了。这种风格在18世纪末期便失宠了，但奇怪又卷土重来。建于1822年的纳什布莱顿穹顶宫是摄政王向他的夫人菲茨赫伯特求爱的地方，这里远离伦敦窥视的眼睛，就是一次典型的重现。

洛可可风格有助于人们追求奢侈。在英国，人们认为这种风格使用在建筑外部过于轻浮，但是可被用于天花板或任何较琐碎的设计上。诺福克楼音乐教室由乔瓦尼·巴蒂斯塔博拉设计，其作为文明社会的枢纽，位于伦敦市中心圣詹姆斯街的中间。这样的房子不再有了：但经过几十年的保存，今天你可以看到其房间保存完好，并重新装饰回它原来的样子，饰以镀金的纯白色涂料及木雕；它被锁住装起来并快速移到了伦敦维多利亚和艾伯特博物馆。

冒充者

场景：一个叫米纳斯吉拉斯的内陆州，位处巴西，是里约东部一个金矿丰富的山区。时间：18 世纪与 19 世纪世纪之交。就是在这样的背景下出现了真正的“巴西”建筑学派吗？真的是一位母亲是奴隶、父亲是葡萄牙人的黑人艺术家或建筑师，创造了这种独一无二的巴洛克杰作吗？

据说人们早在 1698 年就发现了黑金（石油），那时来自圣保罗的先驱探险家首次发现了传说中的覆盖着一层氧化铁的黑金确实是存在的。随后突然出现了大规模的淘金热。葡萄牙北部的整个村庄的人们横跨大西洋来到这个新发现的富庶之地采矿。他们从头开始建立了单一风格的黑金城，这种风格就是巴洛克风格。因此，它是世界上建筑风格最清晰的地方之一。随着金子如流水般涌出，到给奢侈的精雕细琢的巴洛克建筑内饰镀金之时，根本不用考虑到节省。当地的皂石代替了欧洲的大理石，而在这相对简单的外观后面，是精细的、热情洋溢的内饰，建筑内部充满天使、神话人物、圣人及《圣经》场景的雕塑。

该城镇因有大量的巴洛克建筑、鹅卵石铺就的街道和陡峭的山坡而值得人们参观。然而这景色也是一个有趣的建筑之谜。黑金城建筑的一致性很大程度上可以归结于这样的一个事实，即这么多的建筑均出自一位建筑师之手，但如果是这样的话，这位建筑师是谁呢？阿西西的圣弗朗西斯教堂、卡尔莫的圣母教堂、圣约瑟夫教堂、皮拉尔圣母大教堂、皮萨拉奥公共喷泉、总督宫殿，都是南美巴洛克建筑的瑰宝。

阿西西的圣弗朗西斯教堂，具有很多古怪的军事特征，始建于 1776 年，非常独特。其高的圆柱形塔看起来像瞭望塔，其屋顶像头盔且装饰着长矛。它被视为杰作。在这里情节变得复杂。当地传说，教堂的建筑师是神秘的安东尼奥·弗朗西斯科·葡京，绰号是阿莱哈丁诺。这个绰号是“小跛子”的意思，阿莱哈丁诺的故事将最大的身体痛苦与巴西巴洛克风格最淋漓尽致地表现结合在了一起。

安东尼奥·葡京的父亲是一位名叫曼诺尔迪·科斯塔·葡京的白人建筑师，他的母亲(其父亲的奴隶，伊莎贝尔)是一位黑人。从小跟异父的兄弟一起被抚养长大，小安东尼奥·葡京从父亲那里学会了雕塑和建筑的基本原理——并且他的能力很快超过了父亲。他的第一个项目是阿西西圣弗朗西斯的三阶小教堂，他的雕刻包括一个技术精湛的浅浮雕，描绘了圣弗朗西斯接受圣痕的场景。不幸的是，如果我们相信官方说辞的话，安东尼奥不久就面临了自己的圣痕——一场可怕的退行性疾病。

右图

阿莱哈丁诺，或这个“小跛子”首次以劳工的形式出现在官方记录里，他是作为黑金城卡梅尔圣母马利亚教堂的劳工，而该教堂是由他的父亲设计的。

左图

圣弗朗西斯的三阶教堂，它位于黑金城的一座山顶上。圆形的钟楼在巴西小镇是一项创新。

下图

在孔戈尼亚斯的马托西纽什的耶稣避难所，在这里阿莱哈丁诺用他助理的带式落锤和他手里的凿子雕刻完成了精巧的十二先知像。

慢慢地，疾病使他的全身开始萎缩变形，直到他不再是安东尼奥，而真的成了阿莱哈丁诺。他手疼太严重了，以至于他切掉了自己的几根手指。这似乎是一种梅毒，甚至是麻风病。安东尼奥的身体日渐萎缩，这位建筑师逐渐失去了自己的所有手指、脚趾，甚至小腿。安东尼奥并未因此受阻，他决定尽自己所能实现自己的建筑规划，故事里告诉我们，他让助手把工具绑在他的手上进行工作。他只在夜间工作，在遮篷下边，因为白天的高温会让他更加痛苦。人们忘记了他真正的名字，这个小跛子需要他的奴隶助手用盖着的轿子抬着穿过大街。他的艺术殉道堪比《圣经》，这显示了一位天主教徒的敏感性。

阿莱哈丁诺最著名的作品是一组大气磅礴的十二先知皂石雕塑，位于临镇孔戈尼亚斯的耶稣山圣地避难所。这些雕塑是一个受到困扰的人悲伤的、能唤起人们共鸣的表达，他那极度的痛苦在其深厚的天主教情结里得以慰藉。该圣所在1985年被联合国教科文组织列入世界文化遗产。雕塑对称地分布在台阶和阶地上，位于楼阁之中，象征着十字架的十二台阶。圣所似乎象征着其缔造者缓慢而极大的痛苦，以及他以上帝般的方式迫使自己忍受无法忍受的事情。

最大的问题是，这个为自己的艺术事业忍受极大痛苦的传奇人物，是否曾经真实存在过呢？这个关于阿莱哈丁诺是否只是一个虚构人物的问题在20世纪60年代首次被巴西艺术历史学家奥古斯托·德利马提出。经过多年的研究，利马·朱尼尔无法找到任何证明阿莱哈丁诺曾经存在的证据。他的出生和死亡证明只在一本书中出现过，这本书是在这位建筑师去世很久之后，一位政府官员写的。但1730年8月29日的出生日期，与他死亡证明上的日期不匹配。据教堂记载，确实存在某个叫阿莱哈丁诺的费用收据，记录显示他参与了某个建筑。令人沮丧的是，这些叫阿莱哈丁诺的人中并没有人是雕刻家或建筑师。

这大量的作品背后，这位传奇人物有什么其他的真相吗？阿莱哈丁诺现实中的很多作品是同时期的其他人建造的吗？许多学者说阿莱哈丁诺——这个奴隶的混血儿——只是一个民间神话，是由新的共和国努力打造出来凝聚民族认同感的“民族故事”。

争论集中在近当代唯一重要的出版物对于这位建筑师的描述上：安东尼奥·弗郎西斯科·葡京的传记特点。原文《哦，阿莱哈丁诺》在1949年由教育部发表，并由卢西奥·科斯塔（1902—1998）作序，赞美了这位巴西伟大建筑师的作品。

诗人马里奥·德·安德拉德写道：“巴西的阿莱哈丁诺是最伟大的艺术天才，是伟大的人类表现。在殖民时期的人之中，只有他能被称为国民，因为他的解决方案具有独创性。他已然是其土地及其苦难的产物，也是他所处时代的精神延伸。”

寓言还是建筑师？这个问题依旧众说纷纭，也许我们永远不会知道了。

业余建筑师

上图

位于牛津郡的布莱尼姆宫，英格兰的英雄马尔格勒公爵的大奖——也是很久之后，另外一位伟大的战争领袖温斯顿·丘吉尔爵士的家。

在英国对应的凡尔赛宫便是布莱尼姆宫，它是为路易十四强大的对手——马尔伯勒公爵而建立的国家纪念碑。法国讽刺家和剧作家伏尔泰第一次看到它的时候惊呼，“好大一堆石头啊”。的确是好大一堆。

据说女公爵想要雷恩。而公爵却想要不同的人，一位实干家。迷人机智的约翰·凡布鲁正好是这样的一个人。他不只是一位剧作家，他在17、18世纪社会的旅行已然是件令人叹为观止的流浪事件，简直能拍成肥皂剧了。

凡布鲁有很多刺激的故事可讲。他曾在古吉拉特邦的东印度公司工作过。同时他还是一名秘密的政治活动家，他曾被监禁在法国四年半，而其中大多数时间他是在臭名昭著的巴士底监狱开展间谍活动。他在军队里待过很长时间，见证了战争（场面），然后又莫名其妙地再次出现在伦敦，成为剧作家和剧院经理。他是秣市剧院的创始人，也是著名的基特凯特俱乐部受欢迎的成员，他的戏剧《复发》及《年会的妻子》是令人可耻的。

公爵在剧场见了这位前间谍，并且当场就委任于他。尽管只有43岁，但凡布鲁跟他的朋友和合作者尼古拉斯·霍克斯穆尔一起，已经完成了约克郡附近霍华德城堡的部分建设。在意大利，巴洛克风格被用于个人住宅已经有60年历史了，比如都灵的瓜里诺·瓜里尼·卡里尼亚诺宫。然而在新教的英国，这种不修边幅的风格冒

险是新颖且大胆的。每个人都在谈论着华丽的霍华德城堡及这种新式的欧洲风格。凭借其冠冕，小天使和瓮，与其北墙的多立克式壁柱及南部的科林斯式柱一起，霍华德城堡给英格兰北部带来了一股精致的欧洲气息。其内部令人震撼且具有歌剧风格，尤其是其人会堂高耸至中央穹顶。

对比布莱尼姆宫，其高耸入云的石望楼，使其更像一个城堡而非一个亲切的家。因为萨拉·丘吉尔每一步都要加以干涉，使建造过程不太愉快。结果业余建筑师在该巨作完成之前被赶走了。为了监督工作进展，他不得不在公爵夫人不在的时候偷偷溜回来。多年后，1725 年，当他和妻子及霍华德城堡的主人——卡莱尔伯爵付费参观时，凡布鲁甚至被拒绝入内。这很令人尴尬吧？肯定非常尴尬。

上图

霍华德城堡，由尼古拉斯·霍克斯穆尔和凡布鲁设计的歌剧风建筑。这里是伊夫林·沃的小说《故园风雨后》的电影及电视剧的选景地。

爵士声誉的兴衰

布莱尼姆宫是另外一个房子毁坏声誉的实例——此种情况下，是实例中的三个。牛津附近的土地，是在西班牙王位继承战争布莱尼姆之战中战胜法国之后，一个感恩的国家给第一位马尔堡公爵的礼物。公爵夫人萨拉·丘吉尔是安妮公主幼时亲密的朋友。这位公爵夫人成了女王衣饰的负责人，又称长袍的女主人——并且似乎是非常专横跋扈的一个人。她还花费大量时间和精力费尽心机得到所需的钱去建房子。

这位公爵夫人想让克里斯多佛·雷恩做她的建筑师。与此同时，公爵在一个剧院见到凡布鲁——并且没有问过他的太太就委任了凡布鲁。强势的公爵夫人怒不可遏，并决定讨厌完全无辜的凡布鲁。但之后还有更多问题。丘吉尔夫妇曾以为，该建筑将由官方支付。而这精确的协议至今仍悬而未决。委任凡布鲁为建筑师的委任状标注日期是 1705 年，由国会财务主管签订。不幸的是，财务主管概述了他的职权范围，却并未提及王后或官方为出纳员，这为后来的麻烦埋下了伏笔。

这位剧作家被要求建造集家庭、陵墓与国家纪念碑于一体的一座建筑。事实证明这是一个不可能完成的委托，特别是随着项目不断地出现资金断裂。萨拉最终将凡布鲁赶走并禁止他进入施工现场。与此同时，萨拉和公爵在公爵被指控挪用公款，且萨拉和女王大吵一架之后，被迫流亡海外。

整个事件对凡布鲁的声誉造成了恶劣的影响，且促成了英国巴洛克风格的短暂性。英国因此悄然地如释重负，回到了更舒适的帕拉第奥式风格。

伟大的尝试

当维多利亚时代的思想家托马斯·卡莱尔首次看到切尔西皇家医院的宏伟设计时，他声称："这一定是由一位绅士设计的。"

克里斯多佛·雷恩是17世纪绅士建筑师的缩影。建筑学当时不被视为一种行业，只是有才华的业余爱好者们感兴趣的事。然而是怎样的天才啊，雷恩在一夜间声名鹊起。他天生是一个多才多艺的人：也许他只有五英尺高，但就其智慧而言，他却是一个巨人。年轻时他制造模型描绘月球和太阳系。他还发明了一种在黑暗中书写的设备。艾萨克·牛顿称其为"我们这个时代最伟大的几何学家"，在雷恩25岁时，他已是牛津大学的天文学教授。

当雷恩涉足建筑学时，他已经是闻名欧洲的数学家、天文学家和实验科学家。他甚至完成了世界上首例血液注射——在狗身上。建筑学作为数学的实际应用从此被广泛接受。尽管我们无从了解雷恩与未来的查理二世之间联系多紧密，但他的父亲是温莎学院的院长，且他们两个同时在皇家小镇长大。君主制恢复后，查尔斯二世坚持任命雷恩为测量局局长。

在1666年春天，雷恩以伊尼戈·琼斯的工作为基础，做出了他对于圣保罗大教堂的首次设计。他的设计于1666年8月27日在原则上被录用，这是一次折中的设计，一种妥协。而造化弄人。9月2日的周日午夜后不久（凌晨时分），在普丁巷托马斯·法里纳的面包店发生火灾。伦敦的这场大火使得三分之二的城市变成黑压压的木炭，也使旧的圣保罗大教堂变为废墟。雷恩与其密友建筑师罗伯特·胡克及日记作者约翰·伊芙琳一起接受了调查损毁范围的任务。他为城市制订了一个计划，这样沿主干道将会创造出新的空间。尽管这项计划不能完全实施，但查尔斯二世却欣赏这个设计。

国王决定必须重建在大火中毁坏的所有教堂，而雷恩就是接受这项工作的人。这不仅是雷恩千载难逢的机会，而且可能是任何建筑师有史以来最好的机会之一。于是他满怀热情地着手这项任务。

下图
在闪电战期间，圣保罗大教堂是"二战"中英国人立处不败的精神象征。该照片由《每日邮报》摄影师赫伯特·梅森拍摄。

左上图
切尔西皇家医院，由查尔斯二世建立，是为了照顾生病或受伤的士兵（“血色男人”）。

右上图
切尔西皇家医院庄严的橡木餐厅，让人想起中世纪的庄园大厅。

在被大火烧毁的 86 座教堂中，51 座是由雷恩和包括尼古拉斯·霍克斯莫尔及罗伯特·胡克在内的一队由朋友和门徒组成的天才中坚力量重建的。重建的教堂范围从弗利特街的圣布里奇教堂和圣玛莉里波教堂一直到圣沃尔布鲁克教堂和圣马格纳斯教堂。

这些教堂建造的风格被称为英语特有的巴洛克风格——实用且以某种方式比其欧洲大陆的祖先更加节省。然而雷恩从未想过自己会成为“巴洛克风格”建筑师，相反他视自己为一名古典主义者。

虽然全市教堂建设计划取得了巨大的成功，圣保罗大教堂的重建却由于所有常见的问题——政治内斗和官僚作风，成为一个近乎不可能完成的任务。神职人员全面地谴责雷恩为大教堂做的第一个计划。他们谴责该计划“太现代”、太过谦虚了。雷恩并未因此灰心，他在 1675 年提出了第二个设计，这次建筑呈希腊十字的形状，有一个引人注目的、高耸的穹顶。这次，他的“伟大的模型”是一个启发性的设计，但教父依旧拒绝了他。他们表示这次他的设计太现代、太意大利风了，即“太天主教”了。他们要求雷恩设计不同的东西。

无奈之下，雷恩寻求觐见国王，带着他煞费苦心建造的 20 英尺（6 米）长的大模型，以此来阐明他的设计。雷恩与国王的一生的友情，仍无法使查尔斯公然反抗教会委员们。震惊于神职人员竟然有能力阻止国王喜欢的计划，雷恩因此发誓“不再制造模型”，在他的儿子写的回忆录中，他如是说。据说，他已经跪在地上哭泣请求了。

第三次雷恩给了神职人员他们想要的：漂亮老式的哥特式大教堂，带着长长的中殿和高大的塔尖。这一平庸的设计——被称为“担保”设计——获得了国王的批准。于是工程开始动工了。但是国王告诉雷恩在这个批准的设计上，他可以自由做“变更，为了装饰性可以不要基本要素”。国王的点头允诺就如同给雷恩使了眼色，雷恩跟许多面对差劲妥协设计的建筑师一样，选择了使出诡计。建筑物上搭满脚手架，雷恩开始建造大教堂，大教堂与那个被拒绝的设计惊人的相似。雷恩悄悄地去除了三开间，增高了墙的高度，降低了尖顶，建造了引人注目的宽阔穹顶，这种风格在英国还是首次。当神职人员发现他实际在做什么的时候，他们不出所料地狂怒不已。于是资金枯竭了——雷恩的工资也随之没有了。工程停工了，然后再次启动，在接下来的 33 年里继续这断断续续的时尚。

1711 年揭幕的大教堂是波特兰石的胜利，也是欧洲主要的大教堂中唯一一个由一位建筑师设计并在其有生之年建成的大教堂。它由数学家建成，并且它也体现了这一点。一个矩形轮廓里边套一个方形，且由两层成对的科林斯式柱子分开，下边 12 根柱子，上边 8 根柱子。优雅的穹顶是围柱式的——包围着一圈柱子。还有两层曲塔构成——使其更像罗马波罗米尼的圣阿格尼斯教堂——圆顶建立了一个动态纷飞的外观。内饰方面，使用光与空间流动的表达，使用的颜色和饰品也明显不是英国的方式，且由那个时代最好的工匠协助建造。珍蒂如设计了华丽的铁门，格林宁·吉本斯雕刻了教堂内的唱诗班座位。

上图
山上的圣玛丽教堂的天花板，伦敦金融中心当代教堂中令人满意的环形之一。不幸的是，其中一部分在战争中遭到了轰炸。

左图
宁静的圣史蒂芬·沃尔布鲁克，是雷恩设计的最出色的内饰作品之一，屋顶他使用了拜占庭式的内角拱手段——拐角处使用了支柱结构。

然而对于雷恩来说，圣保罗大教堂已然成为他要承受的十字架，如果不是这样，他的职业生涯将更加辉煌。他向英国引入了新的建筑形式，他也是许多举世瞩目的建筑物的创作者——其中有纪念大火灾的纪念碑、格林威治皇家天文台，以及剑桥大学三一学院图书馆。然而，很难想象他对圣保罗大教堂成为自己职业生涯中声誉的试金石这件事是怎么看待的。羞辱叠加着羞辱。国会已经扣留了他自 1697 年以来 14 年的工资，显然他们企图加快大教堂建设计划。更糟糕的是，他的大教堂如今却成了众人轻蔑的对象。

等到脚手架降下来的时候，时尚之风已蔓延开来。帕拉第奥式建筑从此风靡。批评家批判雷恩的大教堂是“天主教”对新教英国的入侵，是披着古典外衣的哥特式建筑。雷恩自己可能对 35 年的设计也不满意。圆顶设计巧妙——半球形拱顶上有砖锥的外光壳，其余的由铅包的木材制成。但是他知道自己计算错误了。他非常巧妙地用一个巨大的链子把整件圆顶连接起来。

在大教堂揭幕后一年，1712 年，第三代沙夫茨伯里伯爵给了雷恩一个沉重的打击——他挑战了雷恩对于伦敦的影响力，并提出了一种新的英式建筑风格。在沙夫茨伯里伯爵质疑雷恩大教堂设计的信中，他的品位及其长期以来对于王室的控制起了作用。然后，最痛苦的打击来临了——这位伟大的人被解雇了。人们看到这位伟大的建筑师在他建造的大教堂里哭泣，沦为一个心灰意冷的人。

然而故事总有一个结尾。渐渐地，神话开始围绕建立在雷恩奉献自我的英雄故事之上。最受喜爱的维多利亚时代的故事是，教长和牧师会坚决要求穹顶四周的鼓上绑上枷锁——雷恩知道他的穹顶不会倒塌，便在夜深人

上图
伦敦的布里奇·弗利特街，在1940年遭到轰炸，尔后又重建。这里的信徒包括约翰·弥尔顿和塞缪尔·佩皮斯。

上图
圣布里奇内部，以其自身的简单朴素，坚固的筒形穹顶和深陷的窗户，有一种真正古典的感觉。

静的时候爬到那里，切割开其中一个链条。这并不准确——是雷恩请人制造了链子。但是这些故事至少能体现，在伦敦人那里，雷恩有极高的声誉。并且雷恩确实留下(一件)建筑遗产。

伟大的埃德温·勒琴斯爵士，他将建筑浪潮引入20世纪的现代主义，他把自己的建筑风格称为“雷恩复兴风格”。尽管在经历了第二次世界大战德国轰炸袭击之后严重受损，圣保罗大教堂却幸存下来。在燃烧的城市中依然矗立的穹顶，1940年这幅著名的照片显示了雷恩的建筑对于伦敦精神是多么的重要。克里斯多佛·雷恩和他的大模型一起被埋葬在圣保罗大教堂的地下墓室。他的儿子克里斯多佛为他写下墓志铭：“读者朋友，如果你在寻找他的纪念碑，环顾四周即可。”

圣保罗大教堂的曲折历史

鉴于前人的历史，雷恩设计的圣保罗大教堂能够建造是一个奇迹。或者说它完好无损地保存下来是个奇迹。

粗略地计算一下，一共有五座大教堂。604年由肯特国王埃塞尔伯特建造的第一座教堂被大火烧毁。962年，维京海盗的袭击又让后继者付出了代价。1087年发生了第二场大火，诺曼人开始着手建造一座新的石头教堂作为替代品，其被称为“老圣保罗大教堂”。花费200年中最好的时间去建造它，489英尺的高度，使其确实拥有当时欧洲最高的尖顶。不过令人悲痛的是，这也意味着它会吸引闪电。

在宗教改革期间，事情变得更糟糕了，当时新教暴民砸了祭坛，洗劫了老圣保罗天主教堂的内部，并摧毁了许多古墓。

作为对旧信仰最后的侮辱，市场交易商竟被允许在中殿摆设摊位。在17世纪30年代，查尔斯一世委托他的工厂测量师伊尼戈·琼斯，使老教堂恢复原状。琼斯改建了中殿和耳堂的南北墙，建造了醒目的古典风格的新西墙，用波特兰石重修了大部分的建筑墙面。

虽然他的作品在当时备受推崇，但在英国内战期间，赞美无足轻重。圆颅党军队把大教堂作为骑兵兵营。同时他们打碎能打碎的建筑，把它们当建筑材料卖掉。

来到复辟时期，事情似乎看起来有所好转。查尔斯二世任命了一位名叫克里斯多佛·雷恩的有前途的年轻设计师，去恢复建筑昔日的辉煌。1666年9月4日伦敦大火灾发生之时，雷恩才刚刚开始着手工作。四天之后，旧的圣保罗大教堂成了一堆冒着烟的瓦砾，雷恩由此迎来了它的好时机。

新古典主义

理查德·波义耳，伯灵顿第三代伯爵，他第一次参与建筑工作是在他委任詹姆斯·吉布斯做少量的翻新工作的时候。吉布斯可能并没有意识到就是这个人将会成为英国建筑的主要赞助者。

上图
格林威治皇家海军学院，由雷恩设计，建于1696年至1712年，事实上非常漂亮。琼斯女王的房子在间隙中可以看到。

右图
伯灵顿1726年为他自己设计的家，位于伦敦郊外的奇西克庄园，受帕拉第奥圆厅别墅的直接启发而建。

伊尼戈·琼斯首次将正式、综合的古典主义概念引入英国——然后成为完全精细的宫廷风格。格林威治女王的房子（1616—1635），全部是白色的极简主义，突出了当时冷淡简朴的英式建筑与意大利建筑间的巨大差异，如意大利波罗米尼的S.卡洛。但是在英国建筑当时的阶段，这是相当高雅的品位：古典风格的建筑将需要很长时间来突破坚硬的、孤立主义的英国审美外壳。

25年之后，随着克里斯多佛·雷恩的出现，古典主义大获成功。在很多方面，雷恩都是英国后期的文艺复兴代表人物，通过他建造的许多教堂和如汉普顿宫般有影响力的建筑，他给巴洛克风格带去了特别英式的、理性的特质。

相比较意大利，英国建筑——除了雷恩和尼古拉斯·霍克斯穆尔以外——不成熟，甚至丑陋，就像在布莱尼姆。但是在其最佳状态，如霍华德城堡，英国的巴洛克精神也是令人沉思的、英勇的，甚至是浪漫的。这种精神在本世纪末的法国将被诸如勒杜等建筑师学到，在国内也会被新哥特风格主义者学到。

但与此同时，巴洛克风格开始看起来“颓废”：凡布鲁和霍克斯穆尔的建筑开始得到保皇党人或托利党人的认同。古典主义的新定义是国外的。在字面上，是以“建筑师伯爵”的形式。像所有有钱的年轻人一样，理查德·波义耳和伯灵顿勋爵进行了他们的大旅行——实际上还不止一次。他的第一次旅行是在20岁，然后他又进行了三次旅行，第四次他去了法国。伯灵顿是那种特别出色的人，并且他有决心和智慧。格奥尔格·弗里德里希·亨德尔待在伯灵顿宫的时候，为他奉献了三部歌剧：《帕斯特·菲多第二部》、《特西奥》和《高卢的阿马迪吉》。

在法国建筑学是专业的领域，而与之相比，在英国建筑学是有修养的人的玩物。然而伯灵顿勋爵却是认真的。他决定只追随维特鲁威的作品，如安德利亚·帕拉第奥在他的《建筑四书》中解释的那样，伯灵顿有助于帕拉第奥式建筑的复兴。

威廉·肯特开始着手把英国建筑转变成克制和礼仪的典范。肯特为霍尔汉姆宫门廊以及莱斯特伯爵巨大的乡间别墅设计的内饰，堪称神来之笔。通往帕拉第奥大殿的后殿和楼梯，被转变成一个饰有浮雕的室内上升柱廊进入的宏伟入口。肯特在山寨过程中引入了原创。在花园建造方面，肯特有巨大的影响力，他与勒诺特凡尔赛宫的形式主义有同样的影响。英国人是自由的，英国是一个民主国家。延伸开来，英国人让本性恣意生长。随着他们对历史和遗迹兴趣的增长，他们对花园建筑的兴趣也增多了。他们经常是以下的形式：废墟或模拟废墟，寺庙和石窟以及“乡村的”休养处甚至是隐居处，有时还会配备在里面定居的花园隐士又称为装饰隐士，这些隐士是付费雇佣的。

J.B. 费舍尔·冯·埃尔拉赫 1721 年出版的书中，不仅包含古代的七大奇迹，还有帕特农神庙及阿拉伯、土耳其建筑的图像。这不会是最后一次研究：“雅典的”詹姆斯·斯图尔特步行前往意大利，把自己的这种方式作为一次向导。1762 年他与贵族尼古拉斯·列维特一起出版了《雅典古代史》及《其他希腊遗迹》。其第一卷有超过 500 位的订阅者。皮拉内西罗马建筑精美的版画也在同年以视图的形式出版。赫库兰尼姆、庞贝古城及雅典考古新发现让为之着迷的欧洲随后屏住了呼吸。建筑师认为发现的旧遗迹，使他们重新发现了建筑的首要原则。他们还扩展了古典建筑的正式词汇。这些词汇由苏格兰人罗伯特·亚当以新的视角采用。

上图
霍尔汉姆宫打破了常规。大理石大厅是仿照罗马教堂的想法。肯特极为丰富的内饰与苛刻的帕拉第奥外饰形成了鲜明对比。

就一个主题的阐述

与此同时，在法国……

法国新古典主义首位杰出的支持者是克劳德·尼古拉·勒杜。他是建筑师们狂热崇拜的偶像，他的作品太抽象以至于经常感觉像是纯粹几何学的运用。就在法国大革命的前几年，法国产生了很多新古典主义最迷人的例子。就勒杜而言，建筑也是城市规划，正如罗马人所做的那样。他最为出名的也许就是其高度原创的理想工作城市——在绍村的皇家盐场和在艾克斯普罗旺斯的正义宫殿。

逐走野蛮的巴洛克

巴洛克风格似乎从未真正适合过英国人，甚至是最好的英国设计师的作品，比如极为独特的英国实践者尼古拉斯·霍克斯穆尔和雷恩。因此，当一系列的书被首次出版时，再一次打开了传统知识的大门，英国人开始有所关注重视起来。突然，建筑师和类似的业余画家都能得到机会进行详细的古典绘画创作了。

《建筑十书》，莱昂·巴蒂斯塔·阿尔贝蒂，重新出版于 1726 年。

《建筑四书》，安德烈亚·帕拉第奥 1715 年的英译本。

伊尼戈·琼斯的设计以及一些额外的设计，由威廉·肯特于 1727 出版。

维特鲁威·布里塔尼居斯，《科伦·坎贝尔伟大的罗马工程师》，1715 年。

帕拉第奥式桥梁

诸如在斯托园林以及在布里斯托尔附近帕莱尔公园里的那些桥一直被称为“帕拉第奥式”，但这属于用词不当。至少它们不是基于安德烈亚·帕拉第奥任何已知的设计。第一个似乎是建造在索尔兹伯里附近的威尔顿别墅，由建筑师罗杰·莫里斯与其赞助者彭布罗克的第九伯爵合作完成。那里，部分房子被重建成了英式帕拉第奥风格：大概桥梁也被假定属于同样的思想流派。

风塔

这白色大理石的八角塔，由天文学家建于公元前 1 世纪上半叶，已对建筑学想象力产生巨大影响。从爱尔兰到塞瓦斯托波尔，它激发了陵墓、园林建筑及绅士赌场的建造。

其设计师基罗斯叙赫斯忒斯的安德洛尼卡是一个马其顿人。根据维特鲁威，他为雅典的市场建造了 Horologian——早期形式的钟表。它借助日晷和机械时间指示器向购物者显示时间。同时还有一个风向标来指示八种风向，各边雕刻盛行深浮雕（风塔由此得名）。内部的水时计——通过从开口标记调节好的水流量来测量时间的装置——由来自雅典卫城的水驱动。屋顶最初顶部设有一个特里同的青铜像，建筑物本身由耐用的大理石制成，这种材料同时也用于埃尔金石雕。

内部丈量仅超过 22 英尺，该建筑是英国园林建筑的理想模型，富人用来作为优雅的消遣。最著名的副本之一，是大约 1765 年在斯塔福德郡的愚蠢的沙格伯勒大厅，由“雅典人”詹姆斯・斯图尔特设计。它被当作宴会厅——但是在 1805 年其较低的两层被转变成了乳品店。该建筑擅自变动了原设计——比如，它现在有窗户了。英国皇家协会未来的主席约瑟夫・班克斯抱怨道：

> 他已经抛弃了古老的设计，用两个门廊入口取代了原来的一个，直接省去最优雅的凝结（这据说是菲迪亚斯的作品），因此建筑必然缺失原件大部分的美……这清楚地显示着。所以看起来还没一个普通八角皮金房子漂亮。

内饰实际上更为宏大：比如，一楼“宴会厅”的天花板是根据罗马尼禄的黄金宫建造的。

上图
达什伍德家的风塔，建于 1759 年，是英国重建希腊古遗迹纪念碑最早的尝试之一。

左图
雅典卫城下边的风塔应该是由基罗斯的安德洛尼卡于公元前 50 年建造；在其全盛时期，其顶端有一个风向标。饰带描绘风神。

下图
“还没一个普通八角皮金房子漂亮”，詹姆斯・斯图尔特的愚蠢的沙格伯勒大厅。

下图
这种狂热蔓延的范围很广：1849 年建于黑海旁边的塞瓦斯托波尔，该风塔如今是一个旅游景点。

亚当风格

罗伯特·亚当，一位著名的帕拉第奥式建筑师之子，生于1728年。当他长大以后，和他的建筑师兄弟们一样，都追随他的父亲威廉进入帕拉第奥学校学习。1754年至1757年间，亚当开始了他的大学毕业旅行，之后他的兄弟詹姆斯也加入了。他师承皮拉内西，与克瑞斯为友。当他回到英国的时候，他和兄长詹姆斯创建了自己的公司。1764年，他发表了自己对罗马遗迹的研究成果，现在称之为分裂之城的罗马皇帝戴克里宫殿的废墟。当时，他宣称了这样一个观点：帕拉第奥式不是最后之音。

然而，帕拉第奥式设计正流行，罗伯特也按这个风格设计了许多乡村住宅。但是亚当的才能超群，他拥有了以自己名字命名的个人风格——这绝对是绝无仅有的成就。亚当风格具有创新性，尤其是在装饰上，比其同辈设计师更具独创性和灵性。和米开朗基罗一样，他的风格受到经典罗马设计的启发，同时，希腊、拜占庭和巴洛克风格的影响也是其灵感的源泉。

他最为信任的合作者之一是托马斯·齐本德尔，这种合作带来了很多漂亮统一的内部装饰。亚当设计的墙板，镶有奇异风格装饰，非常时尚，尽管他认为很难让英国工匠们放弃他们那种急促的、僵硬而尖锐的风格。同时在法国，他的朋友克瑞斯在忙于巴黎一个洛朗香格里拉酒店的会客厅设计，标志着在法国奇异风格的早期觉醒。

从另一种意义上来讲，亚当为英国设计一直以来隐约的严厉阴沉的风格注入了另一种活力。他的适应变通能力也极强——在为银行家罗伯特·蔡尔德位于伦敦郊外的奥斯特利庄园工作时，他融入了希腊的爱奥尼式风格。霍勒斯·沃波尔是这样描述奥斯特利庄园的房间装饰的：“即便在世界末

上图
奥斯特利庄园，私人主义者的帕拉第奥式之路。亚当在这栋房子及其内部装饰上花了20年的心血。红砖和经典的都铎王朝建筑式样的地块遥相呼应。

左图
像韦奇伍德一样，亚当对古老的装饰风格非常感兴趣。奥斯特利的伊特鲁里亚更衣室装饰风格，灵感源于亚当的朋友皮拉内西。

上图
位于德比郡的凯德尔斯顿庄园的宏大的南面，入口处的阶梯具有巴洛克风情。年轻的亚当是这样安排的，客人进入会堂里面，映入眼帘的是令人惊叹的大理石纪念厅。

下图
当罗伯特·亚当于1760年设计凯德尔斯顿会堂时，他刚完成了去罗马的旅行。从大厅的视角看，灵感来源于万神殿透过光的穹顶。

日前夕，也值得一看。”

亚当称在伯灵顿和肯特的早期古典派比较笨重的风格为“沉闷的”，并且他认为帕拉第奥式风格太过依赖于依理高·琼斯的先例：它只是文艺复兴的私生子。大运动主要依赖于戏剧化的反差和形式的多样化并利用图画般的审美视角。亚当兄弟的这一观念的第一次得到应用和体现的是凯德尔斯顿会堂（1773年），由罗伯特于1761年设计，堪称建筑界大运动的杰出之作。

亚当也把运动的理念运用到内部装饰上，通过对比房间大小来确定装饰方案。用佩夫斯纳的话来说，亚当的装饰风格可以称之为“经典洛可可式”，主要运用罗马怪诞的泥灰装饰，米开朗基罗和拉斐尔的创作灵感同样也来源于此。

最能完整体现亚当室内装饰风格的是位于德文郡的萨尔特伦宅邸，现在仍保存完好经典的装饰、泥灰天花板和全套家具。这是英国保存最为完整的具有早期乔治亚王朝风格的房子之一。

在美国正发展本国的建筑风格的时候，罗伯特·亚当对美国的建筑具有很大的影响。后革命时代的美国，政治上独立，但文化上却仍和英国息息相关。通过他的朋友克瑞斯和美国总统托马斯·杰斐逊的关系，亚当风格的影响力在美国日益兴盛。

由于一位名为查尔斯·卡梅伦的英国年轻人的关系，亚当风格甚至影响到了俄罗斯。在读了亚当关于罗马温泉浴场的书之后，凯瑟琳大帝召集查尔斯·卡梅伦重建她在沙皇别墅的夏日行宫。在所有她的乡村别墅中，这是她最为满意的。

由于把当时在英国蔚为盛行的阴沉肃穆的乡村别墅风格逐渐消除了，亚当认为他应该这样恭喜自己：

繁复的柱上楣构……呆板的隔间天花板……帐篷式的框架，几乎只有一种装饰物……这就是这个国家一直沿用的装饰形式，但现在普遍被分解了。在他们原来的地方，我们采用了新的设计理念，美丽多变，形式优雅，用适宜的技艺巧妙安排和丰富了整体风格。

毕业大旅行

在17世纪和18世纪的欧洲，进行大学毕业前的旅行是为了让上流社会子弟毕业后认知外面世界。理查德·拉塞尔斯，一位天主教牧师，应该为引入这个项目而得到赞赏：他把旅行划为道德和政治教育的一种方式。整个旅行可持续几个月或几年不等。

第一站是巴黎，英国的绅士们在这里可以学着说法语、跳舞和击剑。接着，你可以去日内瓦或者穿越阿尔卑斯山脉。如果你足够富有，你可以由仆人抬着穿越这些险峻的地势。你也可以游历都灵、威尼斯或米兰，当然也可以去领略佛罗伦萨的艺术珍宝。

随着赫库兰尼姆和庞贝古城的发现，你也可以把这两个地方加入旅程，如果想要更多探险，也可以去攀登维苏威火山。回程中，你可以安排一些时间在慕尼黑或海德尔堡的大学学习或者去荷兰和佛兰德斯访学。古罗马的遗迹可成为旅程中一大亮点。对建筑师们来说，这些本身就是一个学校，尤其是在渊博知识的学术背景引领下。

法国制图员、古文物研究者和艺术家克瑞斯于1755年在佛罗伦萨和罗伯特·亚当成为朋友，并成为一代建筑学专业学生的导师。罗马对于欧洲的文化精英来说，有着特别的吸引力，许多去过罗马的人都带回了珍宝——或者是卡纳莱托的威尼斯视图，或者是庞培奥·巴托尼为他们量身定做的肖像画作。实际上，只有极少数的大师才可以拥有这些珍宝。许多收藏家都热衷于模仿这些文艺复兴时期或具有巴洛克风格的作品，大多数这些作品都被收藏在英国的乡村别墅里。

下图
当大多数校友在赫库兰尼姆和庞贝古城闲逛时，更具探险精神的校友正攀登维苏威火山的斜坡，而这正是毕业大旅行的一部分。

挖掘胜利

有时候，当游客们走进斯托花园时，会困惑地问道，所有的花都到哪里去了呢？真实情况是确实很难见到。那里本来也没有。18世纪早期坐落于英格兰中心地区的理查德·坦普尔花园并不仅仅是一座花园——它同时也是政治和文化力量聚集地。在这个风景区内建白金汉郡花园引起了争议，因为它是一个家族的弘扬政治自由和人类美德的纪念地。爱国主义、道德理想的，所有传达这些精神的信息都在这个风景园内表现出来，想要给人们一种精神寄寓。因其举世闻名的独创性，它是历史上第一座写进旅游手册的园林，对整个欧洲的园林设计都影响深远，从瑞士到德国、从法国到波兰无一不受其影响。

18世纪英国的风景园林对种植和园艺的重视跟建筑和雕像一样，以形成绝妙的风景，像在建筑物里精心安放雕塑一样。最理想的视角莫过于呈现出田园景色的优美：成片的树木自然分布，有时会运来成千上万吨土壤来形成这种自然的山丘布局。

斯托园这座壮观的花园首次开园于1713年，它是坦普尔家族对爱、文学和园林艺术相对直接的表达。后来成为科巴姆子爵的理查德·坦普尔创造了一种理想的自然美景，通过独特的视角，开阔空间绵延至远方拱桥、庙宇和其他令人瞩目的东西。斯托园面积巨大，总共占地560英亩，并且处处曲径通幽，新建的湖泊和秘密的角落都等着你去发现。

虽然以园林著称，它也称得上是建筑伟绩。庙宇、人工湖、帕拉第奥式桥和纪念碑都是“世外桃源”般的绝佳代表，效仿了希腊古迹的理念。园林的建造有许多当时如日中天的著名人物参与，包括建筑师约翰·范布勒、威廉和詹姆士·肯特、雕刻家约翰·迈克尔·瑞拜克。1741年，富有才能的兰斯洛特·布朗也抵达斯托园并参与建造，其名字也位列其中。

即使那时，斯托园也只是一个故事，一个场景道具般的存在：房屋下面的小山谷就是古典神话中的“极乐世界”，水坝流出的溪流就是冥河。每一个角落都在叙述一个新的神话——关于英国历史、关于友谊，甚至关于坦普尔最宠爱的灰狗。这些信息也不总是微妙存在的。一处威尔士王妃（后来成为乔治二世的王后）的卡罗琳公主雕像被放置在镶金的维纳斯·美拉奇的对面，看不出一点谄媚的意思。公主和女神平等地互相望着对方。

上图
斯托园：南面是由亚当和托马斯·皮特设计的：有460英尺（140米）长，几乎每个房间都能将美景尽收眼底。

右图
斯托园纪念碑是由国家最杰出的建筑师范布勒、肯特和吉布斯设计的。

右图
斯托园内的帕拉第奥式桥，设计初衷是便于四轮马车的通行。它可能是由吉布斯设计的，吉布斯也是牛津大学拉德克利夫圆楼的设计者。

坦普尔，出生于著名自由党派（辉格党）的家庭，很快就与君主制决裂了，卡罗琳公主的雕塑也从维纳斯雕像旁移开。1733年，科巴姆也与当时的首相罗伯特·沃波尔先生产生分歧，他认为罗伯特是腐败堕落的。特别是，这位子爵先生转向了园林设计来作为自己政治诉求的出口，从而斯托园成了滋生相左政治的温床。不久后，一个仿造的新庄园出现了，“现代美德的庙宇”和完整的“古典美德庙宇”相对立，席卷了树木繁茂的林间大地。这座现代庙宇只有房屋却没有主人，相传是属于沃波尔的。传达的信息非常明确：18世纪的英国处在道德衰落时期，和古代传统的对美德和荣誉的推崇形成鲜明对比。

最终，科巴姆子爵的道德标榜受到了攻击。它以一种最坏的可能性发生了——模拟仿造他最珍视的庄园。这个跳梁小丑就是声名狼藉的浪荡子弗朗西斯·达西武德，他住在离斯托园仅仅不到20公里的地方。一开始，他费劲心思让庄园看起来要比斯托园更胜一筹。如果斯托园有一个延长的八角形湖泊，那么西威科姆也会建一个。如果斯托园有一座假山，是由罗通多设计的，著名且引人注目，假山中央放有金光闪闪的维纳斯雕像——古典美德的象征——那么西威科姆也一定会有一个相似的。

但达西武德实际上是在运用延伸的建筑来讽刺嘲弄坦普尔。斯托园“爱之园”中的壁画、纪念物和碑文是在警示年轻人对感官享受要有危险意识，而达西武德却宣扬颓废堕落和对尘世快乐的追求。房子北部的花园借用酒神巴克斯的形式来颂扬男性性欲。古文物收藏家尼古拉斯·列维特，刚结束了小亚细亚环海探险，达西武德通过获得他的服务而达到了文化上的胜利。尼古拉斯复制设计了位于土耳其的酒神巴斯庙宇，是英国第一座具有希腊古典风格的再创造。

同时，位于南边的维纳斯雕像在当时看起来绝对是声名狼藉的，这在建筑上就是一个笑柄，达西武德的后代们一直对此感到难堪，随后拆除了它。庙宇本身是无辜的，但它被放置在一个长满草的形状带有明显象征的小土丘上，当代记者约翰·维克斯是这样描述它的：“是我们进入世界的大门。”一座罗马主神的小型雕像至今仍站立在这片荒废的小土丘之上。

然而，罗马主神雕像也是庄园间竞争的另一个标志。斯托园内罗马主神的雕像象征着对右派的讽刺：位于西威科姆的达西武德庄园内音乐庙宇是对罗马维斯塔神庙的仿造。在罗马，维斯塔神庙是灵魂的聚集地，挑选有道德的人通过冥河到达天堂般的极乐世界。在西威科姆，音乐神庙却是使游客误入歧途的诱惑物。这座西威科姆雕像也指示着粗俗的当代笑话：“维纳斯之后是罗马主神。”（罗马主神的英文单词的另一个含义是液态汞。在当时用来治愈梅毒的高危险方法是使用液态汞。）

当对手变得越来越针对个人的时候，庄园也就更具指向性。当职位为白金汉郡郡长的坦普尔下台时，达西武德重新调整了湖的形状，变成了天鹅状——郡的象征。接着作为对和谐胜利的斯托园的反击，在庆祝英国七年战争胜利时，达西武德让尼古拉斯·瑞万特建筑设计了跨过园内河流的滑稽可笑的小的胡椒粉盒桥梁，暗示着所有这些高尚的胜利只不过是确保现成的胡椒粉供应而已。

斯托园结局悲惨。19世纪的时候，公爵二世大量举债，他住在帕丁顿的大西方酒店，赌博输光了他继承的遗产。1848年，出售斯托园的庞大财产持续了40天。这座庄园变成了公立学校。具有讽刺意味的是，这个地方类似于英国人钟爱的希腊或意大利式巨大废墟，它的颓废记载于约翰·派博的绘画中。1989年的时候，斯托园被移交给英国国民托管组织，他们正着手重建工程。在早夏夜晚的火热太阳下，极乐世界看起来就像有魔力一般，一如在斯托园如日中天的时期。

右图
讽刺：在西威科姆，达西武德庄园内被用作剧院的音乐神庙是罗马维斯塔神庙的仿造物。

民主理想

没有多少人会同时是高层的政治家和杰出的建筑师。但在美国这片土地上，任何事都有可能发生，尤其是在 18 世纪的风口浪尖上。

突然之间，美国需要大量建筑。在这个刚成立还没有建筑经验的国家，新古典主义的两个要素在它的建设过程中表现得如此淋漓尽致，最终形成了称为“联邦”的建筑风格。第一，作为以前英国的殖民地，美国会费劲心力不让自己的文化低欧洲一等；第二，“民主”这个流行词已经深深渗透到美国思维中。不顾一切地脱离英国的独裁统治，美国选择参议院作为自己的统治阶级。在符号使用层面，这项具有新高度的理想无一不体现了所有古典主义的要素。

在早期美国的建筑大环境下，最重要的人物莫过于托马斯·杰斐逊了，他曾一度担任美国驻法国大使和加利福尼亚的州长。新国家需要符合自己身份的新建筑，杰斐逊很确信自己知道该怎样做到这一点，凭着他对建筑的极大热忱。直至今日美国都应该感谢杰斐逊，为了他们可靠的、坚定的建筑隐喻——使个人和国家之间共存更为和谐的具有古典主义理念的罗马理想。他确信这些理念运用在建筑上应该有更理性实际的表达。结果就是，美国的建筑永久不变的主题就是古典主义和理性主义。

但杰斐逊最让人印象深刻的还是他自己在蒙蒂塞洛夏洛茨维尔的郊外的房子。当时的乡村，公共建筑大都是民居式的大房子，新古典主义风格的房子看起来独特而新颖。这个建筑如此的独特以至于它被印制在 2 美元和 5 美分硬币后面。就像伯灵顿勋爵在奇思威克庄园所做的那样，这位建筑狂热者在这里打造了属于自己的希腊田园般的庄园，过着不受约束的农夫般的生活。蒙蒂塞洛（1771—1782）是典型的英国乔治亚风格——在美国称之为殖民式风格——据说它的外观是完全复制的美国帕拉第奥的卡特罗图书馆。

上图
蒙蒂塞洛：美国《独立宣言》的作者托马斯·杰斐逊帮助新帕拉第奥式风格与正义自由的启蒙理想完美地结合起来。

右图
杰斐逊为弗吉尼亚大学设计的圆形建筑，灵感源于罗马的万神庙。

从某种意义上来说，蒙蒂塞洛是一个标记，以带有英国帕拉第奥式风格和罗伯特·亚当的风格开始，以发展的、革新的和民主的联邦风格收尾。1811 年，杰斐逊在费城这样告诉艺术家协会，就像在“美国丛林”中打造了一个新的希腊。

发生什么了呢？就像许多人一样，杰斐逊热爱位于尼姆市的可瑞大厦。1785 年，当他住在法国的时候，他承认曾盯着可瑞大厦看了几小时：“就像爱人看着他的情人一样。”所以当美国的第一所州立大学，弗吉尼亚大学建立的时候，杰弗逊就决定把仿照他最钟爱的建筑的设计图纸邮回去。克瑞斯充当他的助理。

而且当乔治·华盛顿决定建造一座新的首都的时候，是杰斐逊画出了第一个草图。

浪漫主义倾向

是亚当的朋友，艺术家皮拉内西首先提出这个概念的：“走出恐惧”，他这样写，“快乐之春”。他意指什么呢？

上图
一段婚姻的标志：北爱尔兰的沃德城堡，始建于 1762 年。正面是古典风格，房子内部大会客室采取的是男主人喜欢的帕拉第奥式风格。

右图
很快离开她的丈夫的安妮·沃德夫人坚持房子内部属于她的那部分是哥特式风格。位于西侧的她的公寓部分有突出的门和精美的灰泥拱顶。

在 1753 年的美学赏析中，艺术家贺加斯提出来，我们要在绅士的教育过程中加入对眼睛和大脑的美学训练。他的分析是眼睛可以固定在一个刺眼点上。可以“引导”眼睛，可以“雇用”眼睛（比如在一张材料上检查皱褶），可以“娱乐”眼睛。眼睛发现一致性并非“愉悦”。

理性主义理想的经典主义风格及其准则在亚当的建筑中显而易见，很快就有新的风格和它竞争，新的风格注重原始美和“崇高”。这种风格最先始于园林景观。中世纪对希腊的兴趣激发了对理想中的原始美的欲望，他们大规模地建造世外桃源般的理想建筑。在位于海格力公园的雷特登爵士的多利安式庙宇内，你可以坐在户外，欣赏这一片自然风光，他称自己的庙宇为“坦佩峡谷”。坦佩是塞萨利境内崎岖不平的一部分，有深不见底的危险的峡谷，古代诗人常认为这是阿波罗太阳神和缪斯女神经常出现的荒野之地。逐渐地在 18 世纪，旅行家和作家，就像威廉·吉尔平一样，帮助英国人丰富了这个故事：田园牧歌式的理想变得像对大自然狂热的迷恋。湖区内令人兴奋的、充满危险的大山就像是一个新的希腊。

和风景如画般风格一同兴起的是新的美学和文化领域内代表——赛特尔风俗式和哥特式。废墟之所以如此吸引人不是因为它们辉煌的过去，而恰恰因为作为废墟本身的意义：死的象征。吉尔平曾提出过这样一个著名的建议：“明智而审慎地运用”也许会改进丁登寺太过完整无缺的山墙。

但不是每一个人都对这种新风格意见一致。在一个例子中，丈夫和妻子对建筑风格有严重的分歧。当伯纳德·沃德准备在唐郡重建沃德城堡时，他决定运用帕拉第奥式建筑风格。但是他的妻子，安妮女士，想运用新的“哥特式”风格，正流行于哥特复兴的第一个阶段。所以他们决定两面采取不同的风格。哥特式外观本质上是在外面墙体上涂上光滑的油漆，这看起来是对他们婚姻的隐喻。伯爵和安妮小姐在这栋房子完工后不久就分道扬镳了。

谦逊的布莱斯

隐蔽在布里斯托尔附近的田庄周围是数量不多但影响巨大的乡村别墅群。约翰·纳西，摄政统治时期走在时代最前沿的著名建筑师，盛名源于他设计的大都市露台，源于其乡村别墅，也源于布赖顿英皇阁。然而，这位建筑师曾这样说过，没有哪个地方能像布莱斯这个小镇一样，带给他如此多的建筑快乐。

九座乡村小屋随意组合，没有规律，但完美地分布在这一片绿茵周围。具有纪念意义的村庄抽水泵和一个日晷，整洁决然地坐落在偏离中心的方位，构成了田园生活的中心。每一座精巧的乡村小屋都是碎石外墙，并设计有屋顶窗和窗扉。其中有一些小屋有高耸的、都铎王朝风格的烟囱，大多数小屋都有四坡屋顶并且所有小屋都是同样规模。

但是除了这些以外，每栋别墅都是完全不同的。一些有迷人的茅草屋顶，另一些的屋顶则是由波形瓦或石头所造。有一两个别墅的窗户是拱形的“哥特式”风格，另一些则是窄窄的“马耳他十字”风格。所有的山形墙和屋顶窗都处于不同的高度，并且没有哪两座别墅的侧面轮廓是完全相同的。为什么呢？因为在布莱斯，建筑师们对古罗马经典的完美式表达的追求还没有完全形成，一切都是自然在发展，经历了几个世纪的进程。你在布莱斯所见到的无论如何都不是真实的。它是如“风景画”般的。理想中的英格兰乡村里，每一个精心设计的视野画面中，不对称就是所有，不同就是一切。

于1810年至1811年间建造的这些乡村别墅群，是为从桂格银行退休的员工们准备的，是银行家约翰·哈福德的田庄。鸽舍、拱形的角落、令人舒心的门廊和巨大的砖砌烟囱，使这些大多数都是粗石外墙的乡村住宅变成了一种经典，一种奇思妙想的典范：每一栋房子还有自己讨喜的名字，像“多花蔷薇”、“葡萄树”、“转盘”等。这些别墅并不是朝向绿茵的；实际上它们看起来都适当地把正面背向彼此。人们说这是对无聊闲言碎语的不支持。谁知道呢？哈福德对每一座他为自己的老员工们打造的乡村小屋都表现出极大的兴趣，甚至写信给纳什咨询一些细节问题，比如铜线的设置和厨房里烤箱的位置。这点毋庸置疑是真实的。橡树小屋是格外具有乡村粗野风格的，茅草屋顶，树做成的开敞式空间，定做的长凳无一不体现这种特色。细看，你会发现双重别墅的白色山形墙是双层的，就像鸽舍一样。

上图

老英格兰？坐落于英格兰西部，布莱斯小镇真的是风景画般的创作，由约翰·纳什于19世纪设计。

下图

葡萄树别墅的半石砌四坡屋顶。格子状的窗扉和嵌入山形墙的鸽舍使其显得格外可爱。

左图
玛丽·安托瓦内特的乡村休闲居，位于凡尔赛的佩蒂城堡。这种不拘礼节的，能带给人欢乐的庭院是佩蒂城堡的一部分，一个小型的洛可可式宫殿。

基于对布莱斯城堡的“哥特式”讽刺，胡弗莱·雷普顿为哈福德完整地重新设计了更广阔的庭院。在英国，许多这种我们认为是浪漫的、人迹罕至的一些“野外”景色其实都是完全人为的，是人工和自然的结合物。雷普顿惯常的做法是舍去树木茂盛的峡谷，而加上已露出地面并长有苔藓的岩石和几条弯曲的小路，通向两边都生有树木的峡谷。

雷普顿自己是这样描述它的：

一条深深的峡谷切断了这条路，一开始看起来会让人觉得所有尝试通过都是无望的，除非从亨伯里村寨绕过去。我们在一些地方除去了露出地面的石头，利用自然地形，并且在凹陷处做一些必要的弯曲设计，马车就可以很轻松地通过这个巨大的峡谷了。

为什么会形成这样一种恣意的时尚呢？通过人工设景，制造通过房屋的迂回路线，雷普顿约束着游客通过所有“大自然的奇景”，同时也令他设计的这栋房子给人留下这样一种深刻的印象，那就是布莱斯城堡的房屋（由罗伯特·米尔恩设计）和教堂坐落在乡村深处——强调了哈福德所拥有的庞大土地。实际上，它们距离村庄仅有几码远，离布里斯托尔也很近。

有多少质朴无修饰的、“历史的”或“本地的”如风景画般的英国乡村——或者欧洲乡村，就此而言——是以这种方式创造出来的呢？数量惊人。在英格兰，最被人熟知的例子就是18世纪30年代由罗伯特·沃波尔在新霍顿设计创作的建筑。他建造了一批乡村别墅，大门横跨在长长的正式的街道上，给人留下了深刻的印象。玛丽·安托瓦内特在小特丽亚侬宫的佩蒂城堡，由理查德·米克于1785年设计，画家休伯特·罗伯特给予协助，可能是这些具有浪漫主义色彩的创造物中最著名的了。

那么在实际生活中，这些建筑技巧值得吗？不管画面多么被美化，19世纪的乡村生活可不是想象中那么的田园如诗般。饥饿是很常见的。在农民作家阿瑟·扬的书中，我们得知大多数劳工“不得不像黑人一样的工作，生活得很差，住着破旧房子”。真正的村舍通常是小小的茅屋。这些乡村贫苦的人会收到轻视，就像作家约翰·劳登所写的：

那些住在乡下房子里的人在犹如戏剧的生活大舞台上扮演的角色，尽管整体上来看是非常重要的，然而实际上，却被视为微不足道。

乔治·莫兰的画作记录下了这些粗糙自然的民居和衣衫褴褛的孩童，这些真正乡村生活中很常见的场景。对于哈兰的“老居民”来说，拥有良好的卫生条件、易得的烹调设备以及安全的饮水一定是一种恩赐。在那时，即使是橱柜也是很少见的。多亏了纳什和他的资助人，布莱斯每一栋村舍都有其私密性，烤箱、铜线这些内部设施也完备。

这个小小的安静的村庄在英国及全世界都有很大的影响。这个村庄传承下来的美学元素——现在装有驱动器、安全警报和双重车库——至今仍应用于建筑中。

品味委员会

建筑学大多数时候可以称得上是一门感觉艺术。但有时候，又像是一场兴之所致的狂热的奇幻飞行。比如，巴伐利亚州的新天鹅城堡，就激发了沃特·迪斯尼巨大的多情的创造力。路德维格国王二世，相传非常英俊，当他走进屋时，少女们甚至会昏倒。他以自己为灵感，以瓦格纳戏剧《天鹅骑士》中的天鹅王子为原型，创造了这座城堡。

路德维格不是唯一进行精心建筑仿照的人。霍勒斯·沃波尔是第一部“哥特式”小说的作者，1762年出版《奥特兰托城堡》。他假装在一个古代天主教家族的图书馆找到了一份暗藏的手稿，为至今仍在流行的这种耸人听闻的寻宝小说开创了先河。不像许多其他人一样，他没有进行毕业大旅行，沃波尔深深着迷于他所见到的建筑，他决定复活中世纪英国的一些东西。

沃波尔从来没有结过婚（著名的设计作者贝维斯·希利尔曾说：“他是这样一种人，18世纪称为‘不入主流的人’，19世纪称为‘精致的男子’，而20世纪称为‘同性恋’”），他几乎耗尽大半生的时间用来建造位于英格兰的一栋奇怪的屋子，名为草莓山，一种如风景画般的创作，就是我们现在所知道的“哥特式”。

一些团队所设计的东西纯粹就是拷贝，随后会被认为极其正常。今天我们常推崇“概念”和独创性而不是人造的：首先，艺术家需要提出一种想法，如果是其他则没有任何价值。然而在18世纪的文化背景下，存在一种截然不同的思路。真正重要的是创作的技巧——能够实际掌握并运用美学的元素。

右图
位于伦敦特威克纳姆的草莓山。沃波尔和他的朋友们称他们自己为“品味委员会”并着手定义哥特式风格。

下图
房子的外部相对普通，但内部的房间却是“千变万化的”——灵动的沃波尔所打造的另类世界。是对古怪英格兰的讽刺。

草莓山房子里大北卧室的天花板是灰泥吊顶，镀金并布满棱纹装饰，他是仿照维纳城堡的一间屋子建造的，维纳城堡是他的朋友约翰·丘特在汉普郡的老屋，房子设计主要是都铎王朝风格。在这方面，沃波尔确实做到了“第一”，不是他第一个创作这种风格，而是他以一种天马行空般的方式再现了古代风格的影响。威廉姆·杜德利，达勒姆主教在威斯敏斯特的坟墓，在草莓山里变成了精心设计的壁炉式样。

沃波尔不是独自的，远远不是。大多数乔治亚王朝时期的艺术家，当被问起的时候，都会转向哥特式风格。当沃波尔能负担得起的时候，他会找

专业建筑师咨询：例如詹姆斯·艾瑟克斯和詹姆斯·怀亚特。即使是伟大的罗伯特·亚当也牵涉其中，他在圆形会客室内所设计的天花板和壁炉都是哥特式风格。

在实用性上，怀亚特是一个比较糟糕的建筑师。从某种意义上来说，至少他和威廉姆·贝克福德搭档默契，威廉姆·贝克福德被世人推崇并确实才华横溢。他是一位糖商的继承人，是另一部具有哥特式风格的奇幻小说《瓦塞克》的作者。他们于1795年至1807年间在巴斯附近设计建造了举世闻名的带有奇幻色彩的芳特希尔教堂，他们在芳特希尔教堂不规则的、黑暗模糊不清的轮廓里加入了塔和尖顶的元素，发展了中世纪复兴建筑的独特潜质并激起了公众的注意。随着巨富的贝克福德的破产，芳特希尔教堂也迅速消失在人们的视野范围内。

上图
布莱顿穹顶宫。另一个讽刺，这是摄政王印度—撒拉森人风格的时期，他的亲信建筑师约翰·纳什执掌这一切。

右图
布莱顿穹顶宫的音乐室。奢华的内部装饰大多是“印度风格的”，由于当时的时代背景，倾注了很多的才智和创造想象力。

但是这两个“哥特式”的建筑实验所引起的人们浓厚的兴趣，并在下一个世纪得到了完美体现，哥特复兴繁荣发展。沃波尔，世界上最招人喜爱的书信作者和推广者，也是英国最伟大的调味者。下个世纪，未来的乔治四世将让他自己的想象发挥到极致，就像沃波尔曾经做过的那样。

印度—撒拉森人风格的穹顶、摄政王布莱顿穹顶宫类似的尖塔，都体现了帝国奇幻的色彩。在内部，建筑师约翰·纳什非常热衷于融入异国风情——镀金的龙、莲花形状的枝形吊灯、棕榈树的雕刻品，以及仿照的竹质楼梯——都有着标准式的英国古怪味道。

帝国时代

当维多利亚登基的时候，大多数人还生活工作在乡下，英国境内也大多是城镇和小村庄：你可以坐着马车在它们之间游历。但是周期性的宪章派暴动给予了人们真正的关注点，那就是英国工人会仿效和他们处于相同境遇的法国人，发起一场革命。一系列法案的颁布拓宽了选民的社会经济基础，到1884年为止，几乎所有的房主甚至于他们的租客都享有投票权。对建筑学来说最重要的是，新的生活方式将很快要求新建筑形式的创造，最明显的例子就是济贫院的出现。跨入新时代，将会出现市政厅、学校、图书馆、医院、酒店等。维多利亚时代的建筑师需要发明并再发明新的建筑形式，如购物商场、百货商店、火车站，就像设计师有时必须使用新技术一样——煤气灯，电话和汽车。

皇家阿尔伯特音乐厅是具有英国维多利亚时期风格张力的总结之作。受到文艺复兴的灵感激发，一位极具风格的建筑师兼工程师打造了这一建筑。其现代性的张力显示的经典建筑技巧，在今天的建筑物中依然能看到。

极度活跃的世纪

这是一个建筑、建筑、再建筑的世纪；一个各种风格接踵而至的世纪。从1800年到1900年的这一个世纪，拿当时世界上最大的城市伦敦来说，截取这座城市所有建筑物的横断面，差异真是巨大的。从纳什的精密风格、白色灰泥特征的“摄政”风格，到巨大的希腊式庙宇、奇怪的新拜占庭式教堂、“威尼斯”式工厂建筑、“安妮王后”风格的大厦，它们各不相同，精彩纷呈。

为什么19世纪英国的建筑师与世界上其他的建筑师相比，占有如此重要的地位呢？主要是因为当时的英国是工业创新和政治势力的集大成者。就像智利的作家撒母耳·斯迈尔斯认为的那样，乐观的维多利亚时代人民相信工业革命会“征服自然”和“改进物种”。到1820年，乔治四世登基，这个帝国的版图已扩大至广阔的红海海域：英国建筑规划所迸发出的强大活力反映出了这种夸张的野心。通过帝国快速的扩张，英国建筑师将会影响整个世界。

但是什么样的形式可以用来表达这种非凡的财力和地缘政治力量呢？相比于其他任何时代，没有谁比这个时代的建筑师更受这个问题的困扰了，甚至在世纪中叶引发了如此激烈的争论，以至于毁掉了全部的职业生涯。这样一个现代化、城市化的先进社会是怎样找到美的呢？最重要的是，怎样找到一种新的与其身份相对应的建筑形式呢？

这个世纪始于与欧洲交战。

重要日期

1800年 大不列颠和爱尔兰议会联盟成立。
1804年 拿破仑称帝。
1805年 特拉法尔加之战——纳尔逊取得胜利，但战死沙场。
1807年 大英帝国彻底废除奴隶贸易。
1811年 乔治三世被宣称患上精神病。
1812年 拿破仑从莫斯科撤退。
1814年 斯蒂芬孙发明蒸汽机车。
1815年 滑铁卢战役爆发。
1831年 达尔文乘坐比尔格号船开启航海之旅。
1837年 维多利亚女王登基；狄更斯的小说《雾都孤儿》出版；托马斯的《法国大革命》出版。
1840年 便士邮政在英国建立。
1842年 新宪章运动者发动暴乱。
1843年 非洲殖民化。
1844年 《工厂法案》限制妇女儿童的工作时间。
1845年 爱尔兰大饥荒暴发；铁路建设投机行为盛行。

下图

女像柱在现代城市中心盛行：与卫城的这些女像柱相比，新圣潘克拉斯教堂的女像柱腰部有些短。

左图

希腊于19世纪被发现，希腊的财宝也在那时被运送到了位于布鲁姆斯伯里的大英博物馆，馆内收藏的财宝无数，但是唯独没有希腊建筑物。

1846年 拉斯金的《现代画家》第二卷出版。
1848年 欧洲全面爆发革命；在加利福尼亚州发现金子，引发“淘金热”；马克思和恩格斯共同起草的《共产党宣言》出版。
1851年 在伦敦的海德花园举办大博览会；宗教的人口普查；梅林·伦敦的《伦敦劳工和伦敦穷人》出版。
1852年 新英国国会大厦开放。
1854年 英国和法国对俄罗斯宣战，克里米亚战争爆发。
1857年 印度“兵变”。
1858年 英国国会大厦的钟楼安装大本钟；印度开始成为英国王室的直属殖民地。
1859年 查尔斯·达尔文发表《物种起源》。
1861年 美国内战爆发；俄罗斯农奴制改革；在维克托·伊曼纽尔领导下，意大利统一；汉斯·克里斯蒂安·安徒生的《童话集》出版。
1863年 波兰奋起反抗俄罗斯的军事占领；伦敦第一座地铁运营。
1865年 亚伯拉罕·林肯遭遇暗杀；李斯特发现外科消毒法；列夫·托尔斯泰的《战争与和平》出版；刘易斯·卡罗尔的《爱丽丝梦游仙境》出版。
1867年 俄罗斯将阿拉斯加州卖给美国。
1869年 苏伊士运河通航；J.S.密尔的《妇女的屈从地位》出版（写于1860年）；马修·阿诺德的《文化与无政府状态》出版。
1870年 法国对普鲁士宣战，遭遇惨败，巴黎被占领。
1875年 迪斯雷利购买苏伊士运河的股权，为英国获得控股权；安东尼·特罗洛普的《如今世道》出版。
1876年 维多利亚女王成为印度女皇；贝尔发明电话。
1877年 亨利·詹姆斯的《一个美国人》出版；左拉的《小酒店》出版；爱迪生发明留声机。
1878年 伦敦大学允许妇女获得学位；伦敦街道使用电灯照明。
1879年 亨利克·易卜生的《玩偶之家》出版；乔治·梅瑞狄斯的《利己主义者》出版；亨利·詹姆斯的《黛西·米》出版。
1880年 第一次英布战争在南非爆发；英国的《教育法案》规定，10岁必须接受义务教育。
1881年 伦敦的自然历史博物馆对外开放；美国总统加菲尔德和俄国沙皇亚历山大二世遇刺身亡。
1884年 英国第三个《改革法案》扩大特许经营权；第一部《牛津英语大辞典》出版。
1885年 无线电波被发现；内燃机被发明。
1886年 戴姆勒制造出第一辆汽车。
1888年 乔治·伊斯曼发明柯达照相机；英国的兽医约翰·邓录普获得充气轮胎的专利；开膛手杰克在伦敦出现。
1889年 为巴黎一百周年博览会建造的埃菲尔铁塔完工；可口可乐在美国亚特兰大发展；伦敦10000名码头工人罢工。
1893年 德国的卡尔·奔驰汽车公司和美国的亨利·福特汽车公司生产出第一批汽车；亚历山大·格雷厄姆·贝尔打通了第一个长途电话；惠特卡·贾德森获得拉链专利；独立的工党在英国成立。
1894年 曼切斯特运河通航。
1895年 X射线被发现；马可尼首次进行无线电广播；法国电影摄影师展示第一批移动图像。
1896年 发明无线电报。
1898年 第二次英布战争爆发；亨利·詹姆斯的《螺丝在拧紧》出版。
1900年 弗洛伊德的《梦的解析》出版；爱因斯坦发表《广义相对论》。
1901年 维多利亚女王逝世——爱德华时代开启。

作为一个重视传统、阶级和等级制度的国家，英国一直提防着法国和来自革命的威胁。另外，自从 1804 年拿破仑称帝以来，他便开始建设首都巴黎，气势恢宏、姿态高贵，令英国觊觎。法国的帝王风格通过其宏伟的公共建筑而显现。1806 年，法国兴建起两座凯旋门，它们分别是由皮谢尔和方丹设计的卡尔赛广场凯旋门和由布鲁艾和夏尔格兰设计完成的星形广场凯旋门。受罗马方形神殿的启发而建造的新古典主义纪念碑，比如拿破仑的马利亚玛达肋纳堂，自信地诠释着宏伟。

借鉴过去创建标志性建筑的国家不仅只有法国，普鲁士人也正在探索独有的国家理念。德意志考古学家带着一系列宝藏（其中包括古代巴比伦城的伊师塔门）从希腊和中东归来，这使新古典主义再次得到权威诠释。在柏林，这种新的自信体现在建筑上，比如卡尔·弗里德里希·申克尔分别于 1816 年、1819 年和 1823 年建造的新岗哨纪念岗亭、剧院和非常漂亮的柏林旧博物馆，以及随后冯·兰策建造的慕尼黑雕塑展览馆，其室内拱顶结构别具一格，还有他仿照帕特农神殿在雷根斯堡附近建造的瓦尔哈拉神殿。以上这些建筑还有德国其他一些建筑都赋予古希腊建筑鲜明的德国特色。

上图

玛德莱娜教堂。神庙战争：起因是法国和英国争夺考古发现的国外财宝以及国内的建筑霸权。

下图

特拉法尔加广场上的纳尔逊柱子——一个图拉真式的胜利标志，目的是庆祝在特拉法尔加之战中击败拿破仑。

1815年，法国在滑铁卢战役中战败，这对英国建筑的发展产生了积极影响。如果说拿破仑建造的巴黎是新古罗马，英国就是新古希腊。很快，1816年便开启了宏伟标志性建筑的新时代。由威廉姆和亨利·英伍德组成的父子团队设计的新圣潘克拉斯教堂是英国第一座希腊式复古风格的教堂。自从圣潘克拉斯重建以来，新圣潘克拉斯教堂也升级为伦敦最昂贵的教堂，这座屹立至今的建筑的确别具一格，它仿照以伊瑞克提翁神殿闻名于世的雅典卫城神庙的风格，用女像柱支撑，成为脏乱的尤斯顿路上一道具有异国风情的景色。

新古典主义浪潮由詹姆斯·斯图尔特的“雅典之风”开创，英国成为第一批追随该浪潮的国家。但是英国会仅仅满足于亦步亦趋地追随欧洲大陆引领的浪潮吗？这种盛行于欧洲大陆的高调的古典主义真的能够表现英国的独特性吗？起初，希腊式复古风格与时尚潮流不谋而合，但是随着新世纪的发展，一种更具侵略性的建筑风格很快流行起来。

英国雅典式的新自信有时候难免过了头。罗伯特·斯默克的第一个希腊式设计是科芬花园的新歌剧院，接着他便急于为英国首都设计一些像柏林旧博物馆一样令人印象深刻的建筑。1825年，他设计的大英博物馆让布鲁姆斯伯里成为世界上最大的建筑工地。结果让人难以承受。

希腊式建筑风格的复兴

诺森伯兰郡的贝尔赛城堡是英国第一座完全仿照希腊建筑而建造的乡间别墅。该城堡于1807年由查尔斯·蒙克（米德尔顿）伯爵开始建造，仿照的是最早、最简单的多利安式建筑的经典柱式，受希腊、罗马建筑的影响，其内部设计非常简单，房间周围环绕着立有圆柱的庭院。该城堡的风格紧紧追随19世纪由罗伯特·斯默克设计的歌剧院。爱丁堡一直格外拥护希腊、雅典式建筑风格，托马斯·汉密尔顿建造的皇家中学（1825年）和亚历山大·托马斯“希腊式”的建筑使爱丁堡成为著名的“北方的雅典”。亚历山大·托马斯设计的这栋房屋和希腊式教堂均具有独特的风格，但是他既没有研究过希腊建筑，也从没有离开过故土。

●新圣潘克拉斯教堂

2222年前，最早的神殿在雅典卫城诞生，2222年之后的今天，一座新的神庙——伊瑞克提翁神殿在布鲁姆斯伯里建造完工。前者守卫着雅典第一位国王刻克洛普斯的坟墓；同样，新神庙的女像柱也守卫着地下墓室。新神庙的塔楼顶部为尖顶和十字架，形状为八角形，随着高度的增加越来越细。它是另一座呈现出胜利之势、唤起回忆的风之塔。

不幸的是，这些女像柱比约翰·查尔斯·菲利克斯·罗西最初的设计要矮胖些，原因就是计算错误使她们的腰部被截掉了一部分。教堂内部是一个用于讲道的平顶大厅和几个低矮笔直的画廊。虽然该教堂造价高达89296英镑，但其内部包括窗户的装饰都非常简单。如今这些窗户已经安装了彩色玻璃；1912年教堂内也安装了由查尔斯·霍尔登设计的主祭坛。

●大英博物馆

备受敬仰的皇家学院院士约翰·索恩爵士曾批评过罗伯特·斯默克的希腊式复古建筑——科芬花园的新剧院。虽然该剧院第一眼看上去令人印象深刻，但是由于它的建造速度过快，其门廊、侧视图和后视图都不符合规定的比例。索恩由于批评同行建筑师而受到皇家学院的谴责，这反而对这种希腊式复古建筑风格进行了宣传，使其风靡一时。

大英博物馆的44根爱奥尼式柱子仿效的是小亚细亚普南城的雅典娜神殿——其废墟曾于1895年到1899年在柏林博物馆展览。作为公共空间，大英博物馆表达的是贵族的心声；令人感到意味深长的是，理查德·韦斯特马科特受命在巨大山形墙上留下的寓言式雕像被誉为文明的进步。而在斯默克眼里，文明就是希腊，绝非工业化的英国。

●特拉法尔加——柱子

甚至纳尔逊的柱子也不得不交给其他人设计。1838年这项工作交给了建筑师威廉姆·雷尔顿，并由皮特&华立思公司建造完成。科林斯式柱子的顶部覆盖着由英国加农炮熔铸而成的叶形青铜装饰；方形的基座由缴获的法国枪支熔铸而成的青铜嵌板装饰，以显示纳尔逊的四次伟大的胜利。约翰·卡鲁的“特拉法尔加”嵌板，每个重达5吨，由5个迫击炮和一个32磅的加农炮熔铸而成；底座五个巨型狮子由俘获的法国舰队加农炮熔铸而成。

查尔斯·巴雷爵士主要负责特拉法尔加广场的整体架构，由于官僚主义和资金匮乏，这一工程处于时干时停的糟糕状态。巴雷机智而做事果断——他也必须这样。1844年，由于资金匮乏，柱子的建设工程暂停。《泰晤士报》怒斥：“在我们国家做事情，从来没有完整地完成过。”直到1845年，该广场才最终建成。

一位法国游客希波勒塔·泰纳这样描述E.H.贝利建造的砂岩雕像：“柱子上丑陋的纳尔逊像一只被钉在棍子末端的老鼠。”

左图

齐心协力：白金汉宫陷入纳什制造的灾难中。虽然批评者并不满意，但是聪明的阿斯顿·韦伯爵士将白金汉宫的正面建造得很成功。

下图

由卡尔·弗里德里希·申克尔于1812年至1821年间重新设计的希腊式复古建筑——新剧院，现在以柏林音乐厅而闻名于世。

申克尔最伟大的天赋就是他精准的规模和比例感。他设计的博物馆好像有点太宏伟，似乎有一种决心压倒所有欧洲大陆的博物馆的气势。大英博物馆是“扩充后的帕特农神殿”，不仅宏伟壮观，具有纪念碑意义，同时还令人望而生畏。

其他两座重要的建筑却损坏了新古典主义者的名誉。第一座建筑就是约翰·纳什试图将白金汉宫变成真正适合国王居住的宫殿，但纳什和新国王乔治四世都没有密切关注资金状况。

不幸的是，提到白金汉宫，纳什不仅设计得很烂，而且一开始就让资金打了水漂。议会给了他25万英镑，但他的花销接近预算的三倍——至少60万英镑。后来73岁的纳什甚至在众目睽睽之下摧毁自己新建的宫殿侧翼，进行重建。所以，1830年乔治四世逝世后，纳什很快便被解雇。收拾残局的工作交给了爱德华·布洛尔，因为他打造的建筑造价更低，但是今天我们看到的白金汉宫的正面是由阿斯顿·韦伯爵士用美术的方法设计建造而成的，是美好时代下的欧洲大陆建筑。

但是特拉法加广场的创建才真正使新古典主义被反对。合适的场地被清理出来以后，1832年，威廉姆·威尔金斯赢得对新国家美术馆的设计权，他被要求在这片空地上设计出具有古典风格的建筑。

但是不幸的是，没有人喜欢他的设计——实际上，他的设计就是一场灾难。威尔金斯具有戏剧化的思维，他在柱廊和阁楼末端之上分别建造了十分滑稽的圆屋顶和塔楼，批评家约翰·萨默森这样描述它们：“就像壁炉台上的钟表和花瓶，没什么用。”他设计的建筑规模很小，比例也不对——挡住了圣马丁教堂的视野，总之非常失败。

色彩和古典主义

欧洲建筑师中很少有人非常了解希腊的古典建筑，直到1751年，詹姆斯·斯图尔特和尼古拉斯·拉维特前往雅典，开始汲取古代遗址留下的精华。1762年，斯图尔特和拉维斯两人共同编写的《雅典古代史》一书出版，它不仅扫清了雅典迷雾，而且还将雅典式复古建筑风格的第一次浪潮推向了世界。

右图
帕特农神殿一比一的复制品，于1920年在美国田纳西州首府纳什维尔建成，使用的颜色是雅致的蓝色和点缀在带状物上的红色，内有雅典娜雕像一比一的复制品——相当壮观。

新古典主义伟大的先驱和拥护者极大地影响了德国美学史学家约翰·温克尔曼，1755年他的《模仿思考》一书出版，在书中，他这样写道：

如果我们有可能变得伟大和独特，那么唯一方法就存在于对古希腊的模仿之中。

他在书中也坚信，希腊古典建筑的特点就是“高贵的简单和静谧的宏伟(edle Einfalt und stille Größe)”。

这些观点永远地刻在了欧洲人的脑海里，也印在了欧洲的景色中。康德、歌德、沃尔特·佩特和莱辛都是希腊古典建筑热情的仰慕者。温克尔曼和他的追随者们掀起了一股新古典主义建筑的浪潮，这股浪潮波及整个欧洲大陆，随后波及整个世界。

上图
巴黎精美的冬之马戏团馆，是雅克·伊格纳茨·西托夫对色彩辩论的回应，它现在仍然作为马戏团馆使用。

到1840年为止，伦敦已经拥有了国家美术馆、大英博物馆、皇家剧院、科芬花园和邮政总局，同时爱丁堡也变成了“北方的雅典”。虽然方式很奇怪并带有独特的个人主义风格，但羽翼渐丰的美国也开始关注新古典主义风格，并将自己独有的民间风味融入其中，比如，由本杰明·拉特罗布设计建造的美国国会大厦、宾夕法尼亚银行，以及罗伯特·米尔斯设计建造的华盛顿纪念碑，这些都是公共建筑的杰出代表作。再向北，芬兰首都赫尔辛基的中心直到现在仍然具有强烈的新古典主义风格。

温克尔曼说得很好，但他对古希腊建筑的评价却在一个重要的方面犯了错误：古希腊建筑并非总是“高贵的简单和静谧的宏伟”，其朴素的大理石表面就是为了引发人们安静的沉思和敬仰之情，同时，与之相反，很多古希腊建筑都被涂上了艳丽的色彩。

当柯克雷尔、冯·斯塔克伯格和哈勒等这些具有开创精神的考古学家

上图
法国巴黎协和广场上的喷泉，由希托夫设计建造，最近被整修。它最突出的特点就是挤满了栩栩如生的海神和男人鱼，颇具异国风情。

在新世纪的第一个十年挖掘出越来越多的古典希腊城市景观的时候，这一点便无可辩驳。希腊人沉湎于色彩：不管是他们的公共建筑，还是他们的雕像、他们的家，还是需要上色的其他东西，都会被涂上艳丽的色彩。灿烂的黄色、深红色、翠绿色都被涂在古代建筑表面，十分鲜艳夺目。

当消息传开，许多建筑师起初感到难以置信，也感到十分震惊。人们私下里对它窃窃私语，有人认为他们努力模仿的安详的古建筑事实上已经被这些无异于涂在孩子卧室墙上的颜色污染了。

但是至少有个例外，引人注意，那就是雅克·伊格纳茨·希托夫。希托夫（1792—1867）是出生于普鲁士的法国公共建筑师，他大胆地在其作品中使用色彩。1822 年，他的朋友弗朗兹克里斯蒂安·高铭展览了古董——尼罗河畔的努比亚纪念碑，这些埃及纪念碑的研究对希托法具有很大的启发。

两年后，希托夫娶了建筑师的女儿让－巴蒂斯特·马兰，这位建筑师是波拿巴 1798 年埃及探险队的成员，他完成了对埃及建筑的绘图，其中几乎每幅图都拥有亮丽的色彩和引人注目的多色墙饰。受其岳父的影响，希托夫对建筑色彩更加充满热情。

虽然后来拥护哥特式风格的那一代人对光谱开始产生热情，但是在英国，受古典主义启发而设计完成的建筑从来没有真正地青睐于色彩，甚至在雕塑方面，英国人也很保守。1851 年，当约翰·吉布森在他设计的作品《染色的维纳斯》中尝试应用色彩时，《雅典娜》杂志对其进行批判，认为“她是一个赤身裸体的粗鲁英国女人”。

但是在巴黎，希托夫于 1830 年被任命为政府建筑师。他的作品包括圣文生教堂（1830—1844）和精美的冬之马戏团馆，后者在八个月内完工。1852 年，冬之马戏团馆作为拿破仑马戏团开放，其内部 20 面欢快的墙面在土鲁斯· 罗特列克和埃德加·德加的作品中得以永生。新翻修后的冬之马戏团馆今天仍然作为马戏团馆使用。

希托夫在协和广场还设计了两个色彩斑斓的喷泉（1832—1840）和皇后的马戏馆，巴黎北站（1861—1863 馆），沿香榭丽舍街的咖啡馆和餐厅，环绕恒星广场的房子，他还改建了巴黎的布洛涅森林。

然而，他的很多敌人却蔑视他使用色彩的热情，他们给他起了个贬损他的外号（并没有种族歧视），叫“普鲁士人”。但是希托夫却在很长一段时间里引领了潮流，因为很多建筑师都习惯在他们的作品中使用色彩。所以，这个“多彩的普鲁士人”，无论沮丧与否，他都笑到了最后。

伦敦国家美术馆的“耻辱”

威廉姆·威尔金斯不是第一个也不是第二个陷入公共关系危机的建筑师，但是就这件事而言，他完全是咎由自取。詹姆斯·吉布斯设计建造的圣马丁教堂屹立在即将成为新特拉法尔加广场的北边，计划作为一座纪念碑式的建筑来纪念纳尔逊的胜利。在纳什扫除周围的中世纪杂乱建筑之后，该教堂傲然挺立，伦敦人也非常喜欢这座教堂。当威尔金斯公布对国家美术馆新馆的设计时，他将其与很受欢迎的吉布斯的杰作进行了不合时宜的比较。批评家们认为威尔金斯的设计非常“不连贯”，并且也不够宏伟壮观。为什么它正好遮挡新圣马丁教堂?

威尔金斯很受伤：为什么对以往无人问津的教堂如此大惊小怪？没有面红耳赤的争论，人们便阻止他对吉布斯设计的建筑遮挡。这位来自剑桥大学的男人决定利用宣传手册进行反击，但是傲慢的语气发出的是刺耳的音符。威尔金斯宣称，他设计的建筑更好，圣马丁教堂比不上他的设计。“只有外行人才会认为圣马丁教堂是一座不错的建筑”，他在宣传册中写道，圣马丁教堂的山形墙高度是“巨大的、多余的、从未有过先例的”，只是在希腊教堂上加上哥特式的尖塔。人们并没有很好地接受他的观点，宣传册以这样一句话暗示命运的结尾：“我所做的一切可能是徒劳，但是我必须这样呼喊。”面对反对的声音，围墙继续上升，建设仍在继续。

有人抱怨，国会随意地将重要的公共建筑委任给他人。毕竟，国会一直在削减预算，它会不会成为英国“妥协”病的牺牲品？一位批评家说：“它将成为国家犯的另一个错误……那就是在一个地方建造将来会被抛弃的建筑。”其他人说，建造这座国家美术馆，国会只给了5万英镑，这太荒谬了，这样美术馆建造的规模会很小，更糟的是，它会显得很小气。

事实上，威尔金斯受命完成一件不可能完成的事情。英国财政部一直很吝啬，命令他重复使用科林斯式的柱子——从摄政王子不喜欢的卡尔顿府拆下来的废品，以及建造大理石拱门剩下的一些雕塑。幸运的是威尔金斯拥有戏剧背景：在剧院，为了给新的戏剧搭建舞台，旧平台和舞台布景经常被重复使用。在他把使用这些建筑废弃物当作“权宜之计”时，谁又知道他做了多少次妥协?

甚至在美术馆门口铺建宏伟台阶的计划也因造价高而被随意废止。荒诞的是，建筑师既要为国家美术馆寻找空间，还要为皇家艺术学会寻找空间，此外，他们还被迫在该建筑内为士兵建造出入通道，因为他们的兵营就驻扎在工地后面。

另一个问题就是，在新的美术馆完工之后，它显然太小，无法满足自身的使用。威尔金斯决定将整个建筑加高，使它比整个街道高12英尺，从而弥补美术馆存在感不足的缺点。直到今天，该美术馆仍然是世界上少有的几个能让你离开比刚到时印象更深刻的建筑之一。它为新兴游客观察广场提供了一个具有吸引力的和戏剧性的演员视角，这一定是具有戏剧头脑的建筑师谋划已久的，但是这一点仍然无法阻止新闻界和文化界对新美术馆的厌恶。伦敦新闻配插图声明说：

> 有品位的人都不会欣赏国家美术馆，相反，每个有品位的人都会欣赏（圣马丁教堂），如今圣马丁教堂更具有优势矗立于此。

具有讽刺意味的是，鉴于国家美术馆的历史及其设计背景，具有建筑头脑的查尔斯王子后来决定发动战争捍卫这座独特的建筑。

左图
吉布斯于1720年设计建造的圣马丁教堂，他将带有尖塔的古典柱廊与通过帕拉第奥而受到的雷恩到罗马的影响相结合。周围杂乱的中世纪建筑一直把它埋没，直到纳什的清理使它重现。

然而，自从威廉·贝克福德和霍勒斯·沃波尔在建筑设计方面做出滑稽举动之后，另一种建筑风格正蓄势待发。威尔金斯很熟悉这种风格，因为他职业生涯的很多时候都在英国古老的大学学院安静的回廊之中度过，正是在那里他对中世纪的建筑产生了浓厚的兴趣。这种建筑风格不是可爱的、狂欢作乐的霍勒斯·沃波尔风格，它更像是他的朋友约翰·丘特研究后建立的严肃的学术兴趣。一个风格战会席卷全英国。新古典主义风格和重新发现的本土建筑风格之间相互斗争：是否应该回归达拉谟而非罗马，回归坎特伯雷的唱诗班而非雅典？哪一方会胜出？不得而知，但有一件事很确定："哥特式"即将受到严肃对待，"Gothick"（古拼法）将变成"Gothic"。

下图
透过纳尔逊柱子看到的狭长的街景：威尔金斯一定知道如何最充分地利用剧场的视角。特拉法尔加广场实际上向白厅和国会大厦方向倾斜。

上图
为什么他们只建造了两层？因为政府官员非常吝啬，伦敦国家美术馆一建成就太小了。

英国的建筑风格之战

站在帝国的制高点，一位年轻、没有经验的维多利亚女王登上了王位。“传统”，换言之，一个对过去浪漫化的幻想，将开始对社会和国家产生重要的象征意义。在维多利亚时代下的英国，文学和建筑是高尚的宗教世界里一条灵魂和幻想的逃离之路。英国不去关注工业动荡、贫穷和乡村的抢劫犯罪，反而更喜欢去思考理想化的过去。沃尔特·司各特的历史小说广受欢迎；丁尼生的《国王的叙事诗》则美化了亚瑟王的传奇故事；当代艺术，尤其是前拉斐尔派绘画艺术，也都美化了历史主题。伴随着历史散发出的魅力，人们对英国辉煌的中世纪建筑和它的传承诸如温切斯特教堂和威尔斯教堂这种富丽堂皇的教堂产生了新的兴趣。

这场“建筑风格之战”很快将遭受严峻的考验。1834 年 10 月，威斯敏斯特宫突然燃起大火。大批人群挤到桥上看着老议会大厦（许多人蔑视它，将它视为腐败的温床）几乎化为灰烬。两名劳工（其中一人有犯罪前科）从早到晚一直在上议院工作。他们的任务是烧两车符木——用来做核算的锯齿状的木质标尺。一个男孩两次被派去告诉他们，火炉里冒出的烟雾太大；他们两次让男孩离开。到下午四点，上议院彻底燃烧了起来。消防车不到一小时便赶到，但是已经太晚了。正如几个世纪前圣保罗大教堂的那场大火一样，好像英国有了一个机会，这好像是上帝的旨意。

景象相当壮观：坐在布赖顿四轮

上图

从泰晤士河上眺望威斯敏斯特宫，也就是著名的英国国会大厦，它的塔楼（其中维多利亚塔最为醒目）并不对称、高度也不一。

左图

哥特式风格“开战”：马洛切蒂 1860 年雕刻的帅气的理查德雕像，“勇士”（指英王理查一世）坐在巴里设计建造的哥特式建筑（九扇明亮的窗户仿照的是英国议会大厦的窗户）的外面。

马车里的游客进入伦敦时，都能看到燃烧着的熊熊大火。数百张被火烤得通红的脸在河堤旁兴奋地观望着，其中就有 39 岁的查尔斯·巴里。在艺术家 J.M.W. 特纳后来创作的油画作品中，他用印象派手法，绘制了一幅烟雾缭绕的水彩画，以此来记录这场大火。火焰直冲向泰晤士河的上空，一些人甚至冒着被燃煤碎屑灼伤的危险在河上行船。

多年以来，国会议员一直强烈抱怨杂乱的议会建筑堆积了几个世纪。然而，其中就有许多中世纪建筑的瑰宝，令人惊奇的是，大部分最好的建筑都在这场大火中幸存下来。

在每个文明之中，建筑都披着时代戏剧的外衣。一座建筑就可以控制整个大英帝国。如今的英国有机会用石头来表达其深层的价值观和表现它作为世界大国的建筑地位。

巴里和英国的每一位建筑师都知道这是本世纪的建筑工作，政治家们同样知道这一点。一位议会议员、退役士兵爱德华·卡斯特爵士首次用书面文字，抱怨纳什设计建造的（新古典主义的）白金汉宫和威尔金斯设计建造的国家美术馆令人感到屈辱。他认为同时代的建筑师很傲慢，他抱怨说：“人们所处的环境已经造就了矫揉造作者，还诱使他们去蔑视同时代改变着的品位。”他的言论很猛烈。

罗伯特·皮尔首相就设计做出最后决定。这是他第一次出任首相，也许他认为国家美术馆一片混乱，或许他想将改革运动转向其他方向，又或许，因为威廉·华兹华斯伟大的《丁登寺》一诗最近很受欢迎，他才痴迷于学习哥特式的浪漫主义风格。

当具有影响力的历史学家托马斯·卡莱尔不断争论英国急需“某种上帝形象的国王”时，皮尔认为，如果英国有一位不容置疑的、富有魅力的、很受欢迎的领导者，一个能够说服人们去服从、尽责、做善事、努力工作的人，那么英国的政治就会保持稳定。这是他给年轻不起眼的维多利亚披上富丽堂皇的建筑外衣的一次良机。因为另一个女人——伊丽莎白一世曾经让英国成为世界上最强大的国家之一，或许一个土生土长的，中世纪或者说都铎式建筑风格将会唤起人们对浪漫主义形象的想象。令人大为吃惊的是，皮尔宣布的不仅是一场比赛，还是一次事关审美的决定。无须讨论，因为设计方案要么是“哥特式”，要么是“伊丽莎白式”，设计图纸要求在五个月内上交。

公众开始骚动，对腐败的控告漫天飞扬。公众信，尤其是威廉·汉密尔顿写给额尔金勋爵的信件，谴责“哥特式野蛮”即将取得胜利。直到这个时候，应用于花园和浪漫主义乡村别墅的哥特式风格还只是“玩物”。通过牛津运动，哥特式风格逐渐在教堂和高校教学楼的建设中取得一席之地，但是它并不适合应用于正式的政府办公楼。公民政府和法律的原则通过罗马从古希腊传到了英国，那些审美观和英国的体系相关。但是皮尔有这样的勇气，1832 年，他在一次演讲中讲道：

> 我从没有决心成为任何一个政党的支持者，但是我希望我们国家更加稳定，尤其是在我们所生活的这个时代环境下。

这次，首相表里如一。哥特式风格将会适应时代的发展。因为科技变化的速度太快，辉煌的过去将被用来证实令人兴奋却还有些令人畏惧的事情，这是英国维多利亚时代下的现实。舞台将为一种新的但是更戏剧化的建筑（一种在国内已经建造过的建筑）搭建。

从表面上看，如果查尔斯·巴里加入比赛，他看起来是来碰运气。他是最著名的古典主义者，使用意大利语轻车熟路，但是他手里有张万能牌——前布景设计师奥古斯都·威尔比·诺斯摩尔·普金。

有着高度文化背景的 A.W.N. 普金既是建筑师、设计师、理论家、充

左图

与之相对立的风格：希腊式复古建筑风格。这是伯顿设计建造的高贵的雅典娜俱乐部，它位于伦敦蓓尔美尔街，为一位绅士所有。

左图

位于爱尔兰南部科夫的圣科尔曼大教堂。普金的作品“劳工的爱”，目的是给人一种缥缈的优雅。普金的家人认为，他工作劳累致死。

满热情的水手，又是一位杰出的绘图员。他也有一些疯狂，那是天才式的疯狂：他的母亲认为他是“全能之才”。他穿着水手服出现在商务会议上，甚至更恐怖的是，他还把麻袋布系在靴子上，普金如果不是怪人，那他其他什么也不是。作为一位充满热情的天主教徒，他在寻找一种建筑，这种建筑能将盎格鲁—撒克逊时期的世界与中世纪的基督教之根而非异教徒的过去或者古希腊、古罗马联系起来。没有巴里对他事业的支持，单纯的普金，这位处在习俗大行其道的维多利亚时代的局外人，就不会赢得比赛（事实上，他单独提交的设计方案惨遭落选）。

巴里能力超凡，但是摆在他面前的是一份艰巨的工作。虽然实际上他研究过德国的哥特式风格，但是跟新同事普金对这种风格感兴趣的程度无法相比。年轻的普金非常勤奋，做记录、做笔记、画图、进行讨论，还研究了数百个英国当地的中世纪建筑。坦率地说，他是一个痴迷于自己工作的人。

“哥特式风格”究竟意味着什么？不对称性、各种各样的轮廓、花饰窗格、尖顶拱、对当地石头的使用，这些都是它的主要特点。另外，它还隐含着对色彩和装饰更多的探索。更重要的是，它意味着抛弃古典主义清晰严密的封闭空间，追求“自由的设计”。

普金充满热情、近乎疯狂，但他却很少关注自己的财务状况。他早期做生意失败，还蹲过债务人的监狱，但如今的他已经开启了英国哥特式之旅。面对詹姆斯·怀亚特针对他对赫里福德教堂的不敏感的修复的评价——“建筑堕落的怪物”，普金反而对他在这种建筑风格的痴迷越来越狂热。对送给他“切达干酪”的朋友，他半开玩笑地写道：“虽然它现在的形状还不是严格意义上的哥特式风格，但是把它切成四部分，随着每天的变化，它最终会变成一朵四瓣花。”

普金也钦佩法国一流的哥特式建筑，比如，巴黎圣母院、圣礼拜堂或者沙特尔大教堂等。有狂热的普金在，什么风格不会取得成功呢？他相信，哥特式建筑是社会更加纯洁的产物。它是按照上帝的旨意在地球上建造的真正建筑。

关于是否采用哥特式风格而爆发的最激烈的辩论莫过于巴里启发下国会大厦的设计。曾经的实用主义者巴里，充分利用两种风格的长处，在复杂详细的外观设计图中，设计出一系列宽阔、统一的空间，而没有使用“哥特式风格”黑暗的走廊、角落和缝隙。尽管普金提供了“详细的细节”，正如他跟巴里的不同，提案都是“希腊爵士；传统骨架上的都铎式建筑细节”。选址的困难以及宫殿的许多不同的功能使计划变得特别困难。新煤油灯、取暖、下水道设施、通风设备等方面的技术将使其成为世界上拥有最先进技术的公共建筑。

巴里选择的垂直式风格产生了他想要的效果——“轮廓宏伟壮丽”，与亨利七世的小教堂相得益彰，该教堂是以奢华著称的真正晚期垂直式风格的典例。至关重要的是，皮尔从普金的设计图中看到了，该设计具有丰富的象征意义，创造了强调大不列颠“大”的空间。空间和装饰的设计都具有象征意义，比如，巨大的皇家美术馆的长度是上议院长度一半，同时纹章的标志随处可见。特别纯正的都铎（王室的）玫瑰花饰，由维多利亚女王姓名首字母组成的图案（the VR — Victoria Regina），巴里从旧宫殿取来的吊门标志。宫殿宏伟壮观并且为举办复杂仪式提供了机会，这些对皮尔和官员而言都非常重要。

哥特式风格和装饰

维欧勒·勒·杜克

法国正在形成类似的运动。当普金和他同样是建筑师的父亲在进行哥特式风格研究的度假之旅时，维欧勒·勒·杜克正将破碎的哥特式风格的建筑拼凑到一起。

1839年，维欧勒·勒·杜克受命负责维修位于韦兹莱的马德莱娜教堂，该教堂是第一座由近代国家委员会维修的建筑。在维欧勒·勒·杜克杰出的职业生涯中，这位领导宗教复兴运动的人修复了巴黎圣母院、亚眠大教堂和卡尔卡索纳的防御工事，但是他被人们铭记至今的身份是一位为19和20世纪的鸿沟架起沟通之桥的理论家。维欧勒·勒·杜克看到了铸铁真正的潜力，它是自从罗马时代以来第一种新型建筑材料。他认为，应该公开并且“诚实地”使用现代技术。普金也渴望实现这种建筑城市理想，随着时间的流逝，这一观念将成为20世纪现代主义的核心。

奥古斯都·普金（1812—1852）

普金是生活窘迫，英年早逝的人之一。到1844年，他已经拥有两位妻子和六个孩子。他也因为生性粗鲁而臭名昭著。他特别喜欢的引言就是：“没有什么值得我们活着，除了天主教建筑和一艘船。”他曾经雇用两位保姆来照顾两位水手，然后他立即买了别墅让他们住进去。

异常地追求整洁，普金经常撕毁自己所做的方案，正如他不会处理任何信件并将它们扔掉一样。同时代的人对他行为的描述听起来像一些狂躁抑郁症的症状。40岁的时候，他疯了。医生为治疗他的一只眼疾给他开了汞药，这说明他可能染上了梅毒。无论真假，汞就足以令其毙命。

帕默斯顿勋爵的胜利

“建筑风格之战”从来没有真正停止。处在风口浪尖之上最主要的建筑就是英国外交部，需要完全重建。1836年伯顿的第十个方案付诸东流，其他很多建筑师的方案也是如此。随后，1856年举办了一次国际性的竞赛，最终“法兰西第二帝国”胜出。

政府更迭后，哥特式风格的拥护者乔治·吉尔伯特·斯科特得以委任，但是以粗糙的设计以及“炮舰外交”闻名于世的贵族帕默斯顿扔掉他哥特式风格的设计图和后来意大利拜占庭艺术风格提案，在议会进行激烈的辩论。最后，斯科特让步，对他新文艺复兴风格的方案进行了润色。

上图

位于圣乔治的罗马天主教教堂，由于资金不足，普金的整个计划没有建立起来。在第二次世界大战期间，该教堂遭到轰炸。

下图

萨瑟克区的圣乔治罗马天主教教堂内的玻璃窗户。其他许多普金的室内设计都遭遇过风格的诟病。

上图
通往皇家美术馆的装饰精美的门。在英国皇冠上装饰都铎（王室的）玫瑰花饰，与中世纪缤纷的色彩形成对比。

左图
巴里设计建造的国会大厦呈点对称，给人一种控制感，但是它又是不对称的，给人一种“哥特式”的感觉。

97 名参赛者参加了新宫殿的设计比赛，其中只有 6 个人的设计采用的是伊丽莎白时代的风格。简而言之，比赛很激烈。有人想知道，皮尔和他的建议者们是否能够从 91 份哥特式风格的设计中选出最佳设计方案。或许当看到普金准备好的大量详细的设计图纸，他们就会胜出。果然巴里和普金胜出，两人成为了维多利亚时代下的英国的首席建筑师。普金并不能就此停止。为了进行详细估价，巴里随后被要求提供所有建筑物的固定装置和设备的图纸。他再次求助于热情洋溢的普金，普金迅速地将图纸绘制了出来。据说，普金仅为英国上议院就绘制了 2000 张设计图，可见他是多么的勤奋。

英国国会的胜利，“哥特式”能否成为维多利亚时代英国官方的建筑风格？ 18 世纪“哥特式风格”的偶尔兴趣使然的出现，是受到了像《奥特兰托城堡》（1765 年）这种哥特式小说中恐怖和浪漫结合以及风景如画运动中对

右图
英国皇家美术馆，里面藏有大量庆祝特拉法加战争和滑铁卢之战胜利的画作。从镀金的天花板到地板上的玻璃砖都装饰着纹章。

遗址渴望的启发。哥特式风格其实有些像个笑话，一些虚假的历史相对论和童话一样的东西，比如不诚实的中国人或者“印度教教徒”。它也有硬纸板质被切掉的部分。但是经研究显示，中世纪的文化思潮充满热情，是一种不同的东西。如今哥特式成为了一种“精神”风格，没有认真考虑过哥特式风格的18世纪对它也开始产生了热情。

英国的国会大厦与其说是议会，不如说是国家剧院。查尔斯·巴里设计总体布局和建筑外观，普金则提供外部装饰和室内设计。这项工程将创造一种势不可挡的视觉形象，那就是有序的、根深蒂固的、分等级的、不容置疑的君主政体，它植根于世界上最强大的国家之中。为了实现这一点，他们绘制了几千张详细的设计图，并且将他们职业生涯最后的时光致力于建造这座宏伟的大厦。与他们同时代的人经常看到，查尔斯·巴里爬上脚手架，而善变的普金则在他的一侧大喊大叫或者大笑。两人的家人后来觉得，两人的死是由于过度劳累。

国会大厦有丰富的历史题材的装饰，这些装饰都暗指国家的过去。在礼服间有亚瑟王壁画，在王子的房间挂着都铎王朝国王的画像，隔间木质天花板上雕刻着棱纹，墙面上有镀金雕刻、镂空铭文和装饰性线条，嵌板也上了色。其中，历史主义者普金才是无价之宝，不仅因为他有着过人的天赋，还因为他过去还做过珠宝、金属制品和建筑装饰设计师。虽然他的团队都很出色，但是为了重建宫殿，他们也不得不寻找工匠，或者在一些情况下，训练一批新工匠。和今天一样，一旦一些技能被创造出来，就具有很大的市场需求。

巴里本来认为这项工程将耗资72.5万英镑，6年就能建成，但实际上耗资200多万，花了整整30年才完工。两位建筑师一直担心这项工程的规模问题。普金一生的好友，也是他唯一的助手约翰·哈德曼，负责金属加工工作，普金后来说服他生产彩色玻璃，一直到今天，他的专业公司还在生产工艺玻璃。哈德曼用镀金的木材制作上议员的王座，并在上面镶嵌上珐琅和水晶。

同时，约翰·克雷斯还是伦敦著名的装饰公司的领导人。他和普金的父亲曾在布莱顿穹顶宫为乔治四世工作。克雷斯很有天赋，创造了精美的着色天花板，王座的华盖以及其他很多装饰性的绘画。

巴里对称轴的设计是一个布局设计的案例，这种布局设计由于自文艺复兴时期就一直存在，因此普金开玩笑评价说，这座大厦有一个“古典的身体”。相比之下，大部分中世纪的建筑都是添加设计或者“有机增长”的案例，具有新哥特式风格建筑重视的对称性。巴里将新威斯敏斯特宫沿720英尺（220米）长的对称轴分布。对称轴的一端是“王室成员的”房间——更衣间、王子的房间和皇家美术馆，另一端是下议院，中部则是上议院，他们全部用大堂分隔开。政府的席位，面对着在野党，来自改装后的中世纪教堂里的条凳式座位，直到伦敦大火爆发，该教堂一直被下议院使用。

整个设计表明英国“对抗性”政治有效，也以实体形式表现出英国的历史。君主没有受到邀请，甚至都不能进入下议院。

个人世仇

伦敦海德公园角的"凯旋门"，默默地证实了建筑史上激烈的世仇之一。冲突起源于约翰·纳什雇用安静但聪明的德奇姆斯，富有的苏格兰地产开发商詹姆斯·伯顿最小的儿子（排名第十）。奥古斯特·普金已经在纳什的画室工作了，他也有一个很聪明的儿子。

难道是"风格之战"——使哥特式风格和希腊风格对立——少了些虔诚，多了些个人风格？可能是，特别是当这位"睿智的儿子"是奥古斯都·威尔比·诺斯摩尔·普金的时候。德奇姆斯·伯顿，这位温文尔雅的艺术家，会被他当作一位假想劲敌。

普金的父亲是一位著名的、有才干的艺术家，绘画家，但是他一生贫穷。纳什不久便提拔了伯顿——他的父亲赞助了纳什的很多主要项目——但是老普金一直是制图董事。同时，小普金，尽管才华横溢，但已经遭遇过一次令人吃惊的生意失败。他甚至在债务人监狱里度过一段时间。挣扎中的奥古斯塔斯会憎恨这个男孩，德奇姆斯，一个有房地产开发商父亲，含着金汤匙出生的富家子弟。

和普金恰恰相反，德奇姆斯·伯顿一生受宠，在摄政公园附近的纳什公司内开始学习贸易。伯顿有赞助人和丰厚的佣金。他的佣金尤其高，这点可能引起普金的厌恶。伯顿仅 18 岁时，他富有的父亲就给了他第一份待遇优厚的独立的工作——在新摄政公园，纳什新建的独特的人工湖边，设计一座豪华别墅。霍尔姆别墅——现在依旧存在——将是他父亲伦敦的住宅。对于工作比 10 个人合起来还要努力的普金来说，德奇姆斯轻而易举达到了成功的巅峰，让他必定会体验痛苦。

德奇姆斯的父亲，詹姆斯·伯顿，是一定要结识的人物。他常常在重要项目中帮助纳什。他还会和社会名流

保持联系，比如科学家汉弗莱·戴维，正式委托德奇姆斯给他设计房子。德奇姆斯接着开始设计摄政公园内的新动物园，还有具有顶级时尚希腊风格的著名雅典娜高端俱乐部。但是确定了德奇姆斯社会建筑师地位的是任命他设计的海德公园宗教仪式的屏幕和拱门。他设计的漂亮的爱奥尼式屏幕中心有一个大型罗马式拱门，两侧由两道柱廊连接着两个侧拱门。它面对着一个精致的“罗马式”拱门。尽管德奇姆斯曾被迫建造远远大于他原始设计的建筑，但是海德公园角是他的。德奇姆斯·伯顿坚定了他的时代。

成功并没有使他忘乎所以。伯顿温和、谦逊，讨人喜爱。雅典娜俱乐部建筑委员会颇感惊喜。不仅仅是对这座俱乐部的期待，还有谦恭的建筑师，和对合同高效的管理：“俱乐部和公众很大程度上一定是对他的专业技能和他的建筑设计美感感到满意。”

在皮尔决定采用哥特式风格前，整个伦敦看起来好像不久就会成为一座经典古老的城市。但是如果伯顿和其他新保守派成员感觉无虑，就错了。趋势正在扭转，伯顿和所有建筑师，将会看到他们名誉一扫而空。

正如我们早期看到的，爱德华·卡斯特爵士曾抱怨现代建筑“令人感到屈辱”。但是前面描述的，时尚社会的小学生，建筑师德奇姆斯·伯顿决定给予卡斯特还击。他匿名争辩，新希腊派风格在过去几十年的发展是积极而非消极的遗赠。他曾争辩道：“哥特式建筑沉闷，太自我。”与古物相关联的是所有那些最好的，所有那些受过教育的，和所有那些合乎文明社会风格的。这种风格会兴旺吗？或者哥特式建筑的交叉拱、拱顶结构、花饰窗格、尖顶和飞拱注定会消沉衰弱呢？

维多利亚时代的英国开始狂热地采用哥特式建筑，而它看起来不再“沉闷”。胜利竞争到新议会的设计鼓舞了普金。1835 年，普金给伯顿写了一封带有煽动性的公开信。

先生，由于你对最高贵的哥特式建筑形式进行了恶劣抨击，对于一个嫉妒它风格的学者，如果我保持沉默，我觉得我会生病。

他嘲笑建筑风格时说：

……大约 2000 年前，这些国家的气候、宗教、政府和礼节与我们国家完全不同……我深信那些英国—希腊式很快就会消失，除了近几年的那些建筑，它们脆弱的结构加速了衰退进程——这是多数人急切期盼的。

突然，普金拥有了大量佣金，这使得他狂热地接受了这个工作。他一度开心地抱怨说：“我都快工作到死了。”随着普金知名度提升，伯顿感觉到越来越多残酷的个人攻击加速向他袭来。

突然，伯顿成为了一个笑柄。为了充分展示他的思想的优越性，普金不久公然抨击希腊式建筑“粗野”“罪恶”。1836 年，普金自己出版了他的书《对比》。由于书的内容太刻薄，没有出版商接触这本书。他拥护这个国家天主教过去的中世纪风格，书的最后一章命名为“如今建筑的不幸现状”。引起轰动的是普金开始针对伯顿的个人攻击。在写着“交易”的标题页，他写道：

地点和情形：一位刚刚作为建筑师起步的年轻人，他需要一个可以给他一些提示的搭档。一位建筑师的办公室只有一个空缺给这个小学生，没有成果的天才……

在“这类风格的设计”这个标题下，就是伯顿设计的位于海德公园的凯旋门的插图。

左图

霍尔姆别墅，位于伦敦摄政公园的中心。这个精美的别墅是由当时仅仅 18 岁的德奇姆斯·伯顿为他房产开发商的父亲和庞大的家族设计的。

上图

普金为圣奥古斯汀修道院教堂设计的一块瓦片。除了应用极少的机器来准备沉重的黏土，整个制作过程都是纯手工的。

几乎一夜之间，这位受欢迎十年的最时尚建筑师遭到了强烈轻蔑。伯顿被一批他从来没有听说过的对手诽谤。更糟糕的是，他的作品被看作“粗野”。难道伯顿是一位反基督建筑师？他的事业再也没有得到恢复。他为外教和联邦事务部做的设计依然在图纸上。他建造了邱园漂亮美观的棕榈屋，被明褒实贬，因为他被工程师和铁器制造商理查德·特纳“帮助”了。他为坦布里奇·韦尔斯设计“哥特式”教堂时，因其粗糙的细节而广被嘲笑。他良好的声誉或多或少丢失了。德奇姆斯·伯顿由于坦布里奇·韦尔斯事件很受伤，辞职了，留在了建筑史的边缘。

上图

普金是绝对的完美主义者，追求所有的细节。他使得随着解散修道院法令而消失的中世纪上釉彩烧的瓦片工艺重生。

下图

伯顿的设计总是非常精巧。他跟铁器制造商理查德·特纳合作设计的邱园棕榈屋，比水晶宫早三年。

凯旋门

类似伯顿英国的版本(见右下图)，受到古罗马广场附近的提图斯凯旋门的启发，耶路撒冷遭到洗劫后，宣告它的胜利的精致雕刻依然存在。

凯旋门是拿破仑一世1806年在奥斯特利茨取得胜利后下令建造的，工程浩大，直到1810年依然没有竣工。当拿破仑和他的新娘，奥地利公玛丽·路易斯，从西部进入巴黎时，需要一个木质模型。建造师夏勒格林于1811年去世，不久后滑铁卢战役打碎了拿破仑统治世界之梦。1825年，乔治四世决定制服拿破仑，任命伯顿在白金汉宫入口处建造一个屏幕，和一扇拱门。伯顿本来是要坚持使用罗马的最初那个，但是他失败了。

然而，拿破仑最具观赏性的拱门在1982年前都是世界上最高的，165英尺（49.5米）高。1982年，为了庆祝金日成70岁生日，朝鲜平壤建立了稍大一点儿的拱门，200英尺（60米）高，164英尺（50米）宽。

上图
拿破仑位于香榭丽舍大街尽头的凯旋门。伯顿的拱门于1883年被迁至海德公园一角，现在都被交通围绕。

下图
威灵顿拱门，上面是由阿德里·安琼斯(1912)设计的铜质雕像。雕像刻画了一位和平天使降临在四轮马车上。这座雕像是欧洲最大的青铜雕像。

下图
北朝鲜平壤。 现在世界上最高的拱门，为了庆祝抗日胜利而建。25500块黄岗岩块代表着对金日成出生后的庆祝。

新中世纪建筑风格

上图

新的中世纪推崇者们希望有一个洋溢着对中世纪回想的建筑。新学院的修道院，在黑死病劫难之后为培养神父而建。

左图

剑桥大学基布尔学院彩色砖的大量采用被争论了近一个世纪。这是教堂里风琴。

下图

在所有时期的玻璃、窗饰和铁器里都能找到三叶草。在哥特式风格中，它们圆的不是那么饱满，像中世纪的纹章。

右图

剑桥哥特式的复兴。这个大学城一直是"新"式建筑的产生地。

华丽、神秘、精致。所有这些及其他词语，如"工业的"或"坚固的"，都可以用来描述维多利亚时期的建筑风格。有一些建筑，单调、傲慢、杂乱，甚至丑陋。但是无论怎样，维多利亚的建筑无疑实现了原创。再也不是每个公共建筑都模仿帕特农神殿或卡雷尔神庙了。

普金早逝后，哥特式复古主义的成功延续很大程度上归功于一个人的发明。作为艺术批判家、思想家、作家，如今约翰·拉斯金更多地作为拉斐尔前派兄弟会的赞助者和推动者为人熟知。然而，他在建筑思想和政治方面的影响力是不可估量的。1849年他的出版书籍《建筑的七盏明灯》鼓励了世世代代的建筑家。作为一位中世纪研究家和著名的巡游演讲者，拉斯金是哥特式建筑的热情拥护者。对他来讲，美丽离不开美德。威尼斯色彩斑斓的中世纪建筑风格是拉斯金所有建筑理论的基础。

对拉斯金来讲，艺术和建筑是严肃的，是关乎道德的。在艺术上，他崇尚大自然淋漓尽致的表现方式。接着，就是有大量自然装饰的哥特式风格远远好于人为古典主义。他强烈反对机械主义和标准化大批量生产。然而对于拉斯金最重要的是，他认为中世纪哥特式风格代表了人类价值。创造力紧随着上帝：哥特式建筑一直拥有有创造力的技工，也因此成为唯一的道德选择。

上图
伦敦自然历史博物馆：这个大教堂拥有这世纪的新的激进探索精神：恐龙的发现和查尔斯·达尔文以及他的《物种起源》。

旁注

在英国，哥特式复兴经历了许多不同阶段：罗曼蒂克时期，建筑师试图找回中世纪建筑风格；古文物研究时期，目的是要细致精确地展现形式和细节；折中主义时期，建筑师开始自由地即兴创作。

铁栏杆

铁铸栏杆一直是黑色的吗？不是的：各种不同色彩出现在历史上的铁铸作品中。汉弗莱·雷普顿有时建于通过把铜碾碎或把金粉撒在绿基底上进行"青铜色"抛光。19世纪上半叶，所谓的"隐身"绿色（它们会与背后的植物融合在一起）经常用来建篱笆、门、栏杆和花园家具。绿色在维多利亚中期使用，但是深蓝色、红色和巧克力棕色也很流行。

约翰·拉斯金的生活

拉斯金是一位艺术批评家和作家。对19世纪的罗曼蒂克主义，无论从艺术还是建筑层面都产生了重要影响。

这位作家/唯美主义者的高度的道德影响不能被低估。如今他的丑闻更为出名：他的不完美婚姻以及后来对10岁玫瑰拉德勒的爱恋，在他后来的作品中，他转向了政治和社会理论，对于工党和环境运动的建立是一个巨大的激励。

建筑陶瓦

从阿尔费雷德·沃特豪斯到卡尔·弗里德里希·申克尔，建筑师都使用过陶瓦。沃特豪斯设计的位于伦敦的自然历史博物馆的外部全是由工匠雕刻的栩栩如生的猴子、蛇、雨和狼等图案。颜色根据陶土来源不同而不同：你有时看到的鲜红色来自鲁阿本（北威尔士）的泥土。伦敦陶土是淡粉色或棕色的。陶瓦便宜、轻便，适合大批量生产技术。然而，备受污染的维多利亚时代的伦敦并不太适合使用这类材料，因为在这座烟熏的城市中很难保持用材干净。作为盛行建筑材料，陶土很快就被精巧彩色陶器和釉面陶所代替，这些经常被建筑师使用，比如美国的卡斯·吉尔伯特和路易斯·沙利文。

建筑需要真正有创造力的表达，手工石刻必须由真正的技工完成。拉斯金相信这种和大自然密切相关的创造力，可以使人们更加接近上帝。正如普金所做，约翰·拉斯金为哥特式公共建筑和政府建筑做了激烈争辩，他成功了。

亨利·阿兰德，把自然科学新研究引进牛津大学的医师，是拉斯金的朋友。他提议建立牛津大学自然史博物馆时，就是和拉斯金合作。他们决定，使这座博物馆成为现代哥特式风格的典型。不幸的是，当拉斯金的想法付诸实践时，阿兰德经常给以鄙视。

由爱尔兰建筑师托马斯·纽恩阿姆·迪恩和本杰明·伍德沃设计，建于1855—1860年间，这个宝石般的建筑中心有一个正方形天井。铸铁支柱支撑着引人入胜的玻璃顶，把天井分成了三个过道。石柱遮挡的拱廊环绕着整个建筑的一楼和二楼，每根石柱都由不同的大不列颠石头建造而成。精美的装饰随处可见：这些铁柱都装饰着自然的叶子和枝干。

可怜的拉斯金：即使阿克兰顺从都使他很生气。自从他的文章《威尼斯之石》出版，大不列颠被14世纪的总督宫的彩色砖砌覆盖。他谴责如此蜂拥的抄袭，当时，即便是在这里，也是出于好意。牛津大学的情形并没有因为大量的政治暗斗而得到缓解。爱尔兰涂手画石雕刻家奥谢和理维蓝是为了这个项目而专门挑选的。三位兄弟和一位堂兄弟都是有技术的技工，拉斯金认为这对于建造真正有创造性的哥特式精神建筑很重要。然而，奥谢一点儿也不尊重拉斯金感兴趣的东西。当钱用尽时，大学教会拒绝为雕刻提供更多资金，于是这些兄弟无偿

左图
伦敦自然历史博物馆到处雕刻着真实存在的和想象中的野兽和植物。

下图
向上的雕刻：拉斯金从爱尔兰石雕刻家奥谢兄弟那种恶作剧形式中得到的比他预想的要多。

工作。唯一的问题是，詹姆斯·奥谢继续在这座建筑上以鹦鹉和猫头鹰的形式雕刻精美的大学教会漫画，

无论拉斯金承认与否，哥特复兴在当时进入高潮时期，而且结果和几十年前的希腊复兴主义运动截然不同。在某些情况下，这份遗产是可疑的。“纹饰是建筑风格的主要部分。”拉斯金曾说过，维多利亚建造师对他深信不疑。比如，威廉·布特菲尔德建造的教堂尤其是学院建筑，例如牛津大学的基布尔学院，自从拱顶石建立，评论家和公众就产生了分歧。正如一些评论家描述的，它们是丑陋的或仅仅是“坚固”的。布特菲尔德把拉斯金关于建筑色彩的理论进行了逻辑性总结。拉斯金突兀的色彩方案正是所谓的“结构性的”或“永恒的”色彩装饰所致——使用不同颜色的砖块和石头形成了这些风格和色彩。玛格丽特街诸教堂，建于1850—1859年摄政街旁的波西米亚贫民窟，震惊了评论家，他们看到了“一个故意的丑陋的选择”。

一些建筑物虽然是失败的作品，但是我们仍要感谢哥特复兴主义带来的惊人的建筑，正如乔治·埃德蒙街的法院、阿尔弗雷德·沃特豪斯建造的英国自然历史博物馆。当然，这些建筑都是原创。从乔治·吉尔伯特·斯科特1862年建造的米德兰大酒店，到圣潘克拉斯火车站的正面，都从一定程度上借鉴了伊普尔纺织会馆和意大利韵味的窗户风格。除此之外，这类建筑是高度独立的。正如拉斯金自己所说：“我几乎创造了它。”

在美国，在晚期与英国的脱离和在艺术复兴的苦苦挣扎中，哥特式风格保留了它的异国特色。它极少的几个进展的建筑风格就是教堂建筑了，比如纽约的圣帕特里克大教堂，并且它深得民心。华而不实的花窗格——所谓的“哥特式木建筑”会使普金和拉斯金尖叫着逃跑——这是对不朽的“希腊”小镇在曾经蛮荒的美国西部一片纯白色帐篷中蔓延的一个独特反应。

左图
牛津大学自然史博物馆的哺乳动物画廊，是一首对神秘大自然的赞歌。它是为了纪念约翰·拉斯金的理论而建。

下图
加拿大采用了哥特式，蒙特利尔圣母圣殿。其内饰，是由维克多·布尔高和约翰·雷德帕于1872—1879年设计的。

然而，在加拿大，完全不同。这次哥特式复兴得到了全部关注，在20世纪30年代被放弃。它有一点重要的不同：正如巴里的议会，更为简洁的加拿大建筑依然把乔治亚时代的对称看得很重要。加拿大第一个主要的哥特复兴结构——圣母圣殿，不仅是在北美最大的教堂，而且被整个加拿大和美国仿造。

倘若哥特式建筑和道德伦理现在有直接联系，拉斯金不会开心。他写道：

希腊人会继续他们的三竖线花纹装饰而且会一直很平静，但是哥特式风格的核心依然是浮雕细工，它从不停止于它的劳动力，而是必须要永不停息地传递下去，直到它为爱的变化被永远抚慰。

右图
纽约最新式哥特式建筑圣帕特里克大教堂，仍然屹立着来抵御天上的恶魔。

巅峰时期

那么争霸世界的大不列颠著名的新技术是什么呢？作为工业化的先驱，大不列颠城市大迁徙发生得非常早。新城市的迅速崛起带来了应对城市化的不同方式。新的大都市需要新的建筑形式，就像火车站一样。比如，火车站的出现对市政建设有了新的需求，例如需要建造钟和钟塔。同时，成百上千的新市政厅、图书馆、医院、宾馆和综合性百货商店给建筑师带来了建造新的哥特式建筑的大量机会。在前几个世纪，只有建立教堂和城堡时，建筑师才有机会大范围创建这种风格的建筑。

但奇怪的是，一种奇妙的新材料——铸铁，在世界其他地区被最有效地应用起来。试想让托马斯·泰尔福和伊桑巴德·金德姆·布鲁内尔来尽情使用铸铁：这种材料必须经历一些曲折才能开始对建造师们产生一定的影响。铸铁作为一种建筑材料，比石头便宜，且有更大的弹性，有着独特的优势。铸铁可以提前大批量预制，然后运输到已经准备好的建筑工地。在设计时，它具有极大的灵活性：在乔治四世的皇家穹顶宫里，约翰·纳西曾公开使用铸铁制作屋顶和圆柱，尤其是在厨房里，他在那里放置了两

右图
泰尔福美丽的梅奈海峡吊桥，建于1826年，连接了北威尔士的安格尔西岛和大陆。16条巨型链索从石灰岩的塔楼延伸下来支撑起桥梁。

左图

超现实哥特式：链接新旧世界的桥梁？西班牙建筑师赫纳罗·帕拉西奥斯为菲律宾设计了这个教堂，据说它预先建构组合的设计者是古斯塔夫·埃菲尔。

右图

巴黎圣日内维耶图书馆。七年间拉布鲁斯特每一天都在那里设计着每一个细节，包括墨水池。

棵大棕榈树，全是镀铜的叶子，用作圆柱。它是一种不可思议新奇而又好用的材料，但却很难使人们重视。

公共建筑一度尝试使用铸铁，比如，大英博物馆，看不到的横梁就是铸铁的。但基本上建造师按照斯默克的做法，铸铁外面有一层石头饰面。

法国人约瑟夫·贝朗格在巴黎罗浮宫不远处，为哈雷辅助统计局建造了第一个全部用铸铁和玻璃组成的圆顶。他谦虚地把这个圆顶描述为“这个风格的第一个设计，给欧洲带来了理念”。另外一个出众的巴黎建筑展示了新技术是如何不费吹灰之力成为精美建筑的。和把铸铁隐藏起来不同，位于巴黎第五区的圣日内维耶图书馆，优雅简洁，1842 年由亨利·拉布鲁斯特设计，他把铸铁作为装饰。拉布鲁斯特设计室内精美的有网状细孔螺纹的筒拱就是得到了书籍装帧的启发。如今令人佩服的是，他因在这样一个庄重的建筑里使用这种粗俗的材料而

右图

由伊桑巴德·金德姆·布鲁内尔设计的帕丁顿火车站于 1854 年启用。它的玻璃顶是由三个长 699 英尺（213 米）的拱支撑的。

下图
威尼斯的彩色石头和拜占庭式风格被英国采用。庞顿和高在他们的布里斯托尔粮仓上面加上了雉堞的托斯卡纳塔。

上图
一个新的工业美学在利物浦的阿尔伯特码头形成。那里的托斯卡纳多利安柱式有着强烈色彩的应用。

受到同行的嘲笑。

谈到建筑传统，其他国家绝不会墨守成规。菲律宾马尼拉的圣塞巴斯蒂安大教堂是世界上唯一一个新哥特式教堂，全部用钢铁建成。尽管菲律宾艺术家洛伦佐·奥登把内部墙面和屋顶进行了类似于大理石和碧玉的涂绘，但外部的锈纹很明显是由钢铁架和镶嵌板建造的。钢铁的使用据说是由一位悲愤的教区牧师决定的，他为了寻找一个防火防地震的教堂。据说教堂的预先建构组合的最初设计者是古斯塔夫·埃菲尔。

而大不列颠对钢铁大胆的使用都是在新火车站中。新的屋架梁，比如镰刀纵梁和铰拱屋架，创造了广阔的拱顶空间。第二座帕丁顿火车站宽 242 英尺，拥有三个跨度的屋顶。仅仅是在工业大环境下，工程师本能地发掘钢铁的潜能。

工程师杰西·哈特利使得利物浦阿尔伯特码头的仓库外形很庄严，在默西河旁边，占地 7 英亩。它在工业下滑的时代存留下了，并被改为一个拥有商场、酒店、美术馆的休闲场所。作为第一次在大不列颠全部用钢铁、砖块和石头的建筑设计，阿尔伯特码头建成时毫不逊色于一个工业小镇。它有自己日常活动的节奏，和由它运输香料、糖和其他日用品的功能而决定的结构。阿尔伯特码头在很多方面代表了维多利亚时代企业的单纯性和劳工性。在这里，它从来不是宗教或世俗主义的完美体现。然而，哈特利的建筑依然卓越：虽然钢铁架构很怪异，但是它安装在了大量坚固的多利柱上。今天，这座建筑看上去依然很朴实，但同时有些壮烈。

阿尔伯特码头使用了成百上千整齐精美的红色砖块。正如玻璃的生产

左图

建筑师朱尔斯·索尼埃把位于法国诺尔西耶镇的马尼诺巧克力工厂（建于 1872 年）铸铁框架支撑结构作为厂内装饰的一部分。

一样，在这个创新的时代，砖块的大批量生产是完美的。可以想象最简单的机械制作过程——一个混合物从一个矩形钢模中挤出，然后通过金属丝切成块状——替代了延续 3000 年传统密集型劳动的手工制模。

不仅仅是砖块。当发明家和武器生产商威廉姆·阿姆斯特朗 1864 年在纽卡斯尔附近克拉格塞创建了一座巨大的乡村式建筑，他还建造了用水力发电涡轮机作为动力的旋转液压电梯、电气照明，甚至在厨房里有旋转的烤

下图

真正的哥特式建筑群：布里斯托尔附近的庭慈菲欧德庄园，是拥有技术创新早期淋浴设施的维多利亚时代的庄园之一。

上图

马尼诺巧克力工厂里面，巨大的铸铁圆柱伸展着裙摆。外面交叉支撑的图案是地板的装饰花纹。

肉架。布里斯托尔附近的庭慈菲欧德庄园，是一片新哥特式建筑群，已经有了淋浴，其主人是由鸟粪化肥生意发家的。在古老的罗马时代以来从未出现过的蒸汽取暖系统开始问世了。20世纪初，伦敦开始出现煤气灯，可以把建筑烧黑，甚至房子烧毁。电灯，起初也很危险。最后，和电话及机械通风体系一样使用了。

抽水马桶是另外一项实用的著名发明，它比夜壶和开敞厕坑更好用。1851年，乔治·詹宁斯在世界博览会上安装了第一批公共厕所。同样在这次世界博览会上的建筑，水晶宫，是维多利亚建筑技术的高峰。

这项建筑可能被拉斯金批判——他认为这是在设计上呆板、无人性化的模型——但是这座宫殿受到大众的欢迎。在法国，拿破仑三世要求雅克·希托夫建造一个和帕克斯顿一样好的建筑。希托夫很开心接受这个任务，然而这些建筑类型并不简单，拿破仑三世拒绝了他雄心勃勃的设计，因为“太难”。

上图

比利时利奥波德二世国王下令建造的所谓的“钢铁教堂”，坐落在拉肯，是一个圆顶玻璃房，作为皇家教堂。这是这类建筑第一次被如此重视。

下图

水晶宫：革命式工业技术的创新在让人难以置信的短时间内被应用。

大多数技术已经应用在拓展工厂建筑面积，或纺织厂的支撑机械设备上。但是在各种其他类型的建筑中，它们的潜能被忽视了：它们更多的是与工程相关联，而不是建筑技能。然而，一些生产商几乎不关注美学，而另外一些认为建筑最重要。有些人试图通过一些幽默因素使设计人性化。由朱尔斯·索尼埃设计，坐落于诺尔西耶镇的马尼诺巧克力工厂（1871—1872），并不觉得它自身的结构创造有什么不好。缠绕在这个建筑体表面的漂亮钢铁外层就像是一条丝带，同时用于支撑、装饰建筑结构。这座建筑恰巧高节能。它横跨一条河流，河流从拱桥下流过，这拱桥架立在两根石柱上，为工厂机械装置运转提供动力。

但是在大不列颠，“严谨”的建

筑师拒绝使用这些“基础”材料。利物浦的奥里尔钱伯斯是大不列颠少数公开表达这种新的建筑框架是可能用于建筑的。1865 年由彼得·埃利斯设计，这座建筑的石柱表层由钢铁镶嵌，每个都有平面玻璃的凸肚窗。但是窗体简化了，而且大窗户和大不列颠维多利亚风格截然相反。它被描述为“一座夭折的建筑”“大玻璃块的拼凑”。哥特式大厅是新型的正统建筑：真正的建筑群不使用钢铁，因为它们阻挡光线进入，而且建筑物需要高度装饰。灰心的埃利斯放弃了整个建筑风格。

右图

伊曼纽尔二世拱廊：在商场内部一个纯正的都市精品，它的两个飞浮臂在一个八角型中央空间相遇，上面覆盖着引人注目的圆顶。

直梯和自动扶梯

设想这样一个画面：1854 年秋季里温和的一天。大不列颠维多利亚女王带着她的孩子们参观最新高科技——威廉·阿姆斯特朗设计的位于格里姆斯比市码头的关口。它们的动力来自 300 英尺高的铁塔形成的水压。女王拍手笑了，因为她的孩子们乘坐液压电梯到了空中。仅仅在几年前，这种电梯还不存在，更不用说皇室成员通过铁轨到达格里姆斯比了。

历史上，通过人类的创造，可以使电梯通过捆绑在滑轮上的绳索运转。比如，公元前 300 年，亚历山大港的法罗斯岛灯塔，柴火通过电梯被运送到灯塔顶端。一位年轻农民的儿子，伊莱沙·格雷夫斯·奥迪斯并没有发明可以承载货物的蒸汽电梯。他的第

一个伟大发明是一个安全系统，一旦钢丝绳坏了，这个系统可以运转：一个可以阻止平台降落的自动刹车系统。他的第二个天才之举就是意识到“电梯”可以载人。

1853 年，在水晶宫博览会上，奥迪斯受到了经理人费尼尔司·泰勒·巴纳姆的刺激，做出了惊人一幕，让人用斧头砍断了电梯绳索。停止前电梯平台只降落了几英寸——这是多么的引人瞩目！1857 年以前，第一批可以承载乘客的电梯在纽约商城投入使用。奥迪斯的发明改变了纽约市的风光，使得世界上高层大楼成为可能。

1899 年，查尔斯·迪·思贝格发明了又一项楼层间观光方式，称作 scala，名字来自 elevator 和拉丁语 stair 中的字母。自动扶梯诞生了，在 1900 年的巴黎展览会中获得了一等奖。

水晶宫

水晶宫是一个建筑奇迹。它不是由建筑师或者工程师设计的，而是由一位园丁设计的。在19世纪40年代，在德比郡的查茨沃思庄园美丽的花园中，约瑟夫·帕克斯顿建造了令人难以忘怀，种植有棕榈树和睡莲的轻型花房。本杰明·迪斯雷利总理要求帕克斯顿在海德公园建造一个一样的“魔力建筑群”。

为了1851年的世界博览会而创建的钢铁和玻璃完美结合的建筑，当时的设计是由半熟练工在最短的时间内完成的，它的巧妙设计两倍于常人的天赋。首先，它的首要因素是空间、光线和空气。在建筑设计精致的时代，它本身就是想象力的伟大跳跃。

其次，技术超群。帕克斯顿标准化的预制件意味着它可以在五个月内建成。开辟了建筑的新思路，并预示着20世纪晚期玻璃结构建筑的出现。一个世纪后，理查德·罗杰斯在伦敦建立的劳埃德大厦中的中庭，便直接印证了帕克斯顿的设计。

比凡尔赛宫长，比威斯敏斯特教堂还要高的水晶宫在当时是一个轰动。同样，博览会也是。即便是严谨的夏洛蒂·勃朗特都承认来过这里六次。没有历史渊源，没有文化先例，帕克斯顿的成就一度被忽视了。实际上它并不被看成是一座建筑，更多的是被看作一座庞大的玻璃卡片制成的房子。谣传说帕克斯顿是在一个本要参加的正式会议间隙做的设计，这就使人们不会重视这个建筑。约翰·拉斯金批判它为一个“庞大的花房”。

帕克斯顿学过的自然知识是根源。观察他在查特斯沃思种植的睡莲——这些睡莲是他从亚马孙植物采集者那里带回的——并称这些睡莲是“工程中一项天然的建筑成品”，他把自己的小女儿安妮放在一片叶子上，测试了这个想法。当他建造种植睡莲的花房时，他模仿了在睡莲叶子后面的结构，它们相辅相成、相互跨越。帕克斯顿得出一个结论：一座建筑也可以像血管系统支持皮肤一样——这层皮肤就是新发明的平板玻璃。

水晶宫用了300000个玻璃板，通过上百万个预制板连接在一起。帕克斯顿和铁路工程师彼特·巴罗发明了交叉口的节点，使得这些节点在支撑柱上开槽。玻璃就是从这里拴住的。这和现代建筑的幕墙是一个原理。此设计另外一个壮观的特征就是它的多功能性。设计的经济性是最重要的：帕克斯顿设计的空心柱像排水管一样发挥着双重作用。一种特殊的椽子，作为外槽设计，还可以用作沟渠。中间拱形耳堂上方，梁和桁架交汇处没有足够的稳固性，细长的杆子呈放射状安装。

最后的排名对无师自通的帕克斯是排斥的——包括土木工程师学会——悲观地预测玻璃建筑会在一场暴风雨中坍塌，或者这个建筑会导致走道在游客的重压下坍塌。为了检测它的承重力，300名工人在上层的美术馆内同时来回奔跑。这座建筑没有一丝震动。这座宫殿，当时只是作为一个暂时的建筑，变成一个惊人的成功。600万人来参加了这个博览会。

上图

一件当代绘画，描绘了大量商品的陈列。帕克斯在伦敦的海德公园的树丛上面建造了他的“宫殿”。

维多利亚女王在她的日记中写道：

它的确是一个惊艳的仙境般的景观。很多人为它虔诚的感觉所触动、震撼。它是我生命中最开心、最骄傲的时刻，没有任何东西可以与它相比。

这座庞大的建筑，占地19英亩，只用了20周建造完成，仅花费79800英镑。这位园艺家曾经在报道中自豪地说，他曾看到两个人在16分钟内一次性完成了两根圆柱和三根纵梁的拼接……帕克斯顿在当代设计和建筑上的影响一目了然。他的这部伟大巨作的设计初稿现存在维多利亚与艾伯特博物馆。这部最初只是涂鸦的作品已经成为建筑史上最有影响力的建筑之一。

埃菲尔铁塔

这是一个引人注目的建筑。在金字塔出现之前吸引游客注意的是什么呢？倘若没有如此巨大的努力，建筑如此宏伟壮观，那么人们对它的敬仰之情来自哪里呢？埃菲尔铁塔将成为人类创建的最高的建筑。

古斯塔夫·埃菲尔

1889年埃菲尔铁塔完工时，是世界上最高的建筑。差一点就到达1000英尺（300米）的建筑确是一座革命性的建筑。它是工业文明新的钢铁时代的展示，是现代法国强有力的标志。如今代表了法国的形象。具有讽刺意味的是，与埃菲尔铁塔现在作为地标建筑的现状相比，当埃菲尔的计划第一次提出来时，对于在巴黎中心建造这样一座高塔的提议，反对声一片。

埃菲尔铁塔当时是作为1889年世博会大厅的拱形入口而建的，为了庆祝法国大革命胜利100周年。亚历山大·古斯塔夫·埃菲尔得到了工程师莫里斯·梅希林、埃米尔·布格和建筑师史蒂芬的支持。本来，建筑结构非常明确。四根弯曲的锥形格子衍支柱在125平方米的底座上，一直向上延伸，在顶端会合。这四根支柱由架梁分成两段。即便是在19世纪末，这座铁塔的建筑语言也非常具有结构逻辑性，它具有真正的革命审美性。一旦建立，更多法国人用愤怒的声音来反对。一份有300个名字的诉状递到政府，反对它的建立。名单里包括莫泊桑、埃米尔·左拉、查尔斯·加尼叶（加尼叶歌剧院的建造师）和小仲马。

我们这些人，有作家，画家，雕塑家，建造师和热爱巴黎美好的人，以法国味道的名义，竭尽全力，义愤填膺，坚决反对建造无用怪异的埃菲尔铁塔。

同时，自然爱好者担忧铁塔的建立会干扰巴黎上空飞行的鸟儿。但是它也得到了一些人的称赞，比如艺术家卢梭和夏卡尔。

埃菲尔运营着自己的国际公司，是高帧气体力学欧洲界的权威。地基塔桥的弧度是精确计算的，弯度和风的剪切力逐渐转换成了压力。即便是在8级大风的恶劣天气，这座铁塔的摇摆度从未超过6英寸（15厘米）。这就是埃菲尔的魔力所在。

小说家小仲马曾发表声明说恨透了这座铁塔，据报道他每天都在那里吃饭。问他为什么，他说这是唯一一个在巴黎可以看不到铁塔的地方。然而如今，这座塔已经成为了世界上被观光最多的建筑。

下图
18000块铸铁块的每一块都是以精确到毫米的十分之一的要求在巴黎城外的勒瓦卢瓦－佩雷的埃菲尔工厂制造的。

左图
埃菲尔的结构是工程界的胜利。预制构件节省了场地的时间。二百五十万铆钉的三分之二是在工厂里放置好了。

砖砌宫殿

以下是一位在英国度假的德国年轻人，在1846年发表于德国报纸上的一篇文章里对布拉德福德这座城市的描述。

相对于这样一个洞穴，英国所有的工业区都是天堂。曼彻斯特的空气像铅一样凝重；在伯明翰，鼻子犹如在火炉管里面；在利兹，咳嗽会伴着尘土，这种臭味就像是你一次吞进了一磅卡宴胡椒，但是这些你还都可以忍受。然而，在布拉德福德，你会感觉在这里居住像是魔鬼化身。如果有人想要体验在炼狱中一个罪犯是如何饱受折磨的，那就让他来布拉德福德旅行吧。

提图斯·索尔特，羊毛纺织厂主，很显然同意这个观点。索尔特突然离开布拉德福德是因为他受够了这里的空气污染。新维多利亚女王时代繁荣的背后有一个极坏的环境。不仅仅有人口过度密集这一个问题，还有乡村飞快地遭受破坏。

处在绝望中的拉斯金，设想着一个20世纪的英格兰“厚厚的烟筒矗立在英格兰上空，犹如利物浦甲板上的桅杆，没有草地，没有树木，没有花园”。

铁道部门志愿者乔治·史蒂芬森描述道：

大不列颠主要依赖它的钢铁和煤层……大法官如今坐在一包羊毛上，但是……他应该宁愿坐在一包煤上，尽管不是那么舒服。

工业巨大的变化确实产生了影响——对建筑行业也是一样，考虑到三倍的人口增长。更多的男人在建筑行业工作，而不是在矿场和采石场。

这是诱人的时期。甚至维多利亚女王都让她的孩子们搬入不久投入使用到建筑行业中的蒸汽吊车里。

而且很突然的是，随着铁路的到来房屋成为了可运输的产品。然而对社会巨变的担忧是强烈的，人们更关注自己的家园。每个人，无论贫富，都在为家庭寻找和平的天堂。

通过使用大量生产且便宜的石造工业、灰泥和木工活，拉斯金的一些关于装饰物的提议也是可以实现的。新的运河和铁路可以从苏格兰运输钢铁，从中部地区运输赤土，从威尔士运输板岩。在当地，本地材料几乎已经成为过去式。热情的建造师从斯特灵到朴茨茅斯，用丰富的多色砌砖建造门、窗和烟囱，这会使拉斯金一蹶不振，心烦意乱，如果不是他准备好撤出这恐怖的湖区，

如今大不列颠三分之一的房屋都是在“一战”之前建立的，而且大多数建立在维多利亚时期。铁路的出现意味着人们第一次有了选择的机会，半天在市里，半天在郊区，每天往返。成千上万的中层阶级离开市区是为了更清新的空气。整个新郊区比如伦敦西部的都灵，和北部的牛津，设计成为哥特式的维多利亚风格。但是，对于一些理想主义者，这些不够。对清洁空气和乡村群体价值观的怀旧情结，融合了郊区的一些理念，形成了一个新的理想——花园式郊区。这个理念

左图
1870年的伦敦街道。开发商们可以买到成套的配件：门，窗框，塑料模制件和装饰物，甚至是比较简单的住所。

上图
米德兰大酒店，现今的圣潘克拉斯火车站，乔治·吉尔伯特·斯科特于1868—1877年设计建造。它在维多利亚式哥特式失宠的时期并不受到欢迎。

源自19世纪70年代的贝德福德公园，是由一批坚定支持这个理念的建筑师，在如今的伦敦西部城市奇西克规划设计的。

然而，一些投机的建造师对这种建筑的单一性并不感兴趣。他们经常随意采用各类不同的风格元素——罗曼蒂克、意大利、都铎式、伊丽莎白。一幢完美的普通房屋应该有一般木质的三角形建筑、金银丝质的尖顶、塔楼，甚至还有中世纪的外悬窗式走廊。

同时，这些负责建筑的建造师对普通房屋不感兴趣。他们有更多可以忙碌的工作：新贵们所需要的大批的乡村房屋，大量新教堂和公共建筑会使维持一个沉寂的社会变得容易。这是大型建筑公司成立的开端：他们被称作“规划厂”。建造师们很繁忙，运营其中一家工厂的乔治·吉尔伯特·斯科特有时都不知道迅猛崛起的新建筑是由他的公司设计的。

对于很多对社会有抱负的人而言，维多利亚时代的朴素是一个厄运：它意味着贫穷，而不是高级趣味。室内装饰杂乱地堆放着一些廉价品。黑暗、表面覆盖着 层刻有维多利亚和阿伯特人物像的陶瓷的装饰奢侈的壁炉，成为流行。在建筑列表里面的提前生产的可供应商品中，你可以肆意混搭风格。汉普顿和儿子公司的建造列表里，提供“经典”和“哥特式”的门，比如，一个经典款可以是抛光的松树上面有纸质的装饰。一些精心设计的装饰风格比如窗楣，像霍尔顿这样的公司，可以很轻松地用赤土陶器提前制作好。

所以，当建筑体表面开始成为杂乱无章的风格时，同样的事情也会发生在大不列颠凌乱的前厅里。这是一定会发生的。

美国哥特式

在格兰特·伍德著名的画作中，以两个美国斯多葛派（禁欲主义）拓荒者为原型的瘦削人物站在那里。在他们身后有一座独特的美式建筑——一个有高高人字形屋檐的简约式白色木屋。这幅画创作于 1930 年，仅在经济大萧条前期。最初，伍德的画作可能被看作对美国小镇生活的讽刺。即使画作本意是为了代表勤劳但思想僵化的有思想抱负的劳动阶级。这幅画超出了其创作本意而成为美国最受欢迎的作品之一，并且广受模仿。

画作上的房屋大约建造于 1881—1882 年间，位于艾奥瓦州埃尔登这个仅有 947 位居民的小镇。伍德在这里讲授素描课程，他将屋子的一部分和窗户的草图画在信封的背面后邮寄回自己的工作室。在工作室里，伍德按照妹妹（楠）和他的牙医（麦基比）的形象，把他们呈现为不苟言笑的画中人。对于这幅画的含义，这位艺术家并没有说太多，他仅说画中包含矛盾因素。他说选择画这座房子是因为它朴素，中西部的简约感与拱形的充满炫耀色彩的窗户形成鲜明对比。伍德在这幅作品中细致地描绘了刻板的人物形象，以及房子、屋顶和窗户的形状，生动地展现了美国哥特式建筑风格以及美国人民的形象。因此，这种由木头建造的中世纪欧洲的建筑风格象征着中美洲的开拓价值观。

无论伍德是对房屋所有者想要拥有这种奇特的追随上层社会的装饰的决心表示嘲笑还是推崇已不重要。如今，这座"美国哥特式房屋"俨然成为游览胜地，到此的人们都会手握干草叉，系上围裙，配上自己最严厉的表情与之合照。

当哥特式房屋在英国引起热议，尤其是被约翰·拉斯金和奥古斯塔斯·帕金学术性审查的时候，美国哥特式以自己独特的方式在发展。凭借造价低廉的木质房屋标准，这种建造风格在木匠和建造者而不是建筑师的手下得到自由的发展。有时被称作"木匠哥特式"。这种建筑风格固有的魅力加之简单实用的特点决定了房屋、教堂以及社区会堂的形状和样式。

在繁荣的欧洲，教堂清一色都是石头或砖建成的。但是在北美，考虑到价格低廉的木材唾手可得，甚至教堂都是由一块块木板钉制而成的。这并不耽误建造者建造出高水平的房屋：加拿大哥伦比亚森林里隐藏着一个叫 Skatin 的小村庄，那里有座珍贵的哥特式宝藏，其建筑灵感来自沙特尔大教堂和法国圣丹尼斯的图片。

圣十字大教堂由哥伦比亚第一批基督徒于一个世纪前建造而成。来自 Skatin、Samahquam 和道格拉斯部落的这 17 个基督徒并没有制订建筑计划，他们只有一些基本的工具。尽管这样，教堂的基座为手工雕凿的木材，是放置在巨石之上从利洛厄特河拖拽过来的。Skookumchukda 保护区在森林深处，只有一条道路是小径，这条小径最初由到卡里布淘金的勘探者们一路砍伐树木而形成。这座正饱受潮气威胁、有三个尖顶的教堂是森林中令人惊叹的奇观，特别是内部的建筑细节更加精美。

左下图

美国哥特式：对美国拓荒者精神的描绘，引发争议。伍德究竟是讽刺还是推崇美国小镇的价值观？

右下图

极其出名却又很小：这座"木匠哥特式"房屋可能是美国人最熟悉的建筑。

建筑师/设计师亚历山大·杰克逊·戴维斯是推崇这种本土哥特式的第一人。他于1835年开始创作一本名为《乡村住宅》的建筑模板类书籍。他最著名的哥特式复兴风格的建筑——林德赫斯特（也因是铁路大亨杰伊·古尔德的房子而闻名），设计于1838年。这座建筑有奇特的炮塔和装饰性的烟囱，称得上是英国早期的“哥特式”。建筑内部昏暗、狭窄的走廊使其在几部影片中赢得一席之位，并且成为通用术语“哈德逊和哥特式”第一个最具代表性特征的建筑。

19世纪30年代后，美国至少发展出八种独具特色的后古典主义建筑风格。一个不够详尽的清单：哥特式复兴风格、意大利式风格、理查德森罗马式风格、木瓦式风格，以及殖民式复兴风格，之后是本土的“木棍”风格。这些风格里面有许多精美的建筑，但其中有一些建筑把各种风格杂糅到一起，成了不可能的大杂烩。美国的安妮女王风格尤为引人注目，舒适又精美。其依照英国建筑师诺曼·肖设计的模式建造，一半木材为建材的四坡屋顶和砌体结构。此外，又增加了自身装饰性元素，尤其是用于檐壁和栏杆装饰的纺锤波纹，还包括坚固的、具有意大利式风格的门廊。有趣的是，直到19世纪80年代，一些安妮女王风格的房屋在美国经过先期的建造后再用横跨美国的铁路进行运送。但是只有一座房子，就那一座房子，在某种程度上象征着典型的美国开拓精神。那座房子的画被挂在芝加哥艺术学院。

上图
毗邻哈德逊河的林德赫斯特，流露出非常优雅而又慵懒的哥特式气息，为铁路大亨杰伊·古尔德所有。建造时使用的石灰岩来自纽约州新新监狱的采石场。

右图
位于不列颠哥伦比亚（Skookumchuk）的圣十字大教堂。三个尖塔的设计灵感代表着圣三一。如今，该建筑亟须保护。

奢华的世界

从 19 世纪 50 年代开始，维多利亚时代的人们不只是回顾历史。他们开采、挖掘以及展示历史遗迹。然后，人们把目光投向国外来寻求新的资源并开始新一轮的反复。“折中主义”这个词被反复用于描述这种狂热的一切自由化潮流。位于英国西南部的港口城市布里斯托尔有许多仓储式建筑，由来自当地砖矿的红、白、黑三个颜色的砖建造而成，这种风格被称作“布里斯托尔拜占庭”。也许是英国维多利亚时代的财富让他们变得骄傲又自负，也许是他们只是太富裕了。

在 19 世纪下半叶，理念、材料，甚至人都能够以很快的速度到很远的地方，似乎看起来一切皆有可能。渐渐地，甚至主流建筑师们都对建筑风格的标准采取挑选—拼凑的态度。这个结果是，如果建筑是成功的，则是具有吸引力的，一旦失败则会是件尴尬的事情。

那么多令人眼花缭乱的建筑——埃及式、拜占庭式、罗马式、威尼斯哥特式，甚至还有印度穆斯林式——耸立在英国的街道。当你在整个伦敦最隐蔽的公共广场发现出自约翰·弗朗西斯·本特利之手的威斯敏斯特大教堂 (1895—1903) 时，你会十分惊喜它是一座低矮的拜占庭式教堂，有着红白相间的砌砖以及罗马式入口。这种融合多种风格的建筑不只在英国才能看到。法国巴黎的司法大厦于 1776 年被大火烧毁后部分重建，它像一个多层的巧克力蛋糕，屋顶像一座美索不达米亚金字塔。

随着“自由的风格”被更多的人熟知，这种风格在比如理查德·诺曼·肖这些人物的发展下达到巅峰。他设计的新式苏格兰庭院使用红色砌砖，取代传统的花岗岩建材；窗户用巴洛克风格，取代伊丽莎白风格。但是肖是一个天才，一般性建筑则被才能欠佳的设计师们把各种风格杂糅在一起。不久，“男爵风格”将与佛兰芒影响、多立克柱式与埃及桥塔、尖拱圆顶融为一体。足够了。

左图

巴黎歌剧院的内部图。这座富丽堂皇的新巴洛克式建筑是奥斯曼男爵与拿破仑三世为建设巴黎制订的合理化计划中的一部分。

巴黎歌剧院

1850—1870 年间，拿破仑三世着手改造巴黎，将巴黎从不健康、过度拥挤和污秽的中世纪城市转变成一座平静的现代化都市，那里有着宽阔的林荫大道、广场、商场、公共公园以及宏伟的现代建筑。在法国和意大利文艺复兴时期的宫殿的影响下，由查尔斯·加尼叶设计的新巴洛克式歌剧院被称为“加尼叶宫”，这座宫殿于 1874 年建成后不久便闻名于世。加尼叶设计的大楼梯四周环绕着阳台，从下面就能看得一清二楚，成为巴黎有史以来最时尚的地方。特别是它宽阔、光滑的大理石台阶在中间汇聚成“Y”形。加斯顿·勒鲁的著名小说《歌剧魅影》灵感便来自此地。小说的内容源自发生在1896年的一场意外，当时一盏吊灯的平衡锤掉下来砸死了下面的一个倒霉蛋。

唯一一座能与巴黎歌剧院的极尽奢华相提并论的欧洲建筑是罗马的伊曼纽尔二世纪念碑。这座纪念碑设计于 1884 年，世人称它为“婚礼蛋糕”。

艺术和手工艺品运动

左图

红房子，位于伦敦南部贝克斯利希斯，代表中世纪对舒适生活的追求。选择该场址是因为它曾位于通往坎特伯雷的朝圣路线上。

是时候谈谈新的设计英雄了。拉斯金的个人生活一团糟：他的妻子艾菲·格林已经离开他很久了，跟着他以前的门徒约翰·艾佛雷特·米莱去寻求更快乐的生活。这件事对于拉斯金来说是尴尬的丑闻。更糟的是，这位有名的思想家、伟大的大脑逐渐失去理智。此后，他大部分时间都隐居在英国湖区。在其生命的最后 12 年，他没有再说话。幸运的是，一个新的、真正具有力量的声音将为世人呐喊。

威廉姆·莫里斯是一名热情、坚定、不知疲倦的作家、演讲家和竞选人，他就是在对的时间、对的地点出现的那个对的英雄。作为一名 19 世纪的生态卫士，他的任务是阻止对埃平森林珍稀角树的砍伐。他身上兼具浪漫主义的特质和恶魔的能量。和拉斯金一样，他坚信现代社会已迷失方向。

莫里斯是位名副其实的实干家。作为一名沉闷的17岁城市财富继承者，他参观了万国工业博览会。当莫里斯发现英国的商品比较匮乏的时候，他就决定亲自设计一些商品。他讨厌奢华、痛恨假货、拒绝糟糕的设计和次品，无论是难看的、假的贴面薄木片，还是粗劣的、维多利亚时代的苯胺染料。

在 1859 年，莫里斯委托一个叫菲利普·韦伯的朋友为他设计一座房子，希望这座房子能囊括他喜欢的所有中世纪简约、坚固的建筑风格。这座房子就是红房子（上图）。

这是一次具有关键意义的经历。在此过程中，莫里斯近距离接触了具有拉斐尔前派风格的建筑师，而且他还想尝试做建筑师兼艺术家。莫里斯终于找到了自己所擅长的领域——设计。莫里斯、珍妮和艺术家兼建筑师朋友们一起装饰天花板、调配墙面涂料，还缝织挂毯。他们创造了一个舒适、别墅风格的花园与房子相配，看起来庄严又有趣、古朴又新颖。他发现原创的设计通常是受到一些简单、自然界物体的启发，比如说，树叶、蜗牛还有花朵，具有商业潜力。因此，由莫里斯、马歇尔和福克纳创建的公司成立了。

莫里斯认为，英国为了财富正付出惨痛的代价，其狂奔的工业是原因。莫里斯强调，为恢复工业化前的生活，应该进一步深入拉斯金的观点，社会应该高度重视美观性。莫里斯乌托邦式的世界观，认为每个个体都应该在工作中拥有创新的权利以实现自我价值，就像他一样。他讲道，工艺是高贵的、美观是极其重要的、简约是美好的，技术应当被适当地运用。

就现在，让艺术美化我们的劳动吧，让艺术在其制造者和使用者间广泛传播、播撒智慧，得到深刻理解吧……艺术是枯燥工作和现有奴隶制的终结者。

莫里斯余生都沉浸在制作地毯、壁纸、织物和家具的快乐之中。没有任何细节无关紧要：他煞费苦心地复兴那些被遗忘的蔬菜图案的画和靛蓝色、紫红色的染色技术。每当因公司业务感到烦躁时，他都会在织布机上织布来放松自己。

左图

M.H. 柏丽·斯科特设计的杰出建筑艺术和手工艺品屋抛弃了维多利亚时代的沉重设计。斯科特认为，一座优秀的建筑有自己的灵魂。

右图

布莱克·威尔风格，具有强烈、简单的线条感。柏丽·斯科特惯于运用有自然审美趣味的石头产生视觉特效。

上图

莫里斯的花纹设计举世闻名，比如这种瓷片系列。他曾这样说，要么让房子里面的物品有其用途，要么必须美观。

他写信给一个朋友，信里这样说："上帝保佑我们，这样多好啊，当我回到哈默史密斯研究自己设计的小花样、印染以及我喜欢的经纱和纬纱。"

他于 1877 年在一次工人俱乐部的演讲中说："你查阅历史书，看是谁建造了威斯敏斯特教堂，谁建造了君士坦丁堡圣索菲亚大教堂。他们告诉你是亨利三世、查士丁尼皇帝。真的是他们建造的吗？或者更确切地说，难道不是你我还有手工艺者这样不能留名历史的人吗？"

莫里斯的公司取得巨大成功，享誉全球。直到生命的最后一刻，他也没能解决一直困扰着他的难题：低收入者想模仿上流社会优雅的风格，然而大批生产的方法产生粗糙的产品。让莫里斯感到难过的是，无论他怎么尝试、做出怎样的努力，优质商品不是所有人都能得到，得是有钱人才可以。

他的浪漫实用主义将逐渐演变成充分发展的艺术和手工艺品运动——旨在用艺术创造的方式把设计师与工匠聚集到一起——这个运动还有一个更狂热的表亲，叫作美学运动。

其他的设计师，比如亚瑟·马克穆多和诺曼·肖，把这种理念延伸到更加朴素，某种程度上更具内涵，和工匠视觉中的空间感。有许多对此风格的阐释，但所有人都把"忠实"放在第一位。C.F.A. 沃伊奇接受一种直观的、技艺精湛的设计理念，有的评论家将之称作"本土"。素色的厚木板门上面镶嵌着玻璃板是他的标志之一（得到大量模仿，成为 20 世纪美国工艺门的标准）。沃伊奇白色的墙壁和水平带窗与建筑大师弗兰克·劳埃德·赖特早期设计的房屋有一些共同之处。其他的工艺美术建筑师例如 M.H. 柏丽·斯科特大量地沿袭历史传统和"古英式"模式。布莱克·威尔于 1898—1900 年间设计了一座位于湖区的房子，甚至还带有一间吟游诗人画廊。

每一处细节都洋溢着爱与关怀，下至门把手和锁头。位于加利福尼亚州帕萨迪纳的赌钱屋为查尔斯和亨利·格林所有，如今是一座国家历史性地标建筑。这座建筑是一个最好的例证：家具、灯具、窗户和景观都是由这对兄弟自己设计的，然后由当地的手工艺者制作。蒂芬尼的玻璃门——那里有一棵橡树，树枝延伸到三个门还向上高探到横梁上面的灯——这是一个例外。它们都出自蒂芬尼的工作室，由埃米尔·郎制作。

艺术和手工艺品建筑的关键在于，它们是建立在民主的基础上。就像红房子，它们的设计者并不希望它很宏伟，但是他们也没有忽略传统。他们希望这座建筑是实用的、坚固的、温暖的、有创意的，并且能带给人愉悦感，那里的家庭能于此处成长、学习。

尽管红房子个人主义的工艺水平仍然是大多数普通人难以企及的，但是莫里斯通过他的文章促进了一场建筑革命。大量简单、舒适、有室外活动空间的房子出现了，建立了以透明、舒适为特点的新式建筑设计标准。

艺术和手工艺品运动看重的是简单和切实利用建材，激发出一种全新的方式来考虑设计和建筑风格。荷兰风格主义集团，甚至是德国包豪斯建筑流派都受到莫里斯的启发。在设计过程中，他们会在适当的时间采取不同的、更加哲学的方式。美学运动对建筑设计的颠覆性重组将以现代主义为表现而告一段落。套用另一位著名思想家的名言，威廉·莫里斯已经证明"少"绝对是"多"。

艺术的聚集地

除了英国，其他国家都在与19世纪过度的修正主义和装饰抗争。莫斯科建筑协会主席康士坦丁·米哈伊洛维奇抱怨道：

在这个世纪上半叶，浪漫主义席卷欧洲，与此相对立的是中世纪充满魅力的古典主义……建筑师并没有模仿古典的风格，而是尝试复制其他以前不被接受的风格。至关重要的是，建筑风格需要适合所有的建材，确定一条指导方针才能使我们远离无意义的折中主义。

在建筑师弗兰克·劳埃德·赖特等的影响下，简约的风格开始风靡全美国。然而，俄罗斯和德国艺术家聚集地却从民间传统中汲取灵感。

俄罗斯的艺术和手工艺品运动集中于实业家萨瓦·马蒙托夫的阿布拉姆采沃田庄。那里本来就已经是艺术家和作家的天堂，当马蒙托夫在1870年继承一笔铁路工程财富后，他决定将其发展成艺术家的聚集地。充满幻想的“阿拉木图”浴室和梯形房顶的小木屋由伊凡·罗佩特设计，让人回想起英国建筑师设计的沉重的坡屋顶，例如，埃德温·勒琴斯和C.沃伊奇。救世主教堂是一群人于1880年共同努力的成果，以装饰性细节为主导的俄罗斯复兴主义风格已不复存在。这座建筑的外部轮廓更加简约。这种设计风格的灵感来源于诺夫哥罗德和普斯科夫古镇，那里的中世纪建筑有夸张的轮廓、精雕细刻的石灰岩以及分段的窗户。圆屋顶上覆盖着陶瓷条纹。社区的艺术理念以及对本土建筑模范的敬重，是远离圣彼得堡流行的主流“古典建筑风格”的原因。

1898年，聚集地在德国达姆施塔特（现德国）马赛德赫弗莱德建立，其是达姆施塔特大公恩斯特·路德维希的作品。恩斯特·路德维希想借此巩固自己这个小城邦的政治地位并促进此地的经济发展。他计划的一部分便是在德国推动一场类似的艺术和手工艺品运动。

路德维希是英国维多利亚女王的外孙，他非常支持威廉·莫里斯抵制“丑陋”产品大规模生产的决心，尤其是在建筑、家具还有室内设计方面。对两者来说，卓越的艺术和设计不应该只能在美术馆呈现，也应该出现在家里。

下图

维也纳激进主义：奥尔布里希设计的非凡的分离派展览馆是反历史的，显示出表现主义的倾向。这座建筑体现着一种可供选择的艺术形式。

1899 年夏，路德维希邀请国际知名的奥地利建筑师约瑟夫·马利亚·奥尔布里希、艺术家兼室内设计师彼得·贝伦斯、雕塑家路德维希·哈比希和鲁道夫·博塞尔特、图形艺术家保罗·伯克和汉斯·克里斯蒂安森，还有室内设计师兼珠宝商帕特里齐亚·胡贝尔，他们组成聚集地创办七人组。七个人中年龄最大的是奥尔布里希，他已经凭借 1897 年设计的分离派展览馆成名。分离派展览馆是两年前他帮助建立的维也纳分离派运动的总部。其他人都是刚毕业的学生，他们渴望也能建造出国际性著名建筑。

1900 年，他们的机会出现了：巴黎举办万国工业博览会。七人组合作建造的“达姆施塔特房间”别具特色，无论是在设计上还是在配置上都十分完备。深受新艺术（青年风格派）的影响，更多几何形的奥地利—德国风格承担了法国新艺术，“达姆施塔特样式”是成功的逃脱。

1901 年 5 月，马赛德赫弗莱德集团举办了一场联合展览。恩斯特·路德维希的房子被安置在展会的主体位置上，这座由八人组合建造、配置完备的房子成为新艺术运动的代表，惊艳了成千上万蜂拥而至想要一睹其真容的人。尽管房子的外部和总平面图由奥尔布里希设计，但内部的家具和设备由其他小组成员完成。

奥尔布里希轻微的古典主义倾向具有大量的曲线和法国新艺术运动的自然形式引来欧洲人不满。郊区的生活应该是稳定的冒险、平静又别致。达姆施塔特就是有力的证明。然而达姆施塔特的胜利并不长久。1902 年，奥尔布里希的同事想摆脱他的阴影，这导致 1902 年七人组的分离。只有胡贝尔和奥尔布里希留下来。

左图
在达姆施塔特为路德维希建造的婚礼塔，十分引人注目。建筑拐角相连的窗户将对现代主义产生巨大影响。

下图
位于阿布拉姆采沃的艺术家聚集地的建筑采用传统俄罗斯风格，建筑的最高点是小救世主教堂，不是人工修建的。

彼得·贝伦斯最初是一名画家，在达姆施塔特设计和建造自己的房子是他人生的重大转折点。他放弃绘画，投身于设计和建筑。为德国制造业巨头 AEG 工作期间，他成为世界上第一个连贯的企业形象设计师。他因设计厂房、钟表，甚至是路灯变得世界闻名。贝伦斯是现代主义建筑大师沃尔特·格罗佩斯和勒·柯布西耶的老师。可以这样说，现代主义的萌芽扎根于达姆施塔特和青年风格派的简洁、现代的线条之中。

路德维希任用了新的艺术家取代那些“背叛者”，马赛德赫弗莱德聚集地继续蓬勃发展。1905 年，奥尔布里希致力于这座即将成为达姆施塔特标志性建筑的房子：婚礼塔。它本来是作为送给路德维希第二次婚礼的礼物。1908 年年初，奥尔布里希死于白血病时，这座建筑还未竣工，但是在 1904 年、1908 年、1914 年的展览上取得了空前成功。

艺术的殖民地持续了 15 年，雇用了 23 名员工。但是第一次世界大战让达姆施塔特和新艺术运动付出代价。战争结束后，德国变成共和国，大公路德维希失去王权。尽管他在达姆施塔特度过了余生，照顾受伤的退伍军人，但是那个曾变为现实的梦想似乎永远地破灭了。

“二战”地毯式轰炸摧毁了许多德国城市，达姆施塔特的中心地带也遭受了同样的轰炸，然而位于马赛德赫弗莱德的大部分建筑都奇迹般地幸存了下来，只有两栋房子被摧毁。但是，它在以后的很多年备受忽视，更别提德国在“二战”后忙于抹杀过去的标志性建筑，以新的“前瞻性”建筑取而代之。

乌托邦和花园城市

正如常常假设的那样，存在于现实中的不仅有城市生活和乡村生活的选择，还出现了第三种选择，它具有城市生活的活力与积极、乡村生活的魅力和快乐，将二者的优势完美结合。人类社会与美丽的大自然的结合注定是最和谐的。

——埃比尼泽·霍华德，1898 年

随着 19 世纪工业化步伐持续加快，投机建筑商利用英国主要城市曼彻斯特、利兹和伯明翰的巨大住房需求，将房子间距设计得很近，呈一排排单调的样式，许多房子甚至没有引入供水和卫生设施。工业城市不仅仅是狭窄、可怕的居住地，那里的居民也备受霍乱发作和其他疾病的折磨。显而易见，规模大又复杂的城市亟须规划。令工人们感谢的是，不少制造商走在了时代的前面。

德国埃森市有阿尔弗雷德·克虏伯，英国约克郡有泰特斯·索尔特爵士和阳光港的莱弗汉姆勋爵。他们为工人建造的理想城镇距离工厂很近，城镇里有精心设计的房子、商店、便利设施。这些都为 20 世纪“新城镇”和“花园城市”开拓道路。

200 多个工厂的烟囱不断排出含硫黄的黑烟，布拉德福德市是英格兰污染最严重的城市。那里的污水直接倾倒入贝克河中。城市人口在 50 年间从 1.3 万增至 10.4 万，定期暴发的伤寒、霍乱使得人均寿命下降了 18 岁，为英国最低。纺织工人的孩子仅有百分之三十活到 15 岁。

1853 年，羊毛爵士泰特斯·索尔特未能成功入选布拉德福德市委员会来清理城市污染，于是他将整个制造公司从贫民窟迁至空气清新的希普利城。他用自己的名字将他的新社区改名为“索尔特尔”，公司距离河流很近，他委托当地的建筑师洛克伍德和莫森为他全部的员工建造简洁的 850 套意大利风格的石头房子。每座房子都有淡水和煤气灯，外面配有厕所，公用洗衣房里面有自来水。这座新城配有现在我们都认为奢侈的设施：医院、音乐厅、俱乐部、阅览室，还有公园、船屋、为老人和病患设的养老院。

1917 年出生在雪莉街的伯特·桑顿回忆道：

在我的回忆中，都是些精心修葺的房子，屋子里有定期清洗的整齐窗帘、打扫干净的庭院和正门、墙上闪烁着耀眼光芒的白色和黄色石子以及冲刷过的人行道。

泰特斯·索尔特爵士的工厂是欧洲规模最大、最先进的工厂。他将大部分机械置于地下，降低了噪声；由大型废气道清理工厂地面上的灰尘和污垢；在工厂的烟囱上安装低排放的燃烧炉。六层楼高的旋转楼就是仿照怀特岛上维多利亚女王的居所奥斯本楼。这座工厂以意大利宫殿为原型建造。

罗伯特·欧文已经证明，一个干净、健康的工业环境，以及充足的劳动力也是一个可行的商业冒险。然而，泰特斯·索尔特是第一个有博爱之情的英国制造商，他将良好的工作条件与健康、文明的环境以及高质量的建筑相结合。他死后，近 10 万人在街道上为他送行。

几十年后，肥皂制造商威廉·赫斯凯·利华建造“阳光港”，这也是

上图

这是一座国家的钟楼吗？供 3000 名工人居住的索尔特尔工业村呈现出健康、道德上令人振奋的景象。这座钟楼仿照威尼斯钟楼建造。

左图
阳光港，因为其优质的建筑和好的艺术画廊，深受附近利物浦大学讲师和艺术爱好者的欢迎。

一个模范村庄，真正意义上的人间净土。它是根据公司最大的清洁粉品牌的商标命名的。谈到员工住房，利华总结如下感想：

在投票时，我们每个人肯定都是平等的。我们在感受美丽的世界、享受美好的家园和优美的环境时有平等的权利吗？只有富裕的人才有权利享受这些条件吗？富裕者应该是勤劳的工作者，贫穷者应该是不工作的人。

1888年，艺术和手工艺品运动在英国如火如荼地发展着，中产阶级加入其中。在寻找新鲜空气和更加绿色的空间时，他们受到威廉·莫里斯的理念的启发，居住在郊外新建的高规格别墅中。位于英国柴郡新建的工人村模仿他们的高标准，采用佛兰德式的艺术和手工艺标准。“阳光港”公司的前雇员安德鲁·诺克斯在自传《即将来临的洁净》中写道：

那些房子都大不相同，但都有着和谐、令人愉悦的结构。每座房子占地7英亩，后来官方规定的最大面积是45英亩。每座房子都设有浴室和私人卫生间，这远远高于当时的建筑标准。

这是个爱的工程。利华自己也全身心地投入房屋的建造之中，建造这800栋房子，他雇用了将近30位不同风格的建筑师。因此，确保每一栋房子的风格都稍有不同。他也认真地考虑过建造一座新工人村意味着什么，他的一些决策放在今天也会广受赞誉。

利华告诉村民，兴建阳光港是一次利润共享的举动,除了是他负责付账。

当你花钱痛饮威士忌、购买圣诞节糖果或肥鹅……钱并不会带给你很多益处。如果你们把钱给我，我会用这笔钱用在提供一切令你们生活更美好的事物上。

毋庸置疑，舒适房屋的租金会直接从工人工资中扣除。为纪念他的妻子，利华建造了一座华丽的艺术馆。艺术馆具有新古典主义贵族风格，并不是在讽刺英国本土的小露台。艺术馆屹立在那里，像乡村聚会上一位慷慨的女施主。

尽管不予理会这些大家长式慈善家开拓者的努力并不难，但我们却无法忽视。说到花园城市运动最革命性的建筑概念，城市花园协会的第一任领导者是利华、桂格可可提炼厂的约瑟夫·朗特里和爱德华·吉百利，他们建造了供员工居住的示范性村庄。他们三个人证明一项伟大的个人壮举能够改善普通人的命运。

直到今天，朗特里设立的不同慈善基金会还在为穷人提供帮助。至于利华，他发起了英国住房改革运动。他是一个言必信、行必果的人，组织艺术和文学活动，还为村庄修建了游泳池、剧院、学校、酒吧和游戏室。诺克斯说：“当他参观村庄时，老老少少都为他欢呼喝彩。”对于工人们来说，他们的心里预期是生活在南威尔士煤矿业和曼彻斯特工厂的贫民窟，而工人村干净、精心规划的环境看起来就是一个乌托邦（理想中最美好的社会）。

早在1786年，社会主义的先驱罗伯特·欧文在苏格兰新拉纳克镇沿着索尔特的足迹进行探索。1826年，欧文跨越大西洋，把自己的理念发挥到极致，他尝试在美国印第安纳州创造第二个“新和谐”。他设计的城镇以一个巨大的中心广场为基础，房屋和工厂混合

在一起延伸至广场中心，类似于勒杜设计的法国皇家盐场。资金、商品条件不允许，该计划惨败。但欧文并没有轻易放弃，1841 年，他提议在英格兰发展相似的“自给自足的房屋殖民地”。

19 世纪 90 年代，受威廉・莫里斯作品的影响，新成立的伦敦郡委员会的建筑师将艺术和手工艺的风格应用于最新的市中心房屋发展规划，建造了前所未有的位于伦敦肖尔迪奇区的边界地产。

花园城市的开拓者，例如埃比尼泽・霍华德爵士、建筑师雷蒙德・昂温先生、巴里・帕克，进一步深化城市规划的想法，平衡住宅区域、工厂地区、农业用地、公共建筑和公园。与欧文的广场设计不同的是，他们的总体设计不是纯粹的几何形网格， 而是对中世纪风格进行加工、简化的轮廓。这种整体理念使他们设计的城镇尽可能的自然，但仍然满足现代需求：市民空间、马路、交通便捷的工作区域。这个概念是真正意义上的乌托邦（理想化）。深受莫里斯在《乌有乡》里叙述的无政府社会主义的幻景启发，至关重要的一个概念便是社会团体应拥有公共土地。公共土地能得到租户的永久信任，如果土地价格上升，那么他们能够共享利润。

上图
伦敦西部的贝德福德公园。艺术家和作家为一睹新城郊的发展蜂拥而至。其有传统的陡峭屋顶、老虎窗、高耸的烟囱、较大的窗户和别具特色的红砖。

上图
英国汉普斯特德城郊花园，位于伦敦北郊中心，虽被众多建筑包围着，但仍是友好、舒适的小别墅。

1903 年，花园城市的概念在莱奇沃思花园城市变为现实。1907 年，德国汉普斯特德城郊花园紧接着成功建成。1909 年，花园城市在德国赫勒劳取得进一步发展。在 20 世纪，具有现代化环境的城镇分布在世界各地，城镇规划、绿化带和分区这样特有的概念也出现在英国赫特福德郡。从建筑学上来讲，昂温和帕克掌舵全局，建造出来的房屋坚固、成本低廉、建筑风格独特，并且美观又本土化。但是，英国艺术和手工艺运动的成功表明现代主义将在下个世纪初得到飞速发展。

MetLife
GE

20 世纪

就建筑风格而论，当今时代像过山车的运行和逆向运行。一旦一种风格出现就会立刻被另一种风格取而代之。20 世纪的建筑风格从新艺术主义至粗犷主义，从现代主义至解构主义，多种多样。

纽约：有谁认不出这是纽约？市中心曼哈顿的天际线有高度辨识性，这要归功于 1928—1930 年建成的艺术风格大胆的克莱斯勒大厦。

竞争激烈

技术变革翻天覆地，科技进步速度惊人，这是人们赋予20世纪的定义。它让人不及喘息的如过山车般变化的建筑风格也反映了新事物的不断冲击。建筑风格正在以前所未有的速度持续更新，不断有新风格将前一种风格取而代之，令人眼花缭乱。

使这些运动和反向运动变得有意义的一个方式是把20世纪看成是两者间的斗争：以凶残的新清教徒野兽而闻名的现代主义和坚持传统的保守派。另一个方式是视之为两者间的消耗战——激进的极简主义和人类对色彩、温暖和装饰的渴求。

过度装饰风格始于本世纪对传统的抵制。现代主义在建筑领域占据上风之前，新艺术主义的先驱凭借流露着优雅气息的建筑产生蝴蝶效应，吸引了全世界的目光。新艺术主义以平滑又风格独特的线条和从花朵、植物中汲取灵感的图案为特色。新艺术主义运动包含建筑的方方面面：建筑物、配置、家具，甚至是地铁系统都被其渲染。

作为一场运动，新艺术主义有很多令人困惑的名字。其在德国被称为青年风格派，在意大利被称为斯蒂莱花卉或斯蒂莱自由。在伦敦百货公司自由贸易有限公司成立后，新艺术主义很快风靡欧洲。

新艺术主义在比利时和英国得到繁荣的发展，查尔斯·雷尼·马金托什在格拉斯哥艺术学院较为坚决的版本为这座城市留下了永恒的遗产。

在比利时首都布鲁塞尔，新艺术主义运动的天才领导者是巴伦·维克多·奥塔，他建立的民众之家是第一座有铁和玻璃幕墙的比利时建筑。此运动具有浪漫、空想的精神，但技术水平高超。奥塔的索尔维公馆里有优雅的空间、华美的装饰性铁制品，将新艺术主义的优雅集于一体。

上图

新艺术主义的蝶翼：朱尔斯·拉维罗特于1900年在巴黎拉普大道建造的公寓大楼的前门。瓦格兰大道的爱丽舍陶瓷酒店也是由他设计。

重要日期

1900 年　维克多·拉鲁设计建造巴黎奥赛车站（今奥赛博物馆）。
1901 年　彼得·贝伦斯于达姆施塔特（德意志联邦共和国中部城市）的私宅完工。
1903 年　约瑟夫·霍夫曼设计完成了维也纳莫塞私宅；首部默片《火车大劫案》上映。
1904 年　纽约地铁开始运营。
1905 年　弗兰克·劳埃德·赖特设计了位于伊利诺伊州（美国中西部）橡园的联合教堂；爱因斯坦提出“相对论”。
1907 年　由高迪设计的、位于巴塞罗那的巴特罗之家竣工。
1908 年　阿道夫·路斯发表文章《装饰与罪恶》。
1912 年　“泰坦尼克号”沉没。
1913 年　由卡斯·吉尔伯特设计、位于纽约的伍尔沃斯大厦竣工。
1914 年　第一次世界大战爆发。
1915 年　勒·柯布西耶完成多米诺规划区的设计。
1916 年　风格派运动于荷兰兴起。
1919 年　沃尔特·格罗皮乌斯于德国魏玛创立公立包豪斯学校。
1920 年　埃瑞许·孟德尔松位于德国波茨坦的爱因斯坦塔完工。
1923 年　勒·柯布西耶著作《走向新建筑》出版。
1927 年　密斯·凡·德·罗设计巴塞罗那国际博览会德国馆。
1930 年　威廉·范·阿伦设计的克莱斯勒大厦完工。
1931 年　帝国大厦取代克莱斯勒大厦，成为世界最高摩天大楼。
1933 年　纳粹迫使包豪斯学校关闭。
1937 年　弗兰克·劳埃德·赖特设计的流水别墅完工。
1939 年　第二次世界大战开始。
1949 年　伊姆斯夫妇设计建造了位于加利福尼亚帕利赛德太平洋城的伊姆斯住宅。
1951 年　密斯·凡·德·罗设计建造位于芝加哥的湖滨公寓。
1955 年　勒·柯布西耶设计建造的朗香教堂（法国）落成完工；迪士尼乐园开业。
1958 年　由密斯·凡·德·罗与菲利普·约翰逊共同设计、位于纽约的西格拉姆大厦竣工。
1960 年　卢西奥·科斯塔与奥斯卡·尼迈耶共同设计规划巴西新首都——巴西利亚。
1967 年　巴克敏斯特·富勒为蒙特利尔世博会美国馆设计了网格穹顶。
1969 年　人类首次登上月球。
1970 年　芝加哥西尔斯大厦动工建设。
1973 年　米诺儒·雅马萨奇（山崎实）设计的纽约世界贸易中心大厦落成启用。
1977 年　弗兰克·盖里对其位于加利福尼亚圣莫尼卡的私宅进行重新设计。
1984 年　菲利普·约翰逊设计的美国纽约电话与电报公司大厦竣工。
1986 年　理查德·罗杰斯设计的伦敦劳埃德大楼落成启用。
1989 年　万维网创建。
1991 年　诺曼·福斯特爵士设计的伦敦斯坦斯特德机场建成。
1997 年　弗兰克·盖里设计的古根海姆博物馆毕尔巴鄂分馆竣工。
1998 年　西萨·佩里设计的吉隆坡石油双塔成为新世界第一高楼。
1999 年　丹尼尔·李博斯金设计的柏林犹太博物馆竣工。

下图

美的装饰玻璃是那个时代的宠儿：光线透过其散落在越来越复杂精致的内饰上。

左图和右图

路灯还是外星生物？火车入站口还是 UFO 飞船？赫克多·吉玛德从大自然获得灵感，设计出的巴黎地铁站入口极具个性。

左图

新艺术主义十分热衷于人体结构与面部的描绘，其杰出的作品之一便是拉脱维亚首都里加的改良版女像柱。

上图

如同茎蔓般的立柱：该主楼梯位于维克多·霍塔1893年为埃米尔·塔塞尔兴建的塔塞尔公馆中，是世界上首个新艺术派风格建筑。

左下图

里加主阶梯奢华的楼梯间中，充满非凡精细的装饰。该住宅为艺术家雁尼斯·陆曾涛尔斯及其芬兰妻子埃莉所有。

下图

该建筑在世纪之交时建于里加，由此，新艺术派诞生并成为主流建筑风格。

维克多·霍塔的索尔维公馆拥有优美的建筑空间及华丽大胆的铁艺装饰，总体来说，可谓集新艺术主义魅力于一身。霍塔的作品诠释了什么是艺术技巧：他的建筑富于光影和形式结构的变化，由起伏的弧线构成。

现代主义运动的兴起标志着西班牙新艺术主义的诞生。其最为重要的开拓者便是充满奇思妙想的安东尼·高迪：他位于巴塞罗那的巴特罗之家（1905—1907）是其超凡卓群的个人风格的最佳力证。

在布拉格，阿尔丰斯·穆夏早已创作出了许多精美绝伦的招贴画和海报，为后世留下了宝贵的文化遗产，数以万计的学生用这些图样来装饰自己的墙面。穆夏为艺术剧院和位于市民会馆的市长办公室绘制了巨幅的壁画，几乎可以充满整个墙面。1901 年，墨尔本一跃成为澳大利亚首都，其体育车厂、音乐学院、梅尔芭音乐厅及城市公共浴场，无一不融入了新艺术主义的气息。

俄罗斯的艺术类杂志《艺术世界》对新艺术主义推崇备至，使其影响力甚至远播到了里加。在那里，至少有 800 多个建筑都采用了曲线风格。短短三年多的时间内，新艺术派风格席卷了莫斯科这座时尚之都，在那里，列夫·尼古拉耶维奇的明多夫斯基楼现在已成为了新西兰驻俄大使馆。然而，犹如世纪之交巴黎忙碌街道上的花朵，赫克多·吉玛德设计的巴黎地铁站入口才算得上是如今新艺术派中众所周知、深受喜爱的范例之一。

这股新艺术之风即将吹到尽头。俄罗斯 1905 年革命后，这一艺术风格便被众人遗忘和抛弃。随着第一次世界大战的阴霾渐渐蔓延过来，华美精致、荒淫骄奢的新艺术派寿终正寝的丧钟业已鸣起。忘记那些花朵图案，忘记那些资产阶级的艳俗无用之物。新世纪已将过去抛在了脑后，它只有一个关键词，那就是“进步”。

赫克多·吉玛德

赫克多·吉玛德的建筑作品或许称得上是欧洲最伟大城市之一中最为亮丽的风景线了。在 1900 年，对于这位建造了举世瞩目的巴黎地铁站入口的建筑师，你或许还知之甚少。吉玛德那波德莱尔式的灵光一闪，运用与众不同的 Triffld 灯和一丛藤蔓植物般的结构支撑起的玻璃顶，将未知新奇而可怖的地下世界与自然明亮的地上世界完美调和在一起。别出心裁的法国人曾欲为这些引人注目的铁艺结构制定一个锻造标准，旨在减少开支。有些入口是风扇形的，用封闭的玻璃亭子来保护人们免受恶劣天气的困扰；另一些造型更为简约，由华美的弧形栏杆组成。当纳粹攻入巴黎后，吉玛德和他的犹太妻子逃离流亡到海外。1942 年，一贫如洗的他，在纽约孤独地离开了这个世界。

纽约中央车站

20 世纪初，美国对于铁路建设尤为痴迷。只有这样的国家，才会建造不止一个、而是两个世界上最完美的火车站。也只有这样关注“进步”这一概念的社会，才能在之后将这两座火车站又全部拆掉。与 1911 年建造的宾夕法尼亚车站不同，纽约中央车站只“幸存”到 20 世纪 60 年代，便因一纸递交到最高法院的请愿书而被拆除。这一车站虽外观端庄含蓄，然而一旦走入其中，你便会对其叹为观止。有人说，这是世界上最大的火车站：它拥有 44 个月台，67 条铁轨穿梭其间。

古典式装饰建筑风格，是由巴黎引入美国的古典主义形式之一，主张“会说话的建筑”。纽约中央车站那仿教堂式的纪念广场，是对旅行的一种致敬。隧道穹顶向下倾斜到巨大的拱窗上，使得高处流泻下来的自然光线可以以较大的弧度投入室内：显然，这种剧院般的观感令人振奋不已。车站中央有一台世界钟，其四个盘面皆由价值 2000 万美元的天然猫眼石制成，可谓是世界上最为著名的用来约见的地方。1947 年，出入纽约中央车站的旅客已超过 6500 万人，相当于美国总人口的 40%。如今，其日均访客在 50 万左右。

1913 年，纽约中央车站更名为“Grand Central Terminal”，但是仍有许多人至今还使用其原名。

下图

相比之下，当时古典式装饰建筑风格在美国正处于全盛时期。纽约中央车站是这一风格下设计与施工的一个成功典范。

安东尼·高迪（1852—1926）

高迪是新艺术派最有价值的艺术家……是这一时期造就的唯一一位真正的巨匠。

——尼古拉斯·佩夫斯纳尔

《现代设计先驱》

安东尼·高迪之所以是建筑史上的一位神秘人物，主要是因为他的作品反对所有建筑风格的绝对分类。当他离开巴塞罗那建筑学院时，其校长伊莱斯·罗根特曾大声质疑："我不确定我们把学位授予了一个疯子还是天才。"

高迪年轻时认定并遵循中世纪风格。他的作品反映着这一点，是因为其中包含着威廉·莫里斯的新工艺美术思想——我们只能将其称为神秘主义。高迪的建筑似乎拥有一种神赐的魔力，可以违反地心引力原则。高迪那些包含桂尔宫、举世瞩目的山形米拉公寓（当今世界文化遗产之一），以及至今仍未完工的惊世建筑圣家堂在内的大多数著名建筑，吸引着成百上千的游客来到加泰罗尼亚自治区的伟大城市——巴塞罗那参观。

左图
巴塞罗那未完工的出色建筑圣保罗大教堂——圣家堂，其外观布满了几近超现实主义的惊人雕塑，十分夺人眼球。

左图
巴特罗之家是高迪最具新艺术派特点的建筑。其在当地的原名为“骨头之家”，确有骨骼的质感。

上图
这些形状更为复杂，但从某些方面来说，圣家堂的屋顶让人想起了中世纪的扇形拱顶。高迪运用了分形几何来构造这些形状。

上图
巴特罗之家富于波浪线条的鱼鳞状屋顶。陶瓷瓦片在西班牙建筑史上沿用已久，至少在这座建筑上，高迪延续了这一传统。

根据你的预想，坐在双层巴士的露天顶层而不是有红色车顶的巴士，途经巴特罗之家（1905—1907）时，你会看到一个五彩斑斓的“恐龙脊柱”绵延于天际。这座城区住宅的阳台与众不同，像是骷髅；其立柱像是骨头。从街道上望去，整个石砌体波浪起伏，就像是恐龙的骨架。然而，高迪想方设法地要将这些构件转化成其他的东西——使整个建筑的骨架看起来像活的一样。他的这一精心设计的有机结构，是对古生物学和大自然神奇力量的一种巧妙致敬。

令人惊讶的是，早在19世纪，巴塞罗那的思维就已如此超前，以至于准许建筑物拥有这样大胆的变革。或许是因为高迪想方设法地使自己的风格既前卫又传统，他如同复兴西班牙银匠式风格与北非乡土风格一样，也努力回顾经典。他的古埃尔公园（1900—1914）仙气十足、超凡脱俗，如同萨尔瓦多·达利的画中之景一样。他的作品也有强烈的表现主义元素。高迪的建筑经常被称为“自由的有机式风格”，多年后，爱因斯坦对青年埃瑞许·孟德尔松的波茨坦塔也给予了相同的评价。

高迪在他超凡的建筑作品中是否真正践行了达尔文的理论呢？作为世代铜匠人的后代，高迪自小便患有风湿病，因而大部分时间只得独处。他生来便痴迷于几何与自然：与走进课堂学习相比，他更喜欢凝望大海。那时，由伟大生物学家与达尔文主义思想家恩斯特·海克尔绘制的精美草图首次出版，其内容包括微小的海洋微生物及原生生物。这些作品对高迪产生了影响也理所当然。圣家堂的钟楼看起来就类似一种钟形的海洋生物，像是花朵。卡尔维特之家大门上的猫眼，看似与海克尔称之为“放射虫”的一种奇特海洋原生生物就十分相像。

米拉公寓看起来像是从岩石中凿刻而来的山洞居所，给人摇摇欲坠之感，当地人称其为“La Pedrera”（加泰罗尼亚语，意为“采石场”），因为其看上去如此天然。正如高迪年轻时在他的日记中解释道：

> 自然界不会有任何单一或统一的颜色，无论是植被中抑或地质中，地形中抑或动物王国中。我们必须给建筑作品赋予色彩——这种色彩虽会逐渐消褪，但岁月将赋予其新的颜色，与老建筑更加相得益彰。

如果高迪的建筑作品中对达尔文理论有所体现，那便是他的圣家族大教堂（简称圣家堂）。如高迪所言，它将展现“现在及未来生活中的宗教现实——那就是人类的起源与归宿”。

圣家堂的故事惊心动魄，至今仍是西班牙国内一个争议巨大的话题。圣家堂的内部装饰有朝一日将会成为雕塑的森林，其间还有斑岩立柱，以及蔓延的石刻树叶，这些树叶的灵感来自城市中的光荣梧桐。每一个立面的雕刻都独一无二：面向南方还未完工的“荣耀立面”将达到该建筑的新高度。圣家堂始建于1882年，并计划在2026年完工。高迪曾经开玩笑说：“我的客户并不着急。”

乔治·奥威尔称圣家堂是“世界上最狰狞的建筑之一”，这个建筑曾经有过一段曲折的历史。20世纪30年代，在西班牙内战期间，无政府主义者烧毁了圣家堂的设计工作室和其地下室，所有的图纸与模型全部损坏。直到20世纪50年代，工程才重新继续，并引起了新的争议。我们应该保留其未完工的状态，来作为对高迪无声的致敬还是应效仿科隆大教堂，由建筑师世代接力将它完成？

由于原设计稿的遗失，巴塞罗那人只得凭借直觉与猜测来完成这个杰作的大部分工程。如今这却引起了更大的争议——人们决定运用现代技术与计算机辅助设计。对于完成整个建筑，是遵循高迪原设计还是一个更为端庄含蓄的设计，坊间引起了极大的争论和热议。就在前不久，西班牙政府宣布要在圣家

左图
巴塞罗那的桂尔公园。

左图
位于西班牙莱昂的阿斯托加主教宫。

右图
对大自然伟大的颂扬：首个完成的圣家堂“诞生立面”歌颂了基督教忠诚、希望与博爱的教义。

左下图
位于巴特罗之家的“恐龙屋顶”上，色彩斑斓的碎瓷片（加泰罗尼亚风格的马赛克）细节。据说，十字架造型象征着正要杀死恐龙的圣乔治。

堂主要立面的正下方修建高速铁路隧道，造成了一片抗议的声浪。

圣家堂的设计师不仅是一位狂热的基督徒，还称得上是位专注的民族主义者，他决定这座教堂应为加泰罗尼亚的普通民众而建。人们对石匠、他们的妻子和爱人，以及将近“四分之一人口”的广大老百姓都进行了拍照和铸型，使他们的形象成为了正立面上永恒的一部分。所罗门王的样子模仿了当地一位古怪的拾荒者，他因

用拉丁语在街上大呼“显然：吾爱吾师，吾更爱真理”而为人熟知。

为了展现圣经中无辜者惨遭大屠杀的悲怆故事，高迪从圣克鲁斯医院（他的一位朋友是那里的主任）找到死婴并制成石膏模型。为了塑造罗马士兵的形象，他找来一位酒馆服务生。此人因来自塔拉戈纳的古罗马殖民地，而具有罗马人典型的体态特征及六英尺高的身材。他们给这位服务生穿上了罗马式凉鞋，并发现他每只脚都有六个脚趾。高迪的主雕塑师胡安·马塔马拉想要隐藏这些。“不！”高迪疾呼道：“让他们还原本来面目是绝对必要的！正如杀害小孩子一样——这是很反常的事。”我们不禁也想知道那位可怜的服务生对这一切怎么想。

该工程的年轻摄影师里卡多·欧比索受到了精神的创伤：他本希望有朝一日成为一名摄影师，随后却成为了“传令天使”的雕塑模型。一次，欧比索郁闷地回忆道：“我变成了立面上所有小鸟的刽子手。”那些小鸟先被氯仿麻醉，随后摄影师不得不把它们的翅膀展开到恰当的位置，再将其交由雕塑师工作室。

高迪生命的最后12个年头全部奉献给了圣家堂：他对此如痴如醉。当资金耗尽之后，他挨家挨户地乞讨捐赠，以继续他毕生挚爱的创作。

1926年，当这位伟大的设计师穿过格兰维亚大道，想要“跟圣玛丽说几句话”的时候，一辆有轨电车将他撞倒。他享年74岁。在其破旧不堪的夹克中，唯一能找到的只有一些别针、几个榛子、一张纸以及一本福音书。高迪年轻时，尚身处社会上层：然而如今，人们却误把他当作流浪汉而送进了一所乞丐医院。三天后他去世了。但在世界上任何最伟大而动人的建筑欣赏之旅中，他留给世人的遗产都使得巴塞罗那成为必经之站。

美国：直上云霄

摩天大楼是玻璃与钢筋的荣耀。

——梅森 · 库利

你能通过一个人建筑作品的高度来衡量他的自我价值吗？在“咆哮的20年代（爵士乐时代）”，建筑师威廉·范·阿伦及H.克雷格·塞伟雷斯被委任在华尔街40号——曼哈顿的金融区，建造一座高大的建筑。

1928年，范·阿伦离开了令他痛苦不堪的合作团队。他用自己生动的住宅区蓝图去设计一座新的摩天大楼，这一建筑甚至会满足一个百万富翁那些最自负的梦想。身价倍增的沃尔特·克莱斯勒是白手起家的汽车制造商克莱斯勒公司的负责人。他接受了范·阿伦的提案，并愉快地与其共同参与设计。他们在纽约列克星敦大道开工之时，拒绝向任何人透露该新大楼的具体高度。随之而来的是一场十分激烈的竞争——建造世界上最高的建筑。

塞伟雷斯想出了一个机密的设计，那便是在华尔街40号增设一盏灯和一根旗杆。当克莱斯勒发现了，他让范·阿伦在克莱斯勒大厦的电梯机井内秘密为该建筑建造整个不锈钢尖顶，将其分为五部分进行覆膜。一旦塞伟雷斯的大楼在1929年11月如期完工，他在一个半小时内就能将185英尺（56米）的尖顶送上楼顶并用铆钉固定到位。

至于建筑的高度，短期之内还无人能及。克莱斯勒的装饰艺术杰作的高度在竣工时达到了1046英尺（319米），然而这一最高纪录他保持不了多久。就在其建成之后的第二年，通用汽车的约翰·雅各布·拉斯科布便着手在第五大道建造更高的帝国大厦来超越克莱斯勒。因为有前车之鉴的优势，拉斯科布在其原有的规划上又增添了17层高度。随后他在建筑顶端加了一个飞艇碇泊塔作为“帽子”，从而使整座建筑达到了1250英尺（381米）高。或许拉斯科布从高处向下俯视的风景十分怡人——尤其是加之克莱斯勒的大楼比他的要矮200英尺。然而，至少范·阿伦和克莱斯勒也风光了一年。可怜的华尔街40号，在自己的对手面前显得相形见绌，只做了短短90分钟的世界第一高楼。

在那之前，世界上最高的人类建筑是欧洲那些类似于林肯和鲁昂的大教堂，这两大教堂在1889年与埃菲尔铁塔并称最高建筑。这是一种批量炼钢的新技术——贝塞麦酸性转炉炼钢法，它通过向铁水中注入空气来使生铁转化为钢——这种技术改变了游戏的规则。1883年至1885年，威廉·勒巴隆·詹尼在芝加哥设计的一座10层的保险公司大厦中，便采用了这种更轻、强度更大的新材料。一时间，人们唯一成名制胜的途径就是创造新高度。

随着办公及商业区域的需求，土地价格水涨船高，这一点在摩天大楼的建造上尤为突出。如果你必须选择一个词来总结20世纪的设计历史，那便是简洁而有力的“形式服从功能”。一位与詹尼共事的年轻人路易斯·沙利文提出了这一宣言，并第一个发展了这一激进的新建筑形式的美学价值。作为一名伟大的作家与理论家，沙利文在查尔斯·达尔文发表《物种起源》后进行了将近30年的研究。他认为，建筑形式也应得到有机的发展，它不应拘泥于历史上已有的建筑风格。建筑师们需要放空头脑，或多或少从草图开始。位于布法罗的担保大厦是沙利文1894年的13层建筑作品，其外观优雅，把真正高耸入云的高度与天马行空的丰富细节结合在了一起：其奢华的立面由看似仍在不断进化与变异的植物装饰而成。

上图
装饰艺术风格的克莱斯勒大厦，使人一眼就能认出。四角的装饰仿造了1929年一款克莱斯勒汽车的冷却器盖子：62层的“滴水嘴”老鹰就来源于这款车的引擎盖装饰。

但是芝加哥学派不久就处于了下风。曼哈顿岛由于处在坚实的花岗岩上，因此十分适合高层建筑。曼哈顿作为商业与金融中心，在当时迅速扩张开来。实业家们拥向这一中心以期分得一杯羹，因此那里的土地价格直线上涨。大楼愈建愈高，形成了当今世界几乎最为著名的天际线。摩天大楼成功战胜了自然。第一次，美国终于创造了真正称得上美式的建筑。

这些高层不仅从深层意义上来说象征着自然，而且与此同时，也未被实

上图

1931—1972 年，帝国大厦是世界上最高的建筑。

上图

纽约的“双子星”塔。世界贸易中心是 1972—1973 年世界最高建筑。“9·11”恐怖袭击事件似乎并没有使全世界停下建造摩天大楼的步伐。

业家们所忽视。人们把克莱斯勒大厦定位成一个价值百万的巨幅广告。与之前所有建筑不同的是，它设计的各部分形象直接来自装饰艺术消费主义名录。纽约的建筑法规要求建筑呈“阶梯式”，以便阳光可以直射到楼下的街道。范·阿伦通过雕塑技法来解决空间限制的问题，创造了世界上最俏皮的金字形神塔风格的塔尖，其顶端设计酷似太阳光束。这一建筑用不锈钢和铝进行装饰，呈现出“汽车轮胎”和流线型鱼鳍的造型，象征了“速度的需求”。

各个点上都有金属的老鹰滴水嘴在四角向外探出；其他地方的翅膀造型来自 1926 年一款克莱斯勒汽车上冷却器盖子的装饰。这是属于一个品牌的建筑。其内饰为埃及风格，莲花的图案随处可见，展现了那个时代对图坦卡蒙的狂热追随。

摩天大楼也是奇迹倍出的地方。帝国大厦标志性的地位，即便在金刚追随菲伊·雷来到这里时也从未被动摇。1945 年，一架 B25 型轰炸机在雾中迷失方向并撞向帝国大厦，13 人丧生，但令媒体惊喜的是，大楼没有倒下。这个年轻的国家用实力证明了它的技术实力。它也正式宣告了：美国已立于世界之巅。

1966—1973 年建造的世界贸易中心是摩天大楼设计史上一个革命性的进步。为了抵御风力，许多高楼都具有坚硬的框架、横墙以及牢固的外层，以允许建筑物轻微地晃动。也曾是世界第一高楼的世界贸易中心双塔对这一技术进行了加强。密集的钢柱之间中心距离不到 1 米——也就是所谓的“钢管”——可以抵抗重力与风荷载。每座塔楼均设有 11000 个当时最先进的阻尼器，可以最大程度地降低风力的影响。

然而，世贸中心最重要的设计特点既不是其先进的技术，也不是设计师山崎实极具灵感的空间规划，使得 75% 的区域空间得以释放、出租（当时通常的比例为 62%）。其重点在于人们对大楼象征性的共鸣。1961 年，世贸中心的设计方案公之于众，同年，约翰·肯尼迪也宣布了美国正计划人类登月行动。

山崎实理想化地认为：“世界贸易意味着世界和平……世界贸易中心是人类致力于世界和平的鲜活标志。”

由著名的洛克菲勒家族建造的双塔无法摆脱其政治作用。最初，双塔是用于复兴曼哈顿下城经济的工具，在全世界范围内公认为“美国规则”的标志。在 20 世纪 60 年代，乐观的美国人热衷于炫耀自己的技术实力，并乐此不疲。在一段时间内，双塔是世界上最高的建筑。

双塔是人类战胜自然的象征，正如美国的高楼统领着天际线一样，他们也企图用自己的军事力量主宰世界政治。并不是每个人都对此持乐观态度，批评家刘易斯·芒福德谴责道：这些新兴的摩天大楼“不过是玻璃和金属制成的文件柜”。在大楼落成仪式的新闻发布会上，有人问建筑师：“为什么是两座 110 层的大楼？为什么不建成一座 220 层的？”“我不想使它们失去人性化。”山崎实开玩笑说。整个综合建筑拥有 340 万平方英尺（124 万平方米）的办公空间。讽刺的是，山崎实本人有恐高症。

2001 年 9 月 11 日，伊斯兰极端集团基地组织使美国最引以为傲的两项科技成果——摩天大楼与飞机相撞了，一时间震惊世界。自然界的火、重力及冲力变成了杀人的武器：这些摩天大厦一去无回，永远消失了。

如果摩天大楼是政治的产物，那么这些庞然大物最终装载的不过是西方国家的狂妄与脆弱。然而，这个帝国正予以反击：自由塔将达到 1776 英尺（541 米）的高度。这一高度专门用以纪念美国独立日的年份。

形式与功能

左图
位于密苏里州圣路易斯市的温莱特大厦：路易斯·沙利文被认为是第一位建造摩天大楼的设计师。

上图
俄罗斯先锋派解构主义者对现代建筑具有极大影响。朱耶夫工人俱乐部于1926年由伊利亚·格罗索夫设计建成。

下图
1891年，沙利文的温莱特大厦天花板上精美的装饰细节。

也许“事成都来居功，事败无人关怀”这句话确有道理。如果我们能说一个人掀起了新的建筑热潮，那人便是路易斯·沙利文。

在19世纪末的芝加哥，技术、品位及经济力量相互碰撞，从而产生了新的规则。

在工厂中，大量的工人可以有效地协同工作——至少理论上是这样的。人们对新办公空间及这类工厂的需求，正恰逢钢铁及建筑技术的进步。因而一时间，建造高楼——真正意义上的高层成为可能。被称为“现代主义之父”、享有诸多荣誉的沙利文是一位才华横溢的绘图员，并且是一位在现代摩天大楼的建造中具有独创性的设计师。他提出了经典名言“形式服从功能”。他的这一理念是指，一座建筑或一个物件的外形应由其预期的功能所决定。然而，这并不意味着其不具备装饰效果。沙利文的建筑不仅外观优雅、具有都市气息，还通常进行了大量的装饰。他的C.P.S.芝加哥百货公司大厦拥有奢华的铁艺花饰，其温莱特大厦刻意减少了新艺术派的痕迹。

“形式服从功能”成为了新世纪（21世纪）的最高信条。无论是对于一个茶壶还是一座建筑而言，其艺术设计应简化到最基本的功能。这一观点，带着令人感到有些强制性的严苛，应用到了建筑领域。

随着新世纪即将到来，人们就建筑应如何满足机器时代的要求进行了广泛的争论。欧洲在目睹了混乱与泥泞的西线上数以百万的牺牲之后，俄罗斯的战争与革命变成了强有力的催化剂。人人渴望一个新的、理性的秩序。

机器的出现点燃了民众的想象力。现代主义者对类似汽车、工厂、火车及轮船的工业产品广为接纳。它们是对平实而简约的设计完整性的最佳力证：它们运转着，诉说着人类的进步。机器所带来的希望曙光很快就转变为了这个世界所迫切渴望的、全新而积极的未来典范。

新建筑

1900 年，大规模的汽车生产才刚刚起步。大多数人从生到死的活动范围不超过 30 英里。在欧洲，只有芬兰允许妇女拥有投票权。然而在新世纪，经过 70 年日新月异的发展后，人类甚至登上了月球。

万事万物都在不停地运转。更快的蒸汽船现在正使海洋变得越来越小。最神奇的是人类最古老的幻想变成了现实——1911 年莱特兄弟飞上了天空。人类可以飞翔了。现代化意味着改变，然而建筑该如何回应现代化？现代主义者们对于在一个总是回望过去的社会中工作颇为不满。历史主义观一直未能解决社会问题，先锋派现在同样未看到其解决问题的能力。许多人也对随处可见的新艺术派审美疲劳了。值得人们记住的是，自从文艺复兴起，西方建筑风格便局限在怀旧之中，尽管形式或许略有不同。从罗马的圣彼得大教堂到法国的凡尔赛宫，最伟大的历史遗迹仍旧是回顾所谓的早期文明辉煌。1908 年，奥地利建筑师阿道夫·路斯完全打破这一历史，谴责所有的装饰都是“罪恶”。

相比之下，关于机器的理想则意味着美德：诚实、朴素与纯真。许多工程师的作品都引领了这一理想的前进，比如美国工程师阿尔伯特·卡恩(1869—1942)就根据理性、有序的原则，建造了数以百计的工业装配厂。在底特律，卡恩开创了一种新的建筑风格，在工厂的墙壁、屋顶和支承中用钢筋混凝土取代了木料。这使得工厂具有了更好的防火效果以及大量宽敞无障碍的内部空间。1909 年，福特著名的 T 型车装配线在卡恩设计的工厂中得以完善。因此，为什么不去考虑更大、更工业化的设计呢？1923 年，建筑师勒·柯布西耶更加突出了机械的优先权，他说：“建造建筑就是有序地安排。安排什么呢？是功能和物件。”

在欧洲，钢铁制造商早在 19 世纪就播下了异议的种子。人们曾指控古斯塔夫·埃菲尔有反对美学的罪行，然而，至少没人敢批评他的埃菲尔铁塔样式老气。自 20 世纪初，建筑先锋派就决定与过去彻底决裂——永远的决裂。

继维多利亚时代“全包椅腿”的行业道德规范之后，这将是一场真正的革命，一次清教徒的狂欢。现代运动中的新功利社会主义者在某种意义上来说，是莫里斯和拉斯金理念的继承人。然而，他们以机械和大规模生产的名义，将对工艺典范进行围攻。类似诸神之战的风格之争在大多数民众之中有着极好的引领作用，但是所有的这些对话、思想与理论只是流于表面。断断续续遭受了两次世界大战的影响，这些新哲学最终将引领老百姓的建筑进行调整，尤其是他们的住房。设计需要变得大众化。社会真正需要的是什么呢？

左图
卡恩开创了一种新的建筑风格，在工厂的墙壁、屋顶和支承中用钢筋混凝土取代了木料。工厂所有人亨利·福特对其很感兴趣。

下图
阿尔伯特·卡恩是德国人移民美国的新浪潮中的一员。这是他位于底特律的新哥特式风格建筑马加比大楼。

身为建筑师、画家和雕塑家的勒·柯布西耶将成为新现代主义的大祭司。查尔斯·爱德华·让纳雷出生于瑞士，自己根据祖父姓氏的缩写更名为“勒·柯布西耶”，以向巴黎一个昙花一现的时尚潮流致敬。这个名字后来响彻世界，无人不知。

勒·柯布西耶想要改变这个社会对于设计的看法，并致力于一种新的生活方式。他坚信，建筑可以改变社会。

空间、光影与秩序。这些对人类来说同等重要，就像他们需要面包和一席睡觉之地一样。

阳光、新鲜空气和与大自然的接触都是极为珍贵的。勒·柯布西耶一直坚持着自维特鲁威和列奥纳多·达·芬奇以来的理论，并着重强调建筑的优雅和比例，他基于黄金比例、斐波那契数列和人体测量数据来设计自己的理论体系。他将其称为“模度（Modulor）”，并解释为“一系列符合人体尺度的和谐尺寸，普遍适用于建筑及机械产品”。

根据勒·柯布西耶的理论指导，现代主义的特征可定义为简约——具有宽敞的内部空间、分明的棱角，以及至少出现在早期的专注于光影视觉效果的结构。新材料以及包括悬臂施工在内的新技术，使得这一切成为可能。

柯布西耶曾在钢筋混凝土使用先驱、建筑师奥古斯特·贝瑞的工作室学习，又在德国建筑师彼得·贝伦斯处工作过，此人视大规模生产、逻辑设计及功能大于风格为工程师基本道德。之后，柯布西耶于1915年设计了多米诺体系。这一理念是指一栋房屋由钢筋混凝土建成，从而可以实现批量生产。但是，这也十分灵活：所有的内墙均不承重，因此其内部空间可以随居住者任意改造。

这也就意味着建筑物的产生可以像工厂流水线一样高效，从而能够解决工业化城市中长期的住房问题。不久，柯布西耶便践行了标准化住房类型的理念，比如，由法国汽车制造商赞助并建造的“雪铁龙住宅”。

这样的文字游戏说明，建筑行业应采取与大规模汽车生产工业同样的方式。柯布西耶1923年出版的《走向新建筑》是一则激情澎湃的宣言。他说：“房屋是住人的机器。”

许多人认为，柯布西耶对机器美学的热爱是他藐视一切自然之物的力证。反之亦是如此：他的“新建筑五要素”之一是以屋顶花园取代原来的建筑底层。柯布西耶相信，一座经过合理规划的城市远比19世纪那种临时搭建的模式要好得多，在那种模式下，穷人住在狭小、不人性的肮脏之地。勒·柯布西耶决定，他的建筑将为人们提供一种自然健康的生活方式。这

下图

阿尔瓦·阿尔托位于赫尔辛基的芬兰大厦。尽管其拥有美轮美奂的建筑空间，然而它还存在许多实际的问题，例如卡拉拉大理岩包层在芬兰气候中易弯曲变形。

种方式将为花园与公园留有更大空间，以建造“空中街道”。

1922年的“当代城市”是柯布西耶首个大型城市规划方案。这座将承载300万人口的虚拟城市按照功能进行分区：中心的24栋玻璃大楼是商业区，通过宽阔的绿化带与工业区及住宅区区分开来。三年后他提议将巴黎的大片土地（几乎是整个塞纳河的北岸）夷为平地，作为“当代城市”的一个微型版本。在这个规划当中，城市中心是宏伟的60层十字形摩天大楼，其以钢筋为骨架，外层以巨大的玻璃幕墙包覆。该楼是办公区与富人住宅区的混合，周围是大面积的、类似花园的矩形绿地。正中心是一个巨大的多层交通枢纽，分别设有公交站、火车站、高速公路入口以及顶层的飞机场。可想而知，这个近乎疯狂的设计被人们忽略了。更为切实的方案是

上图
景观的灵魂：柯布西耶的朗香教堂从旁边的佚罗山获得灵感。向上翘起的屋顶由混凝土制成。

1933年首次提出的“光辉城市”，该规划旨在将居住于摇摇欲坠的贫民窟的家庭安置到干净现代的公寓当中。在这个幸福的乌托邦式规划中，长板形街区架空在绿地之上：道路、人行道均被抬高。将这些理念付诸实践的是1952年英国的罗汉普顿，那时现代主义已成为英国的官方建筑风格。

到了20世纪30年代，勒·柯布西耶开始对玻璃幕墙进行实验——最为著名的是1933年巴黎的救世军宿舍。其结果与勒·柯布西耶大部分的遭遇一样，不甚乐观。后来，马特·泰尔劳在杂志《名利场》中说道：“南面的玻璃立面使没有空调的住宅楼变成了前卫的烤箱。”

与众不同

现代主义的严酷并不适合所有人。20世纪20年代，在美国迪尔伯恩建造了大量令人啧啧称叹的福特玻璃工厂的设计师阿尔伯特·卡恩，曾称勒·柯布西耶的作品“是彻彻底底的愚蠢之作”。信奉传统的布杂学院式建筑风格的设计师认为，白墙、平顶、大型玻璃表面及水平窗口这样单调死板的表达远远不够。他们同样主张建筑类型的分层体系，认为礼仪纪念性与象征性的建筑最有意义。在他们看来，表达不同的功能需要不同的语言——让我们面对这一事实，并努力避免重复。

当论及住房时，像埃德温·鲁琴斯爵士一样的英国建筑师在当时仍为有经济实力的人们设计新乔治亚式或工艺美术运动风格的房屋。而另一方面，正如在加利福尼亚阿普托斯建造了克拉克海滨住宅的威廉·沃斯特，美国建筑师们则开始探索一种新的地方主义。受到启发的芬兰建筑师阿尔瓦·阿尔托，也将对他位于诺尔马库一片松林边缘的半现代主义、半地方性住宅马利亚别墅进行同样的设计。

勒·柯布西耶（1887—1965）

左图
柯布西耶最后完成的建筑作品极具争议性，直到柯布西耶去世41年后的2006年才对外开放。位于费尔米尼的圣皮埃尔教堂1971年开始建造。

下图和右图
萨伏伊别墅的内部旋转楼梯及正立面。空间充裕、优雅迷人，然而却不能居住。

你用石头、木材和混凝土这些材料来盖房屋和宫殿。这是建造，创造力也参与其中。然而一瞬间，你触动我心，使我受益良多。我可以很高兴地说：“这是美丽迷人的”。这才是建筑，艺术融入了其中。

——查尔斯·爱德华·让纳雷（勒·柯布西耶）

勒·柯布西耶是现代主义运动的大祭司，也是一个麻烦的人物。我们知道他是一个理想主义者。我们也知道，他是一个激情澎湃的自我推销者：第一批懂得巧用媒体的建筑师之一。他数十载如一日，虔心专注于完美的现代住宅与城市规划创造典范当中。不仅如此，他也真诚地希望，通过提供物美价廉的住房来改善普通百姓的居住条件，这些住房的一切将以全新的形式高效地发挥着自己的功能。然而，他的作品与理念要开化的是蛮不讲理的居民区，在那里，人们只能带着恐惧，孤独地苟活或死去，对距离自己几英尺外的住户都一无所知。

查尔斯·爱德华·让纳雷出生在瑞士侏罗山，其工作的足迹遍布世界各地。他注定成为自维特鲁威起的一长串建筑理论家中最著名、最有影响力的一位。在其1923年出版的《走向新建筑》一书中，他主张“房屋是住人的机器”；就是他区区概念中的一个，便难住了之后的一代又一代建筑师。他所主张的不是一个机器模样的房子，而是一个真正高效的建筑。他在全世界拥有极高的声誉：他的格言便是“建筑或革命”。

让纳雷把更名为勒·柯布西耶看作是迈向建筑专业的第一步。在实际当中，人们常将其缩写为“柯布”，其在法语中指“乌鸦”。这对于这个牧师模样、总是一身黑西装、一副黑框眼镜的人来说再贴切不过了。这个艺术理想家将为建筑定义一种全新的语言，并最终为城市定义一个全新的信条。这一语言将赞美（如果不是崇拜的话）技术。

他早期的建筑反映了光影与简单几何形状的互动：锥形、金字塔形，尤其是矩形平面。无论运用何种建筑语言，这其中都有一些规则。柯布西耶相信，房屋应用柱子架空起来以释放其地面空间。立面应该去掉装饰，像雕塑一样，并加以长条窗。刚刚建成时，他的房子完美无瑕、落落大方，根据你观察的角度，时而疏远又严苛，时而独特又具有灵魂。

开放的设计，加之简洁的空间与立面上唯一贯穿墙壁的水平长窗，像萨伏伊别墅一样的建筑总是执着于简约。1929 年建成的萨伏伊别墅，至今看来仍像是为贵族生活打广告的一个魅力四射的装置。它由令人难以置信的细长柱支起，这座房子屋顶上的结构，乍一看像个储气塔，或是轮船的烟囱。斜坡造就了一个日光浴场，呈现出一种突出的性感曲线。这些形状有立体主义的痕迹，有机器和轮船烟囱的影子，还有古典主义与罗马庭院的踪迹。房子的一楼阳台十分宽阔，房间也非常明亮，以至于人们很难将其内部与外部空间区分开来。然而，卧室的空间很狭窄。

从你打开钢架前门的那一刻起，一切都如此的清洁与健康：这个盆地欢迎你从外面的世界回到这里来净化自己。“‘现代人’渴望的是一间修道士的小屋，在那里炉火旺盛、温暖如春，他可以在一个角落仰望星空。”柯布西耶说。

然而，萨伏伊别墅成为一个真正的家的故事更像是一则漫画。柯布西耶不希望别墅中有任何家具——他禁止女主人放入舒适的沙发——或多或少从第一天起，这栋房子就开始漏雨。

尽管人们对萨伏伊别墅存有疑虑，勒·柯布西耶仍坚称，他提出的“房屋是住人的机器”应当具有平屋顶，而非倾斜的。住户搬进来后连续几天都阴雨连绵，小罗杰·萨伏伊的卧室都被淹了。他得了肺炎，不得不花一年的时间在瑞士疗养院休养。六年后，柯布西耶收到了一封来自萨伏伊夫人怒气冲冲的来信。

门厅正在漏雨，坡道也在漏雨……不仅如此，我的浴室也在漏雨，恶劣天气时就会闹灾，雨水从天窗灌进来。

建筑师承诺会进行修复，并用苍白无力的事实安慰备受水患困扰的萨伏伊夫人说，全世界的建筑评论都在称赞她的房子。

战争期间，令勒·柯布西耶深感耻辱的是，他与维希政府进行了合作。像许多战时的建筑师一样，他多受限于理论上，并借机完善他对城市规划的激进理念。1946 年，他受命在马赛设计一个名为马赛公寓的“垂直社区”。近 2000 人将被安置在 23 种不同类型的错层式公寓之中，共享中央的街道、商店、一所学校和幼儿园、一个健身房和一个露天剧场。1952 年建成的马赛公寓无疑是一个勇敢的新世界。今天，这一建筑受到马赛中产阶级的欢迎，他们热衷于完善的设施，例如有社区自备游泳池。然而，很快就出现了巨大的颠覆。

正如高耸的朝圣教堂朗香教堂（1950—1954）一样，后来的建筑越来越体现出柯布西耶作品的内涵。他的妻子去世后，柯布西耶在巴黎的小公寓与地中海的度假屋中过着修道士般的生活。1965 年 8 月 27 日，78 岁的柯布西耶不顾医生的嘱咐去游泳——直直地向夕阳的方向游去。次日清晨，游泳者们发现了他的尸体。

他的葬礼非同寻常。它由来自巴黎中心罗浮宫的作者兼法国文化部长安德烈·马尔罗主持。悼念者从世界各地拥来。一家日本电视频道直播了此次葬礼，甚至柯布西耶的死敌之一萨尔瓦多·达利也送上了鲜花。苏联委派一位官员前来吊唁，美国总统林登·约翰逊也是如此。苏联的消息这样写道：“现代主义建筑最杰出的大师走了。”

左图
萨伏伊别墅顶层的露天平台最初设计为健身锻炼的空间，虽然它同样也可作为阳光浴场。它右侧的烟囱会给你一种身处船上的错觉。

下图
“Unité”在马赛语中指“单元”。柯布西耶将其称为“光芒之城”，或“光辉城市”。当地人使用这个词时翻译为“疯狂的房子”。

装饰艺术

在之前，现代主义运动并非把它之前的风格都清除了。色彩——和自由程度不同的装饰——都意欲东山再起。装饰艺术是新艺术运动的姐妹篇，是世界上对风格热爱最强烈的运动之一，它如火焰般闪耀绚丽，但总是更加活泼时尚。

对异域风情的狂热席卷了欧洲，尤其是在法国，随着文化精英发现了非洲及日本的艺术。之后而来的是埃及热。1923 年 2 月 16 日，考古学家霍华德·卡特第一次得以在帝王谷亲眼看到图坦卡蒙的石棺。全世界陷入了“图坦卡蒙热潮”。随着结束在卢克索冬宫酒店舞厅的演出，以及激动人心的剧作《寻欢作乐的尼罗河》在女神游乐厅上演后，商人们纷纷一窝蜂地争抢“图”、“十字架”，甚至“啧啧”等名字来申请专利。

《纽约时报》气喘不息地急匆匆写道：《（埃及）墓穴潮流将延长波波头的流行（再续辉煌）》。对于这个因战争影响而压抑萧条的世界来说，装饰艺术及其充满异域风情的意象就像是彻底的视觉解放。旭日形饰成为了装饰艺术的标准，鞋尖上、汽车水箱护栅上、世界上最大的电影院礼堂中，以及纽约无线电城音乐厅里等随处可见，最著名的当属克莱斯勒大厦的尖顶。类似金属和玻璃的材料，加之四周尖锐的棱角，一齐形成了一种愉悦的颓废感。

不仅如此，一些字母也用以体现电气化与机械化。相比于新艺术中复杂的有机曲线，装饰艺术大范围的图案更加大胆和随性。平面的几何装饰随处可见——加之一个视觉形象库，其中包含冰冻喷泉、旭日、“之”字形及最为重要的色彩。建筑采用了多台阶的形式——阿兹特克神庙——和人字形花纹，参与建造的人们沉迷于幻想的世界，那里远离战争的阴霾，尽是女奴和前所未见的奢华。

活力、豪华与“迅猛”，装饰艺术似乎诠释了青春与性解放的新精神。这一运动几乎渗透到了艺术和设计的方方面面，从插画到精致美术，从室内设计到服饰与潮流。

芬兰建筑师埃利尔·沙里宁早就自信地通过伟岸的赫尔辛基火车站(1906—1914)将新艺术与装饰艺术结合了起来。沙里宁的火车站同古埃及一样，设立在伟人雕像的一旁：其入口的中心戏剧性曲线是装饰艺术所独有的。美国对这一新的美学开怀迎接，

下图
埃利尔·沙里宁的赫尔辛基火车站于 1909 年设计，是新艺术与装饰艺术的过渡。他的儿子也将成为一名伟大的建筑师。

上图
位于伦敦弗利特街，闪闪发亮的邮政大厦。这一金字塔形神塔风格的大楼于 1932 年由欧文·威廉姆斯设计。

下图
迈阿密南海滩的这些装饰艺术风格建筑曾经坍塌损坏过。它们后被一次联合保护运动所挽救。

视若珍宝。

与此同时，鲁伯特·德奥义利·卡特在英国为克拉里奇酒店与 1929 年的新萨沃伊剧院都选择了这一迷人的新方法。在那里，他的设计师巴兹尔·艾奥尼迪斯用银叶贴饰墙面。如今，这个刚刚复建的剧院是世界上看哑剧最为颓废的地方。德奥义利·卡特的妹夫，怀康特·尔斯特德在那时重新装修了位于沃里克郡靠近斯特拉特福德的阿普顿宅第。安妮女王之家潜藏着一个惊喜——一个法老级享用的奢靡装饰艺术风格浴室、华丽的拱形铝叶天花板，以及惊人的红色立柱。近距离观察这个下沉式房屋时，金字塔形神塔对它的影响便立刻显现出来。佩勒姆·G. 伍德豪斯对这个英国建筑中酷似监狱的浴室抱怨连连。阿普顿是唯一一个未体现此原则的乡间别墅。

正如关注青少年的 20 世纪 50 年代一样，这也是一个消费主义观念迅速扩散的时代。这一风格在全世界迅速传播的原因之一便是因为其纯粹的适应性，尤其当它面对的是大众消费产品的新世界时。战争爆发之前，小汽车是一种奢侈品。到了 1927 年，福特“T”型车就销售了 1500 万台。

第一次，加拿大和美国城市居民的人口都超过了小城镇或农村地区的人口。在美国这片摩天大楼林立的土地上，充满活力的装饰艺术建筑语言很快攻占了这个棱角分明的百万人口大都市，这一概念不久就以自身的方式展现着美国的风景——从沙利文到巴特曼。在全世界来说，从澳大利亚到日本、印度和拉丁美洲，人们用装饰艺术去促销商品，使建筑更加现代化。新西兰人甚至采用了传统毛利人的图案。

新西兰是装饰艺术珠宝的故乡，其保存的完好性与原汁原味令人惊喜。1931 年 2 月 3 日，纳皮尔市因地震而被夷为平地。在重建其市中心时——地震前的纳皮尔市约 40 平方公里的土地都处于海平面以下——他们采用了一种崭新的现代风格。尽管其中的一小部分建筑物被 20 世纪 60—80 年代的房屋替代了，市中心的大部分楼房仍然完好无损；因此，许多爱好者将纳皮尔市视为世界两大装饰艺术风格保存最完整的区域之一。另一个则在迈阿密南海滩。纳皮尔市是新西兰首个被提名为联合国教科文组织世界遗产的文化遗址。

在迅速扩张发展的美国，装饰艺术中那叛逆而颓废的精神成为了豪华酒店以及四处涌现的新电影院的标配。1922 年，首部彩色电影问世；到 1929 年，华纳兄弟与埃塞尔·沃特斯抢先用第一部全彩色有声故事片《节目》一扫华尔街破产的阴霾。

位于加利福尼亚州奥克兰的派拉蒙剧院是有声电影繁荣以来最令人欣喜的成就之一：一个得以幻想和逃避的梦幻乐园。它的入门大堂高 58 英尺，满足着顾客们的虚荣心，这些人也的确有资格进入这个好莱坞明星的殿堂。罕见豪华的材料和技术创新无处不在——意大利大理石、巴厘岛的红木，以及用色大胆的绿色人造光电池板。

1931 年年底建成、由旧金山建筑师提摩太·普夫吕格尔设计的这一建筑，随着大萧条时代的到来而愈加奢靡。它的礼堂之华丽或许无与伦比：黄金的墙壁上雕饰有来自《圣经》和神话的图案。普夫吕格尔雇用了数位艺术家为派拉蒙工作，在这一过程中可能还将他们从贫民窟拯救了出来。它的颓废感甚至都延伸到了地下室的一间“女士吸烟室”中。由于 1931 年几乎没有女性在公共场合吸烟，因此设计师在地下建了一间涂以黑漆的优雅私人密室，并饰有查尔斯·斯坦福德·邓肯举世闻名的壁画。

“这是缩小后的图片。”电影《日落大道》中的诺玛·德斯蒙德怒吼道。

遗憾的是，这位过气的电影明星也不得不在岁月的蹂躏中顽强度日。直到最近，你仍可以进入派拉蒙剧院，在酒吧中一边享用着鸡尾酒，一边聆听着吉米·里格斯演奏的管风琴曲目《强大的乌力泽》。他们在你的桌旁唱着小夜曲，还会用新闻片、动画片、电影试映和一部电影经典来招待你——20世纪30年代风格的全套服务。不幸的是，这份高雅而放纵的怀旧之情没能吸引足够的游客，并且“电影经典”系列也不得不被中止了。然而，就在我书写本文之时，这座剧院仍然在每个月的第一和第三个星期六接待着游客——它仍在坚持。

在英国，大多数拥有装饰艺术图案的宫殿都被拆除——比如由F.爱德华·琼斯设计的华丽的伦敦王宫，都让路给了连锁商店。在欧洲情况却不同，第二次世界大战打破了它的乐观和自我放纵。

然而，装饰艺术那傲慢的信心与虚假的国际化却在美国仍根深蒂固。随着设计师与建筑师们开始为追求速度而进行的长达几个世纪的探索，这场运动通过这个年轻国家日益强盛的科技实力，而演变成了实用的流线型风格。摩登女和图坦卡蒙式短发或许已经过时，但是在美国，流线型外观已发展为大热的流行文化，我们现在人人知道并喜爱或厌恶着它。

1934年，当克莱斯勒的工程师卡尔·布瑞尔看着大雁以“V”字形队列飞过天空时，克莱斯勒的“气流”系列便问世了。布瑞尔的风洞实验表明，“两箱”型汽车的运行并非依靠空气动力学原理。这一实验不仅影响了像“清风房车”一样的美国标志性设计大亨，还甚至影响了像烤箱一样无须呈流线型的产品。

到1940年，89%的美国家庭都安装了电力系统。对于有经济实力的人来说，20世纪出现的个人奢侈品在短短几十年前还闻所未闻——洗衣机、电话机、烤面包机、汽车……电子时钟、缝纫机、收音机和真空吸尘器风靡一时，通常用新材料铝或胶木制成。这些新面孔——深受成形于欧洲的新兴国际风格的影响——出现在了美国一些卓越的建筑及类似多伦多卡鲁会馆中。

旧的装饰仍具有生命力。远在印度和菲律宾，装饰艺术凭借其风靡全球的曲线图案，早已成为一种全新并改良过的现代主义的先锋。

上图

奢侈的生活方式：17世纪建造的沃里克郡阿普顿宅第。英国拥有华丽的装饰艺术风格的浴室，内衬银叶。

右图

加利福尼亚州奥克兰著名的的派拉蒙剧院。在对好莱坞实力的致敬之中，人们不遗余力，畅游其中，步步皆是奢华之象。

包豪斯建筑学派

沃尔特·格罗皮乌斯与路德维希·密斯·凡·德·罗的故事只是包豪斯传奇的一部分。包豪斯为一所德国设计学校，是理性主义设计运动中的权威之所。它在全世界的设计院校中具有传奇地位。修道士风格的"柯布"早在为著名的建筑师彼得·贝伦斯设计室工作时，便认识了格罗皮乌斯与传道士模样的密斯·凡·德·罗。

右图
表现主义蓬勃发展：所建造的波茨坦塔是爱因斯坦的科学实验室和观测台，其建筑风格具有前瞻性。

这些欧洲大国所主导，随后被称之为国际风格，曾一度传到美国。它是指什么呢？它的核心内容便是现代主义反对历史的强烈愿望。在欧洲设计的私人住宅中，同样具有极端的简化形式，这一风格不久将借助玻璃、钢铁和混凝土在美利坚合众国广为普及。工业化大规模的生产技术应在任何地方都尽可能地使用：建筑将合乎逻辑。装饰是一种犯罪。

包豪斯（德语"建造房子"）这个名字听起来很简单，但在"一战"浩劫后，千疮百孔的德国拥有成千上万贫苦而无家可归的老百姓，包豪斯对于这样一个德国来说是一个饱含情感的词汇。这一运动有一个宗旨，那便是删繁就简的设计不仅仅是为了美观，也适合这个一贫如洗的国家。学校为大规模的预制住房进行了设计，其展出的规划中的房屋成本低廉但功能齐全。格罗皮乌斯 1928 年之前都担任这所学校的校长；密斯·凡·德·罗直到希特勒执政后才担此重任。

面对当地的传统，国际风格没有让步——因为它是反传统的。无视地理位置和气候，国际风格只做它自己。这种无边界的特性在那时看来是一种优势，是新时代的象征。当然，希特勒鄙视它，因为它是真正的社会主义中的污点。纳粹谴责道，这所功能性的、以工程师为领导的学校是堕落的温床。包豪斯学校关闭的同时，纳粹自己也开始了一项浩大的建设方案，以历史主义和新古典主义风格为主。因此，大规模的文化移民开始了。正是因为阿道夫·希特勒，现代建筑运动真正走向了国际化。

顷刻之间，现代主义成了新的主流，与纳粹新古典主义相抗衡。艺术家和建筑师们逃离了，随之带走的还有他们的思想，他们逃离到美国、英国和苏联。当希特勒排斥现代主义时，他还阻挠了一场北欧的运动——表现主义。

表现主义的意义在于其令人惊叹的现代性，以及其他的目的：创造极具表现力的建筑物。或许我们会想到弗兰克·盖里或奥斯卡·尼迈耶的建筑作品，觉得它们奇形怪状还畸形。或许我们觉得这些建筑物很匪夷所思不能接受，但是事实上，它们的艺术价值确有历史意义。

表现主义起源于德国。包括弗兰茨·马尔克和瓦西里·康定斯基在内，许多这样优秀的建筑师努力通过抽象画而非具象派艺术来表达情感。埃瑞许·孟德尔松、汉斯·珀尔茨希和布鲁诺·陶特设计的建筑亦如此。汉斯·珀尔茨希是"德意志制造联盟"（德国联邦工作）的一名成员，也是一位有影响力的建筑师和设计师。此外，他还是一位企业家，现在因其激进思想而出名。魏玛剧院经理马克斯·莱因哈特请他重修了柏林的大戏剧院（大剧院），他突发奇想地用石钟乳和石笋状吊坠和支柱装饰天花板。窗户是通透的，美不胜收、错落有致的石钟乳柱让人产生一种身在古罗马斗兽场的错觉。美丽大戏剧院一定是个无与伦比的地标建筑，1988 年这座剧院遭抨击并被摧毁，这对德国的建筑史是一个巨大的损失。

时至今日，埃瑞许·孟德尔松所建造的爱因斯坦塔仍屹立着。1920 到 1921 年该塔建于波茨坦郊外，为演奏大提琴的空间物理学家欧文·芬利·弗劳德里希而建。他为了验证爱因斯坦的广义相对论，需要建造进行观测所用的天文望远镜。爱因斯坦塔主要是由砖建成，外面覆有石膏；该塔主要用于太阳观测，需要进行定期维护。作为孟德尔松的第一个建筑，那时他的建造技术还欠点火候。

孟德尔松说设计这个建筑的灵感来得很特别，他受爱因斯坦宇宙论的神秘而启发。故事后来的进展是，这个有着明亮眼睛的年轻人终于在建筑竣工后有机会能引导这位伟大的物理学家参观一下，并期待着能得到对关于他这一巨作的评价。而爱因斯坦只字未说。

数小时后，在与建筑委员会的会议上，爱因斯坦轻声地给出了他的评价："有机的"。确实，这座建筑看起来有生命力，就像它正蜷伏在周围环境里。爱因斯坦塔注重功能实用，它的高度取决于内部的望远镜高度。古怪和起伏的外墙使其得名"笨重的宇宙飞船"，或许，它看起来更像一个不友好的两栖动物。

右图
德拉沃尔馆的螺旋楼梯，位于贝克斯希尔，是英格兰现代主义建筑杰作。

下图
冷酷的白色外观和圆润的线条：德拉沃尔馆。在 20 世纪 30 年代前，英国并无此类风格。

受纳粹逼迫，作为犹太人埃瑞许·孟德尔松不得不逃离欧洲大陆到了英国。在英国南海岸，他创造了英国第一座国际风格的建筑。直至那时，英国人对新建筑风格仍很难接受。位于东苏塞克斯海岸的德拉沃尔美术馆建于1935年，以一位英国世袭贵族第九世德拉沃尔伯爵命名，这位贵族还是一位坚定的社会党人兼镇长。他想要为人们建造一所艺术综合中心，一个让人们了解贝克斯希尔的地方。人们选择孟德尔松和他的项目合伙人，塞吉·希玛耶夫，不只是因为他们流线型和工业化的设计，而是现代风格所代表的一切——进步和对民众的真正关注。孟德尔松将这个圆滑的大帐篷称为“水平的摩天大楼”。

这项工程开始于1935年，这个创新性的结构有一个焊接的钢结构。在令人眼花缭乱的建筑领域，孟德尔松和希玛耶夫的建筑物被贴上“国际风格”、“国际现代”和“现代主义”的标签。这也是执拗且传统的英国人所接受的为数不多的现代建筑之一。

韦尔斯·科特斯那令人印象深刻的Isokon楼位于伦敦汉普斯特德的草坪路，建于1933—1934年间，是不同城市生活方式的一种实验。Isokon公司为这个现代建筑设计了家具，这座建筑也会成为该公司的大熔炉和试验场。

厨房都非常小——没人会在里面做饭，如果非要做饭，就得去公共厨房。小型升降送货机能将饭菜送到楼上。那里还提供洗衣和擦鞋服务。许多著名的人曾住过，包括阿加莎·克里斯蒂、著名建筑师沃尔特·格罗皮乌斯、莫何里·纳吉、马歇尔·布劳耶，以及20世纪60年代的詹姆斯·斯特林。Iasbar是一个公共餐厅，开创了居住风格的先河，以后的几十年世界各地争相模仿。相较他设计的其他建筑，这个建筑更符合勒·柯布西耶的实用理念——“居住的机器”。但是，勇敢的尝试通常在不同情况下会有偏离。随着战争的发生，Isokon楼遭到破坏。这个独特的排名第一的公寓现在归一个住房协会所有。

出埃及记

受纳粹逼迫离开欧洲的建筑师：

埃瑞许·孟德尔松
沃尔特·格罗皮乌斯
马歇尔·布劳耶
密斯·凡·德·罗

最后，他们大多到达美洲，这里指美国。在这里原创性和创新性早已发展，因而美国成为世界上无可争议的建筑引领。

左图

Isokon楼，用于居住，阿加莎·克里斯蒂曾经在伦敦的家。

在马歇尔·布劳耶的小公寓里，他设计建造的自己的厨房，现仍幸存。

铭刻的字

为完成委任建造一座伟大的建筑，我会像浮士德一样出卖我的灵魂。现在我找到了我的魔鬼，它和歌德的魔鬼一样引人入胜。

——阿尔伯特·斯佩尔

1907 年，十六岁时辍学和叛逆的阿尔伯特·斯佩尔，决定将他的创造力投入建筑艺术中。

我知道有朝一日自己会成为一位建筑师。确实，这是一条异常艰难的道路。它需要高中文凭，而我没有。我的艺术梦看起来不可能实现。

这个建筑失败者是谁呢？他曾经是个画家，还是维也纳漫画家。他是个放荡不羁的艺术家，名叫阿道夫·希特勒——他的黑历史我们再熟悉不过了。

在 20 世纪 30 年代，这位野心勃勃的未来领袖拉拢了他身边的大量宣传机器——摄影师、艺术家、设计师，以塑造一个“新”德国。外观决定一切。在闪光灯和游行乐队的烘托下，横幅飘摇，衣着鲜亮，他演说的技能效果很快就被大大地夸大。时至今日，我们对第三帝国的建筑印象大多还停留在希特勒想让我们看到的景象里。

现在，在德国提到“古典”，便与罪恶和暴政联系在一起。

但是希特勒对于建筑的野心远比宣传的要大得多。早在 20 世纪 20 年代他就开始画建筑草图了，那时他甚至不敢想象他画的建筑会被建造。希特勒想要成为千年帝国的缔造者，同时创造一个建筑宣言，昭告世界。他将其称为“铭刻的字”。希特勒通过魏玛共和国看到了思想自由的社会思潮，比如德国表现主义和包豪斯建筑学派，它们都是堕落和衰败的真实教训。所以，这两派是纳粹主义演变而来的两个建筑风格分支。第一个属于古典主义，第二个属于军事化的德国浪漫主义。

对于希特勒来说，罗马意味着权力和月桂花环——胜利。联系到罗马的帝国历史，他认为，他和他的体制就好似主宰数世纪的“尊贵”帝王。他的帝国还能为德国人民提供一个理性、文明的未来，期许一个更好的文明。

这位未曾受过训练的帝国缔造者需要一位建筑师。一开始，希特勒向保罗·特罗斯特学习。他曾与彼得·贝伦斯共事。彼得·贝伦斯是一位虔诚的清教徒，简化的古典主义者。温文尔雅、英俊潇洒的阿尔伯特·斯佩尔不仅是位年轻设计师，还是个党员。后来，他受任帮助特罗斯特重修位于柏林的总统府。斯佩尔特立独行，他增添了一个著名的阳台，后来希特勒在这里进行过当众演讲。然而，正如斯佩尔所记载的，特罗斯特始终是希特勒的首席设计师，也是最信任的设计师，直到他 1934 年去世。

多年来，每当空闲他（希特勒）就驱车前往特罗斯特的工作室，去参观新建筑的设计。但是，这位领袖不只关注整体设计，每个细节，每种新材料都得经过他的同意，而且经过他指点后，改善很多。正如领袖常说，这些共同设计的时光对他来说是极为高兴和快乐的。从这种纯粹的放松中，能发掘进行设计其他的力量。

但是，希特勒战前建造计划需要远不止一位建筑师。涉世不深的保罗·特罗斯特很顺从。希特勒画了口袋大小的图纸，细致到限定了石头的种类。然后，年轻的特罗斯特就遵从地修正和重做。当特罗斯特去世后，阿尔伯特·斯佩尔继而成为希特勒圈内的一位钦点的建筑师。为了给新德国创造一个引领，新古典主义发挥了重要作用：斯佩尔和希特勒甚至幻想有朝一日这些遗址将变得何其宏伟。

斯佩尔成为首席建筑师后的第一个任务就是建造 Zeppelintribüne——纽伦堡祭坛，因雷妮·瑞芬舒丹的万恶电影而出名。同许许多多纳粹产物一样，它的影响是宏伟不朽的，也是略带讽刺的。容纳 24 万人的 Zeppelintribüne 是以放大视角的土耳其帕加马祭坛为原型设计的，而土耳其帕加马祭坛本身又是依照帕特农神殿所建造的。虽没有创新，但在 1934 年的全党集会上，斯佩尔用远射程探照灯围绕祭坛一圈，形成“教堂之光”，象征着升起的古典光柱。光束从 120 只位于祭坛边缘的军用高射炮探照灯

左图

古堡维沃兹堡，纳粹胜境：原为后代聚集于此缅怀膜拜千年帝国的缔造者——希特勒所建，结果希特勒只在位 12 年。

中打出，光线高达几千英尺，直指夜空中。所有的人都说，其效果极为震惊。

希特勒的大多数建筑物都是肃穆、笨重且不成比例的。也有例外，比如在 Zeppelintribüne 附近的 Pfeilerhalle，即柱廊，晴天的时候暖暖的阳光柔柔地洒在柱子上。还有卢伊特波尔德厅，纳粹党开国会的地方，尽管规模较小，仍是最精致的建筑之一。该厅始建于 1906 年，一开始作为展厅和举行活动的场地，在 1933 年被纳粹接管。后来，阿尔伯特·斯佩尔用石灰岩石板进行重修，添加了一个纳粹标志。卢伊特波尔德竞技场能够承载 15 万纳粹士兵、党卫队，以及冲锋队。

第三帝国里还有一个雅利安人的审美神话。希特勒在位于贝希特斯加登的上萨尔兹山，拥有一个传统的阿尔卑斯风格的高山度假村，与真正德国建筑风格进行了融合。但是以帝国名义推动这种乡村浪漫主义的却是纳粹帝国的第二号人物——海因利希·希姆莱。他对亨利一世时的萨克森帝国和奥斯曼帝国很感兴趣。该朝代是通过向东入侵而建立，对斯拉夫人实施暴政。在 1941 年的党卫队杂志——《黑色军团》上他这样写道：

七百年来，奥尔什丁堡、海尔斯堡、克维曾和奈登堡见证了无数的侵略和抵抗战争，因为这些土地象征着数代德国贵族在东普鲁士的旧“殖民地”，建筑上的文字没有白刻，这些土地又归德国了。

这种说法不过是为了将德国东征合法化，并维持党卫队骁勇的骑士形象——反映了一种旨在巩固和扩大权利的思想。

这时精锐骁勇的党卫队需要一个合适的基地——事实上，就是一个城堡。希姆莱计划以中世纪骑士为榜样重组党卫队。他的计划太过超前，他甚至为党卫队最高级别人员制作了盾徽。

1934 年，希姆莱签署了一份韦沃尔斯贝格城堡的百年租契，该堡位于德国帕德博恩。1603 年，韦沃尔斯贝格城堡在原址重建。地下室的地穴进行过修整，用于举行宗教仪式和安放党卫队首领遗体。城堡位于众多楼群中心，楼群将城堡环绕，形成错落有致的风景。同时，在城堡一旁就是德国最小的集中营——尼德哈根集中营。据记载，3900 多名犯人关押在此，1285 人去世。

上图
1933 年，卢伊特波尔德厅被纳粹改造用于党集会，可以容纳多达 15 万名成员。这些历史在纳粹的神话建筑中不可或缺。

左图

阿尔伯特·斯佩尔的“光之城堡”：这是1937年纽伦堡集会时的巅峰时刻。斯佩尔是希特勒最欣赏的建筑师，后来成为军备部长。

1937年，斯佩尔负责设计整个柏林城市的风光，为城市设计新的基础设施。这时，32岁的斯佩尔已经有了一个共事的设计师团队，其职权甚至超越了市长——朱利叶斯·利珀特。到1938年，所有的犹太建筑师协会都遭到清理。

根据希特勒指示，柏林的规划包括形成一个巨大的贯穿柏林南北的凯旋轴线。柏林大多是有纪念意义的新古典主义建筑。根据希特勒的草图，斯佩尔在柏林南端设计了一座巨大的凯旋门，还设计了一个带有大广场的火车站。稍小点的东西轴线贯穿火车站，东西轴线上还有一个重新设计的国王广场。这个广场作为纳粹大规模集会和举行活动的场所。其目的是与19世纪豪斯曼设计的巴黎相媲美，并与富丽堂皇的古罗马旗鼓相当。

斯佩尔设计的德国体育馆能够容纳40万人。在这个设计中，将罗马竞技场的马蹄形状同希腊的入口相结合，形成一个巨大的列柱大厅。单体育馆的正面就需要35万平方米的花岗岩，这个数目是前所未有的。1939年9月1日战争爆发，德国体育馆、三月运动场和国会大厅的预算已涨至2800万马克。在纽伦堡审判后，斯佩尔的纳粹恐慌引起了激烈的讨论。很多证据都表明，他对所发生的一切都了如指掌。比如，负责采石工作的海因茨·施瓦茨，也负责管理“人员问题”，这里委婉地指奴役和大批杀戮。他告诉斯佩尔，一个犯人抵得上四个百姓。

不论答案是什么，斯佩尔肯定是受了希特勒蛊惑。他说：“现在，我对此感到羞愧，但那时，我十分崇拜他。”斯佩尔说，最后的时候，他甚至考虑过暗杀希特勒。在1944年7月20日的暗杀行动中，斯佩尔的名字在可能的同谋者之列。尽管谋反者在他签下的名字后画了一个问号，但是这份名单或许拯救了他。

希特勒是彻底完了。1945年1月2日，纽伦堡的中世纪中心遭到轰炸(一个月之后又一次轰炸)。数小时之内，这座城百分之九十都被毁坏。美军轰炸了Zeppelintribüne顶部的巨大纳粹标志，但大多数建筑还是保留下来了。柱廊现在只剩下了底座，卢伊特波尔德厅在轰炸中破坏严重。现如今只留下断壁残垣。

1945年5月1日在柏林，同盟国放了熊熊大火，大火四处肆虐，令人震惊。许多希特勒下令建造的建筑有的已经不存在了，有的已经无法辨认了。宽敞的迪特里希·埃卡特舞台，即当今的柏林森林剧场，现用于摇滚音乐会。所有的纳粹标志都不复存在。

奥斯卡·尼迈耶（1907—2012）

奥斯卡·尼迈耶的人生观与在现代建筑中生活的人们截然不同。他生于现代主义时期，而后逐渐形成一种独特又前卫的建筑风格，象征了他的本土巴西的色彩丰富的生活。他曾在报纸上说过：“我设计的建筑是蜿蜒的曲线，是女人的身体，是弯曲的河流，是大海的波涛。”

尼迈耶主要因巴西和欧洲的大型项目而得名。那年 9 月，当勒·柯布西耶坐着飞艇来到里约热内卢时，尼迈耶还是个初出茅庐的建筑师。1936 年，勒·柯布西耶到达后与卢西·奥科斯塔共事，一起设计了国际上建筑的里程碑——教育和卫生部大厦。

勒·柯布西耶配有一个助手帮助他作图。勒·柯布西耶也被称为“柯布”，他对这位年轻的巴西小伙的绘图质量印象深刻，便决定把他收在麾下。时至今日，尼迈耶身上还体现着现代派的特征，他既是坚定的社会主义者，又是慷慨激昂的建筑师。他是战胜保守派共产主义的幸存者之一，并把古巴领导人菲德尔·卡斯特罗视为密友。

上图
尼迈耶获得了建筑师一生的机会用来规划新城巴西利亚。此处，是国家文化中心。

毫无疑问，勒·柯布西耶对尼迈耶产生了深远影响。尼迈耶接着设计了一些明显体现现代派的房屋。然而，连尼迈耶自己也说，勒·柯布西耶也受到了他的影响。圣弗朗西斯科教堂位于（巴西）潘普利亚，其宏大夸张的波浪状水泥拱顶打破了一切传统。六年后，勒·柯布西耶建造了朗香教堂，堪称他的顶极杰作。朗香教堂是不是仿照了圣弗朗西斯科教堂呢？

1953年，在里约热内卢的卡诺阿斯，尼迈耶建造了自己的房子，这是首个包豪斯式的石质房子。波浪起伏的白色混凝土屋顶从森林中冒出，下方游泳池里倒映出屋顶的形状。在屋顶和水池之间有个阳台，阳台上镶嵌的大圆石与附近的山景相映成趣。

"你的房子很漂亮，只是不能批量生产。"沃尔特·格罗皮乌斯严厉地告诉他。这位年轻的巴西小伙只是缺少批量生产的思维，而欧洲人更倾向于为大众建造便宜的房屋。尼迈耶辩解道，这是在私人土地上专门设计的私人房屋。

"你怎么能够复制一个在特定环境、特定经纬度、特定光线和特定景观中的房屋呢？你怎么能够再建造一次呢？"

过后他解释说："我感到愤怒不是因为正确角度的错位，而是对建筑纯度、结构逻辑、自由创新形状的不兼容性等这些问题的过于担忧，我生气的是当代建筑已经演变成了一模一样的玻璃立方体。"

总统儒塞利诺·库比契克也是尼迈耶的老顾客。当塞利诺·库比契克当选总统时，他决定要让巴西改头换面。他的口号是什么？"用五年取得五十年的进步。"那时是1955年。他出现在49岁的建筑师尼迈耶门前，他声称：

奥斯卡，我们要建设巴西的首都。一座现代化的首都——世界上最漂亮的首都。

建筑使这个国家耳目一新，成了一个乌托邦沃土。新城的设计灵感来源于一个世纪预言：居住在都灵（意大利城市）的一位神父，看到一个幻

下图

奥斯卡·尼迈耶博物馆位于库里提巴，其建筑形式极其自由：一个由混凝土建造而成的半超现实主义建筑。尼迈耶百岁后仍在工作。

上图
巴西利亚的鸟瞰图。巴西利亚被认为是世界上最民主的城市。当今，人口增长迫使穷人离开城市去往郊区。

上图
尼迈耶位于卡诺阿斯的私人房屋，其内部饰铺有干净的木地板。设计别致，与周围山丘的宏伟自然风光交相辉映。

景：在北纬15度到20度的纬度圈内，新的文明将会在某个地方出现。库比契克（他的跟随者称他为“JK”），无外乎想要在这里创造一个新的国家形象。宽阔的大街，精致的住宅区，新颖的建筑，巴西利亚俨然是一座完美的城市。

对于尼迈耶来说，他被给予了一个有生以来最重要的机会去重新设计整个国家的形象。他的老朋友科斯塔赢得了城市总体规划的工作。于是一个适宜又有远见的规划产生了——整座城市是一只有两只巨翼的鸟的形状。

由60名的建筑师在两年内完成了大部分建筑的设计，而且这些建筑物都是在2000个日夜中建造起来的。

我现在还能回想起他们（他的同事），大家在画板前弓着背，全神贯注，投入在巴西利亚的建设中。

这座21世纪的绝对现代化城市既高端大气又充满幻想，在人烟稀少的高地上拔地而起，彻底改变了巴西的国际形象。巴西利亚的确有梦想中的质量在某种程度上符合了最初的设想。

尼迈耶不喜欢坐飞机，但是他喜欢云朵，当他从里约热内卢驱车550多英里时，他经常怀念天上的云朵。这种影响在阿尔瓦瑞达宫得到了明显的体现。阿尔瓦瑞达宫，建于1956到1958年，是新首都建成后的第一座大型建筑物。阿尔瓦瑞达宫总共三层，精致的白色大理石柱顶部粗底部细，前面是一个人工湖。让－保罗·萨特将其描述为“一把美丽的扇子”，这座建筑看起来像能够从地面飘浮起来一样。尽管这座建筑轻盈无比，气派精致，它的历史渊源却来自坚实的大地——巴西传统农舍历史悠久又精密的布局。

他的另一座建筑同样体现着这种平均主义思想——历史悠久又低调的国会（建于1960年）。人们可以登上两个斜梯，沿着屋顶漫步，把管理他们的人踩在脚下。

可惜的是，这种民主的努力并没有在历史上留下很久的印记。尼迈耶的名望也没能改变政治，还使尼迈耶失去了佣金。1964年到1985年，在巴西的军事独裁受到人们的反对。面临着调查和威胁，尼迈耶被流放了18个月，却一直在进行设计，包括巴黎的法国共产党的总部，马来西亚的槟榔屿州清真寺以及阿尔及利亚的康斯坦丁大学校园。

现已100岁的尼迈耶还在继续工作，他决不会妥协。他的想象力体现在建设教堂、纪念碑、图书馆和用于举行里约热内卢年度狂欢节的运动场中。确实如此，年轻的建筑师望尘莫及地感叹道，尼迈耶是巴西唯一的建筑师。即使他已如此高龄，这也是事实。当他80岁时，他赢得了建筑领域的最高荣誉——普利兹克建筑奖。横跨瓜纳巴拉湾的当代艺术博物馆是他所设计的最受欢迎的建筑之一，像一个巨大的白色盘子，漂浮在海面上。当他差不多88岁时，这个博物馆才完工。如今，在这座建筑物面前拍婚纱照的人们络绎不绝。

左图
巴西利亚的大教堂——圣母阿帕雷西达大教堂。荆棘的冠冕被重新诠释为一种灵性的却不乏美感的思维。

下图
堪称里程碑的当代艺术博物馆位于尼泰罗伊，跨越里约热内卢的海湾。尼迈耶89岁时，心血来潮，在海角处增高52英尺（16米），使得建筑看起来像雷鸟里的特雷西岛。

这位年轻的共产主义者是完全按照伟大的主顾库比契克的嘱托完成工作的。他为巴西创造了全新、现代、美好的新面貌，全巴西人们都由衷地这样认为。他是如此的成功，如此的受欢迎，或许也源于他对缩小贫富差距的坚持。他的建筑传递了乐观和希望。在里约热内卢的海滨地区，有一个尼迈耶设计的塔，是一所商业和法律学校，这里却看不到海景。对于尼迈耶来说，他知道只有高管才有可能得到这些顶部的办公室，所以他很确定，不会有人看到海。

攀登世界

上图

卡尔·马克思大院有 1382 间公寓，设计容纳 5000 人，被称为“无产阶级的街道”，配套设施优良，比如幼儿园和洗衣房。

现代派未进行的改革在第二次世界大战期间终于实现了。两次世界大战留下的历史屠宰使得人们产生一种历史的心碎感。丈夫、孩子，甚至是整个家庭都没了。在有的村庄，很多年轻人被杀死，导致许多当地姓氏在教区记录上彻底消失了。社会严重动荡：人们认为这个世界亏欠这些平凡人，大多数是工人阶级，不论男女，不论平民还是军人，都失去了生命。从这一点看，公众的观点逐渐成为社会的驱动力。到 20 世纪 60 年代，在审美方面，公众的观点同精英人物的一样重要。甚至从第一次冲突起，不论苏联、法西斯意大利、纳粹德国还是民主国家，所有的政府都宣称从所谓的“大众”利益出发。

在 20 世纪 30 年代，在“红色维也纳”和荷兰，职工宿舍的建设给了欧洲灵感。住宅区里饰有精心打理的花园和优质的设施。维也纳的卡尔·马克思大院建于 1926 到 1939 年，这个职工住房有一面巨墙，使人们联想起“工人堡垒”。然而，这个院子还有精心维护的操场和花园，以及洗衣店、商店和开放区域。北边的幼儿园成为了新社会秩序的模范。

特别是在英国，战争时期的炮弹使 20 万个家庭被摧毁，50 万个家庭遭到巨大毁坏，因而形成了一种新的理念：“从摇篮到坟墓”的社会主义。一个未完成的贫民窟清除计划使形势愈加复杂。“家庭、健康、教育和社会保障，这些都是你与生俱来的权利。”工党政府的卫生部长安奈林·贝文向选民如是说。

面临国内的住房问题，财政大臣斯塔福德·克里普斯爵士，同时他也是一个严厉的基督福音派教徒，用当地科茨沃尔德石仅建造了一个新的住宅区，位于菲尔金斯牛津郡的一个小村庄。租户住在带花园的传统风格小屋里，里面有两到三间宽敞的卧室，还有公共操场和室外游泳池。然而，克里普斯氏是一个富裕的地主：要在全国找到赞助商来建造质量如此之好的房屋是不现实的。富裕的马克思主义慈善家十分稀有。

建筑产生变化的焦点是：当地政府成了建筑赞助巨商，这将有着深远影响。建筑将会受意识形态和官僚主义的牵制，而非王公贵族的赞助。

1945年，在艾德礼工党政府的指挥下开展了重建工作，使用预制构件、金属框架、混凝土包层等建造房屋和学校，这些材料的使用引起了英国人的质疑。

受勒·柯布西耶的启发，谢菲尔德的公园山是英国第一个此类型的住宅区。欧洲许多城市都相继模仿公园山的公寓布局、商店和其他便利设施。混凝土成了新奇材料，借助混凝土进行了许多战后修复。重要的是，混凝土既便宜又快捷。

在法国，勒·柯布西耶最终有幸将城市规划的理念变成了现实。建于1952年的马赛公寓已经有了30多年的历史。马赛公寓有17层，可供1600人居住。这里有许多种适合各种类型住户的单元，还有商店、俱乐部和会议室："抬起来的街道"将所有空间连成一体。英国很快出现了各式各样的大型居住群，甚至出现了酒店。

同年，奥尔顿地产的首个居住群建立起来。大部分奥尔顿地产都位于伦敦的里士满公园边缘。这是对勒·柯布西耶规划的致敬。奥尔顿地产的一期是既有高层又有低层住宅，在茂密的树丛中错落有致，与勒·柯布西耶的规划如出一辙。然而，浅色的砌砖、彩绘的窗框和外表大片的混凝土引起伦敦郡议会建筑协会中强硬的现代主义派的不满。

一年后，奥尔顿西区完工，回归了纯粹的极简风格。这群建筑远比许多英国房子成功得多，尽管周围的住户可能不这样说。但是勒·柯布西耶缺乏更大面积的规划。如果你到那里，你会觉得似曾相识，这是因为反乌托邦经典电影《华氏451度》曾在这里拍摄。

建筑师不仅关注细节也关注整体规划：技术专家不能理解。卓越的现代主义派想要发展一种更柔和、"人文主义的"现代主义，与瑞典约恩·乌松的乡土建筑，或者伯恩附近的哈伦住宅区相符合。轰动一时的布罗德沃特农场地产位于北伦敦，这里在1985年曾发生动乱，其原规划包括商店、酒吧、自助洗衣店、牙医和医生诊所。由于当时以节约成本为第一原则，所有的一切都被取消了。当建成后，一层只有未使用的停车场——这是社会动乱的代价。

在思想意识上，议会或许认为他们遵循着勒·柯布西耶，就能形成"天空中的街道"般理想的愿景。不幸的是，在大型住宅方面，很少有英式的诠释可以得到柯布西耶规划的真谛。无论是被一位住户认为是"混凝土峭壁"的公园山住宅区还是由艾莉森·史密森与彼得·史密森夫妇于1972年共同设计的位于伦敦的罗宾伍德花园都没有游泳池、阳台和"阳光城市"景观区。政府没能将勒·柯布西耶背后的人文主义核心表现出来。考虑不周、建设不精的住宅区从此使得英国城市变得黯然失色。

在美国，情况不太一样了。1961年，美国学者简·雅各布斯出版了《美国大城市的生与死》一书。她认为，传统的住宅远好于现代主义所规划的住宅。柯布西耶所说的"天空中的街道"指的是，当你望向窗外，你能看到天空。尽管柯布西耶可能是一个有远见的思想家，他认为所有的现代人只需要一间僧舍，光线充足，保暖良好，还能有一角可以看到星星，然而大部分人并不是这样的。雅各布斯和一群当代

下图

天空中的街道：由杰克·琳恩设计的公园山住宅区，建于1957到1961年。位于英格兰谢菲尔德，住宅区一部分延伸到小山丘顶部，现正在私下重新规划。

上图

揣猎克塔展示了人们品位的改变。现在它受到年轻的伦敦行家的青睐，却不吸引家庭和年老的人。

的学者都说，居住在一起的人们需要互相了解。一个能遮风挡雨的地方是不够的，人们首先需要的是集体感和安全感——“大街上的眼睛”。因为住在现代住宅里，人们默默无闻，与世隔绝。甚至由米诺儒·雅马萨奇设计的位于密苏里州圣路易斯的曾获得奖项的普鲁蒂—艾戈住宅区在建成20年后就被拆除了。

作家汤姆·沃尔夫斥责说：“当今，住在职工住房里的那些人根本不工作，还享受着福利。”

勒·柯布西耶于1965年去世，反对现代主义的声音愈加强烈。仅在英国，在现代主义的潮流中，就建造了185万多间公寓。在全法国，就建造了许多单元公寓，但不是都很成功。有一座建筑位于法国最北部的布里埃森林地区，10年后被废弃了。20世纪90年代，画家彼得·多伊格发现了它，说它荒凉、空旷。

你会感觉偶遇了一艘来自其他星球的宇宙飞船。当你走在城市环境里，你会对建筑的陌生感习以为常。

这座建筑超乎一般的质量和脱离传统的风格都让多伊格震惊不已。似乎像一艘不知从哪里来的宇宙飞船。甚至连飞船的起源都带有柯布西耶设计风格。要想模仿，简直太难了。20世纪80年代的巴黎，大片住宅项目受他的启发，城市边缘化现象显而易见。一年内，城市犯罪率上升了百分之十，但都与社会性建筑无关（运动俱乐部、教堂），它们都没有历史渊源。城市充斥着反社会力量。这些建筑唯一的文化渊源就是因结构得名——兔笼。住在里面的人们真正地被困住了。

有这样的时候，几天之内，公众观点与事件相结合的时候就会在争议问题上产生倾斜。在1968年，揣猎克塔建造的同年，就是这样的时刻。伦敦另一个区纽汉发生了一场灾难性的瓦斯爆炸。刚投入使用2个月后，罗南点塔楼遭到彻底摧毁，就好像纸牌造的房子一般。68岁的艾薇·霍吉刚放下水壶，用火柴点瓦斯，造成了事故。尽管她幸存下来，还有5人死亡，17人受伤。这次相对小规模的爆炸造成大楼后部的混凝土爆裂。当地建筑师萨姆·韦伯发现，该建筑的建筑结合点是用报纸填充的，每两个平板间的墙面受调平螺栓支撑，而不是完整的垫层砂浆。整座大楼坍塌零落。

现在，现代派遭到谴责，不仅因为建造的建筑外形丑陋，除了建筑师没人能欣赏，还因为他们置人的性命于危险之中。揣猎克塔成了最后的塔楼。所以，大楼的质量使勒·柯布西耶和他的同事震惊，这座建筑为英国高层建筑的实验敲响了丧钟。

罗南点塔楼被摧毁了。现代派曾梦想他们的建筑将会使世界变得更美好。但是，似乎，梦想灭亡了。

恐怖之塔

一座最遭英国公众憎恨的野兽派艺术建筑。揣猎克塔多次登上小报头条：女人在电梯里被强奸，地下室的海洛因上瘾者，流浪汉在公寓里纵火。这座建筑是如此的臭名昭著，以致有传言说，其建筑师由于愧疚从31层跳楼了。尽管传闻沸沸扬扬，但并不是真的。艾尔诺被夸大的人生故事启发了伊安·弗莱明，创作了金手指——最活灵活现的反派人物之一。这位建筑师是一位匈牙利流亡贵族，还是一位马克思主义者，迷倒无数少女。当有人问及建造高楼的智慧时，他一言不发。他曾试图解雇一位员工，不能因为一点公众意见就干扰了自己的好心情。“我为他们建摩天大楼来居住，却被这些人搞得乱七八糟，这太令人恶心了。”揣猎克塔是他最后完成的一个作品。现在，这座建筑已经成为城市的地标，因为伦敦人已经对高层习以为常，它还代表着20世纪60年代的记忆。

怪异的畸形建筑?

野兽派艺术现在正在以色列经历一场大复兴。在以色列，安全性和质量强度是建筑风格的必要条件，特别是公共建筑。一度被全英国唾弃的揣猎克塔，倏然之间，变成了一个时髦的居住地。暴露的混凝土再一次变得流行起来，新建造技术已经得到发展。英国电视台第四频道制作了一套节目——《我喜欢畸形》。

走近玻璃立方体

密斯、凡、德、罗喜欢引用圣、托马斯、阿奎那的一句话：“原因是人类一切工作的首要原则。”曾有一次，他的学生问他关于建筑师在作品中的“自我表达”。作为回答，他叫这位学生写下自己的名字。然后他说：“这就是自我表达。现在，我们开始工作。”

他的那句常被引用又隐晦的格言——“少即是多”，完美地贴合了密斯·凡·德·罗的诉求，寻求一种纯粹、理性的现代主义。城市规划是复杂的：必须找到合理的解决办法。早在1919年，他第一次想出一个大胆的计划——玻璃摩天大楼。钢框架能通过大片玻璃被看到，就像骨架被隐藏在一层紧绷的皮肤里。一直到20世纪中期，降温、吸热的玻璃和冷荧光灯才使得这个醒目的想法从技术上变得可行。

包豪斯时代即将到来。自学成才的密斯·凡·德·罗成了芝加哥建筑学校的领导，在那里他教给一代又一代学生：建筑应该与它所在文化的意义相交融。他大量运用钢结构，用玻璃填充，引起了美国人的共鸣。这些似乎是19世纪芝加哥学派的自然演变，却又加了一点欧洲色彩。那时，沃尔特·格罗皮乌斯加入了哈佛设计研究院。1944年，他和密斯·凡·德·罗都加入了美国国籍。经典“密斯”风格似乎将简单发挥到了极致：以立方体为特征，暴露的钢结构，大面积的玻璃。这种严禁对称性的优点在一些项目中得到体现，比如位于芝加哥的湖滨大道公寓。他希望创造一种新的、易模仿的建筑，能够凸显光线、空间和空气。他的建筑基于真材实料和结构完整性的原则。新的建筑风格不仅仅是一个审美的趋势。建造速度的提升成了一个巨大的优势。一旦钢结构完成了，外观预制材料将通过吊车送到指定位置，并且马上可以安装焊接。

到那时，包容的美国十分乐意为密斯·凡·德·罗提供机会，在其昂贵的地产上，建造纯玻璃立方体式的建筑。他最受欢迎的大厦是为威士忌施格兰公司总部建造的。于1958年完工，这座大楼高38层，细节处饰以青铜，在它的广场上感觉与整个纽约都在一臂距离之内。客观地讲，这座大楼令人过目不忘，20世纪的缩影与现代主义相融合。他的其他建筑还有位于芝加哥的IBM广场，和建于1967年的六塔多伦多道明中心，内部饰以黑色铝合金和石灰华大理石。底层是干净整洁的购物中心，密斯坚持店面必须与他设计的玻璃板和黑色铝合金相协调。即使是标志也必须是用白色的字写在黑色铝合金版面上，连字体也得按照他的设计。

同时，仍住在法国的勒·柯布西耶受到全世界追捧，他最喜欢曼哈顿。喜欢它的崭新，喜欢它的高楼大厦。他最喜欢的，是它的条理性，这是一座严格按照网格系统规划的城市。在1935年，到达纽约时他表示只有一处不满意。第二天，《先驱论坛报》的标题指出，这位建筑大师觉得美国的摩天大厦“实在太小”。

左下图
1958年，密斯·凡·德·罗和菲利普·约翰逊建造的西格拉姆大厦，位于纽约，外形简单，经典实用。引起了一波相继模仿潮流。

上图
多伦多道明中心，由密斯·凡·德·罗和B+H国际建筑师事务所合力打造，六塔，覆以铜漆玻璃和喷黑钢结构。

下图
从河东岸看纽约联合国总部。如今，大楼需要重新修整。该建筑代表着新国际主义。

1947 年，在联合国新秘书处的帮助下，他得到一个将国际风格应用到第一大道的机会。纽约唯一的一栋摩天大楼高 38 层（544 英尺 /165 米），也是纽约最早的玻璃幕墙建筑。在联合国设计董事会的指导下，一个有 10 名建筑师的国际建筑师协会组成了，包括巴西的奥斯卡·尼迈耶和瑞典的斯文·马西利乌斯。柯布西耶的设计“23a”代表法国获得竞标，将以选中的图纸为基础进行进一步设计。

华莱士·哈里森——一位有权势的人物，与赞助了场地的洛克菲勒家族有深交。华莱士·哈里森和马克斯·阿布拉莫维茨共同负责监督这座容纳 3600 人的大型办公楼的设计。这栋大楼象征着精湛技术、国际合作和里程碑，除了在电视上造成了一定的影响之外，它实在是没有什么优点。狭小的地面对于办公室空间来说太小了，大面积的玻璃幕墙也产生了温控问题。如今，联合国投入十亿美元用以重修，解决石棉困扰、含铅油漆和混凝土易碎问题。然而，数年来，这些问题一直在影响商业建筑。

利华大厦，建于 1951 年，采用了密斯开创的玻璃幕墙式，而后世界各地相继模仿。建筑变成了一种生产，似乎，一座建筑立马就可以被模仿复制。SOM 建筑设计事务所因造就这座楼，成为许多跨国建筑事务所的头牌。

众多的“密斯”复制品的结果是毫无思想，枯燥乏味，平淡无奇。它们更像是购买的商品，而不是建筑的运用。20 世纪 50 年代以后，世界似乎逐渐接受了“商业建筑”——无趣，索然无味，流程驱动，随时随处可再创造的商品的委婉表达。我们仍生活在这样一个结果里：大片大片的购物商场、办公室和公共建筑，除了占有空间和提供遮蔽以外，无任何特色，跟建筑毫无关联。

现代主义已经改变了城市。但这是柯布西耶所期望看到的独特革新吗？混凝土，玻璃和钢筋——这些真材实料，真的物有所值吗？模仿者无处不在，创新者却少之又少。受密斯的影响，钢筋玻璃办公楼在纽约随处可见，在芝加哥和世界其他地方，从新加坡到上海，一切都变得——一模一样。

弗兰克·劳埃德·赖特（1867—1959）

左图

弗兰克·劳埃德·赖特设计的大多数草原房屋都注重水平线。1908年建于密歇根大急流城，风格壮丽，还有艺术和手工艺风格的窗户。

右图

卡夫曼家族喜欢瀑布，希望房子能正对瀑布。流水别墅位于宾夕法尼亚州，由混凝土和砂岩建造，然而，它大胆出奇地铆挂在瀑布的正上方。

完整的建筑是各元素的主人；土地，火和水。空间、运动和重力是它的调色板；阳光是它的画笔。他所关注的是人的本心。人们必须去察觉万事万物的生命，了解它们的价值。

弗兰克·劳埃德·赖特是建筑界的名人之一。事实上，若不是他六十多年的职业生涯中建造的建筑所表露出的才华，小报对他个人生活的报道或许会淹没他的才华。

赖特的母亲是一位老师，正是她认定她的儿子会成为一位建筑师。他儿时的第一个玩具是一套福禄贝尔块——一种早期的乐高玩具。据说，意志坚定的安娜·赖特曾将宏伟的英国教堂图片贴在婴儿房的墙上。

据说，这位伟大又与众不同的人物就是这样本能地对景观有了条件反射，受到了设计的启发。东方的审美对他影响很大，特别是日本的侘寂理念——自然的残缺之美，甚至非圆满之美。赖特认为房屋应该看起来与环境相融合，就好像一棵树从土壤中长出，应该是“与大地融为一体”。

他对国内普通住宅的设计获得了初步反响。他白天要上班，这些设计都是他晚上加班做出来的。当然，他被解雇了，而这次幸运的挫折促使他决心自立门户。

他的草原式住宅革新了国内建筑。1900年，《妇女家庭》杂志首次刊登了第一座草原式住宅。弗兰克·劳埃德·赖特确保了房屋的特征，包括砖石、管道、供热锅炉、绘画和玻璃，这些只花费了6790美元。那到底什么是革新的呢？是他对空间的自由处理。由一个外延突出结构引入，厨房和壁炉位于核心，内部围绕核心布局，有几间独立的房屋。花园、前院和露台一同设计，与房屋布局相协调：房屋和花园同时设计的操作方式是一种对文艺复兴时期的回归。他热衷设计，认真细致，追求细节。他还设计其他一切东西，立方体家具，内置的灯，橱柜，衣橱和桌子——所以整个房子就成了一个有机的，有活力的整体。在欧洲，尤其是荷兰，他的杰作被广为流传。他作品中“福禄贝尔块”式的立方体元素可以追溯到彼埃·蒙德里安的抽象几何画。

对于任何房子，赖特的第一步都是寻找最好的街景、最好的特征和地标。然后，他会充分利用一年四季的采光。不论在哪，他都可以把房子和景观交融在一起，通过借助延伸阳台或者花园矮墙。他应用自然，其中著名的一座建筑称为“流水别墅”，就是利用了自然突出空间和自由的感觉。1959年，《美丽家居》写道：“所以，他的房子大到仿佛就在室外。”

有人认为，是他创造了“以人为本”，因为他设计的房屋内部舒适、安静、令人深思。人们可以舒服地坐着，

或者在矮壁炉旁幻想。相比之下，走廊或者卧室中心都相应地增高，以容纳人站直时的全部身高。他认为：“人应该属于建筑，就像建筑属于他们一样。”

现在，我们对开放式规划习以为常。因此，我们很难体会早在世纪之初赖特是如何冲击老旧的传统美国住宅的。

“所谓的房间：盒子在盒子一旁，或者一个盒子套在盒子里面，”他抱怨说，“是一个独立的蜂窝，表明祖先们对刑事监禁所很熟悉。”

他不喜欢空置的房间，比如受潮发霉的地下室，或者布满灰尘的会客厅。在他设计的房子里，内部空间是开放的，利用矮墙或者屏幕省去了内墙，透过玻璃框架可以从外面看到里面。

他喜欢开快车和开阔的街道，他创造了车棚，作为车库的廉价替代。在他的职业生涯中，他设计了600多座房子，他创造了一种无关玛雅、日本和本土影响的，一种美国自己的建筑。他将这种成本适中的房屋称为“美国风房子”，最终这种房子的设计形成了一个体系：他去除了厨房和客厅间的隔断，营造了一种更自由的日常生活方式。客厅的中央是砖造壁炉，他的这种布局方式已经变成了“宜家”大众现代设计理念的一个主题，嵌入式多功能厨房空间通向餐厅区域。

直到他42岁，赖特和妻子凯瑟琳以及六个孩子都一直居住在美国郊区，过着传统的生活。为了孩子，他建造了或许是世界上最完美的托儿所。然而，突然在1909年，赖特离开了凯瑟琳，与一位顾客的妻子逃到欧洲。这个女人是玛莎·钱尼，也就是人们所说的“Mamah”，她是一位精通的语言学家、翻译家，亦是一个独立自强、能自己谋生的女人，在那个时代她是与众不同的。他们归来后，在威斯康星州定居，他们的房子叫作塔里埃森。然而，

上图
弗兰克·劳埃德·赖特为芝加哥的卢克里大厦改造的带天窗的楼梯大厅，技艺华丽，细节处理凸显工艺灵感。

赖特注定不能幸福。1914年8月15日午饭过后，赖特的厨师朱利安·卡尔顿插上门窗，在房子外围洒了汽油，然后点了火，不被人知的是在此之前他其实已经疯了。

随着房子开始着火，他拿一把短斧袭击并杀死了玛莎·钱尼和她的孩子——12岁的约翰和9岁的玛莎。被告知仅仅发生了火灾，正在工作的他赶回家，只有在外等候的记者告诉了他真相。他伤心欲绝，甚至为自己立了墓碑。

右图
詹森公司总部内部，夸张的“百合”柱颠覆了传统办公室设计。

右图
先锋派：1959 年建造的纽约古根海姆博物馆，其夸张的造型为未来的古根海姆系列奠定了风格基调。

过去五年我奋力争取自由，现在所有用来铭刻的自由都已经付诸东流，标记孤寂开始和结束的地方又有何意义？

1914 年到 1932 年间，赖特的人生就像一部肥皂剧：他的生活甚至被写成了小说，后来被拍成了电影。他重建了塔里埃森，差点将它抵押给银行。在与凯瑟琳离婚后，又与米丽娅姆·诺埃尔分手，她是一位吗啡上瘾的女人。赖特甚至待过一段时间的监狱：米丽娅姆控诉他遗弃和虐待。1927 年，他们终于签署协议离婚，米丽娅姆获得 6000 美元现金，3 万信托基金和每月 250 美元的生活费。他的第三任妻子，奥尔杰瓦娜·米拉诺夫，是一位波斯尼亚的塞尔维亚人，他们的婚姻就幸福多了，但是这段时间他的事业并不顺利。赖特被人们遗忘了。在写给充当一次性导师的、他的老师路易斯·沙利文的一封信中他写道：他现在处于事业低谷，一份工作都没有。

但一个伟人是不可能一直颓废的，因为他的使命还没有完成。1939 年，他设计了有史以来最夸张的建筑——位于威斯康辛州的詹森公司总部。精雕的白色混凝土柱子如蘑菇状矗立在大楼里面，令人们浮现出千奇百怪的太空幻想。主工作区有一片特色灯光区，悬挂在形似百合叶子的柱子上，晶莹闪烁，可远观却不可触碰。事实上，建筑外表是由一层派热克斯玻璃组合成的，通过这个包裹整片空间的天窗

上图

攀登世界：古根海姆博物馆的螺旋楼梯，令游客融入建筑空间中，爬楼梯的同时欣赏艺术。

透入自然光。这才是工作空间里真正的人文主义：没有“机械”的高科技。

穿过纽约中央花园，走到第五大道，你会在一群古板的办公楼间发现另一个巨大白色太空船。1959 年设计的古根海姆博物馆是一个杰作，完全不同于他之前所设计的建筑。其内部螺旋坡道的造型夸张，这是在美术馆中很罕见的（比如，在一个曲面建筑中，你如何悬挂方形扁平的图片？）。

此建筑广受争议，甚至有人指责说这是一种“艺术的摧毁”。然而赖特向来我行我素。他想使这座建筑和里面的画作成为永恒的美妙的交响乐，这是在艺术世界里史无前例的。当今通过这个案例，建筑师应该察觉：不仅要关注建筑本身，更要注重建筑的目的。赖特的古根海姆博物馆成了当今表现主义的起源，也是弗兰克·盖里设计毕尔巴鄂古根海姆美术馆的先导。

弗兰克·劳埃德·赖特为 20 世纪的美国带来了什么？是这样的声誉——一个世界上最先进的国家，一个商业国际化的国家。

我们很难通过他留给我们的东西去下定论。但是，有一点，他设计空间的方式是完全民主、完全自由的。在他职业生涯中，他设计了 600 多座房子，他独自形成了真正美国自己的建筑。

但是他不仅只为富人建造房屋。他曾说，任何一个建筑师都可以为富人建造一座豪宅，但是，建造一栋美丽的小房子呢？这就是对一个真正建筑师的考验了。他创造的“美国风”(Usonian) 的住宅成本低廉，又独自将其发展成一个新体系，证明了小房子也可以很漂亮。

当他去世时，弗兰克·劳埃德·赖特已经从事设计 75 年多了。1991 年，美国建筑师协会授予他“有史以来最伟大的美国建筑师”称号，或许是吧。

下图

低调的小户型房屋，建造成本低得超乎想象。位于弗吉尼亚州的罗兰教皇住宅，赖特将其设计成体系，采用地板辐射采暖。

新表现主义？

20世纪出现另一种建筑形式。弗兰克·劳埃德·赖特作为成就非凡的美国元老级建筑师，有其独特的建筑设计风格，在办公楼建造方面尤为突出，如地处威斯康星州拉辛市的约翰逊制蜡中心（1936—1939）。于赖特而言，现代主义并不会成为传统和新材料的阻碍。他反而提倡在建筑中破除传统观念，融入新的现代主义事物。1956年，赖特设计建造的古根海姆博物馆令纽约人都赞叹不已。博物馆的设计加强了连续的空间螺旋，仿佛更像一座巨大的雕塑而不是建筑物，顶部则是平纹玻璃圆顶。古根海姆博物馆绝对是一座风格建筑，还是一座隐喻型建筑物。虽然它可能只影响了太空时代的建筑，但它的灵感却来大自然，正如赖特所说："柔和连续的曲线"。

古根海姆博物馆可以视为建筑"新"高峰吗？不。1957年，世界上出现了另外两座建筑物，令多位电影导演青睐有加：纽约约翰·肯尼迪国际机场的环球航空公司候机楼和悉尼歌剧院。

1957年，埃罗·沙里宁设计建造了环球航空公司候机楼。这座建筑属于未来主义风格，屋顶像一只展翅的大鸟，造型曲线流畅，独特之处就在于把建筑同雕塑紧密结合起来。候机楼内部凹凸面间的滑翔与玻璃空间巧妙地将光线倾洒向地面。可惜的是，候机楼的室内装修却并不符合建筑物本身的特色，但还是能传达出旅行的兴奋之情。至少，这是一座富有情感表现力的建筑。

千里之外，悉尼正在举行一场国际设计大赛。像悉尼歌剧院这般颇受众人喜爱，且成为环球地标的建筑物，世上少之又少。悉尼歌剧院在伸入海湾的小岛之上亭亭玉立，其绝妙的白色贝壳造型——像极了驶向港湾的帆船——让你不由自主地联想到海上的游艇、天上的白云和遥远的旅行。值得注意的是，悉尼歌剧院的设计评审团成员沙里宁，坚持选用约恩·乌松的设计，并称之为"上帝的杰作"。

乌松来自丹麦，他并未在远离家乡海岸的其他地方做过太多建筑设计，其实是一个门外汉。他的入选仅仅就

下图
悉尼歌剧院，它的建成从本质上看就是一大壮举。

上图
环球航空公司候机楼醒目的弧线，像一只飞翔的鸟。

是一系列的初步设计图。据说，密斯·凡·德·罗被介绍给乌松的时候，并没有理会这个年轻的建筑师。真是让人沮丧的开端。

乌松在与结构工程师艾拉普共同工作期间，逐渐找到了一种切实可行的方法，来建造可覆盖两个大厅的壳片：由球体的复杂部分创建而来。关于剧院的内部设计，乌松也形成了一个壮观惊人的室内计划，可是进展并不顺利。半世纪以前，巴黎人对埃菲尔铁塔秉持着怀疑态度，而乌松，从家乡跨越半个地球来到悉尼，面对的是更深的怀疑与不信任。恶意的宣传运动反对他，其中也有严重政治内讧背景。1965 年年中，乌松发现自己与澳大利亚政府之间有着公开冲突。新工程部长戴维·斯休斯开始质疑剧院的设计以及不断增加的成本——根据不完整数据，初始建造成本为 700 万美元（后飞涨至 1 亿美元）。最终，他停止了对乌松的资金供给。1966 年 2 月，乌松被迫辞去总建筑师职位。由于情感上的创伤，几天后，乌松秘密离开了澳大利亚，再没有回去过。

直到 1973 年，悉尼歌剧院才最终开幕。设计提前完成也是好事一桩。开幕仪式没有邀请乌松参加；甚至未曾提到他的名字。乌松为澳大利亚做出的杰出贡献直到 2003 年才得到承认。他因身体欠佳未能前往颁奖仪式，只能由他的儿子代为接受荣誉博士称号。同年，乌松又被授予建筑界的诺贝尔奖——普利兹克建筑奖。乌松是“虚报低价”（由于政治原因被人为降低的不真实预算）的牺牲品吗？可无论如何，乌松的建筑生涯却毁于一旦，他不再设计国际建筑：这是世界的损失。

野兽派建筑

1953 年，由柯布西耶设计建造的印度昌迪加尔秘书处大楼，将粗野主义强势地带入这个毫不知情的世界。建筑师希望人们能有另一种方式来感受空间，也希望昌迪加尔建筑中重复的角度、抽象又略带粗野的纪念性，在经过修改之后，能创造出呐喊“现代”之音的雕塑图样。

上图

震惊世人的悬臂式混凝土建筑，斯特罗敏卡街上的鲁萨科夫俱乐部。20 世纪 20 年代，康斯坦丁·梅尔尼科夫设计了许多这种工人俱乐部。

创造一个高度的民主社会，这个梦想是好的，而由一位热情的评论家杜撰出来的新词“粗野主义”却与此截然不同。实际上，粗野主义的出现是一种宿命——源于柯布西耶使用的法语词汇，即粗制混凝土，简单说来就是原混凝土。

最糟糕的粗野主义建筑，就像苏维埃式的社会主义，毫无生机，缺乏个性。时间最近的粗野主义风格代表作发现于苏联，即 1927 年的鲁萨科夫俱乐部，这是最早的粗野主义建筑，由康斯坦丁·梅尔尼科夫为莫斯科的工人设计修建而成。粗野主义建筑通常使用粗制灌浇混凝土，如波士顿市政厅或是英国国家剧院，因其造型怪异刻板，忽视周围环境，而受到社会批评。令人遗憾的是，这些批评并非毫无根据。

上图

喜欢还是讨厌？丹尼斯·拉斯登设计的粗野主义伦敦国家剧院，有一系列相连的露台，却也因为超员承载而饱受争议。

由于混凝土价格低廉，因此，规划者与政客都十分喜欢混凝土建筑，并且发现这种新潮建筑具有很大的实用价值。这种建筑常用于建造成本较低的购物中心、市政办公室和危险沉闷的停车场。随着粗野主义遍及全球，对抗性反应势头却也随之浮现。

现代主义建筑师曾经表明将天才建筑师路易斯·沙利文——“形式追随功能”——作为简约风格的教父。沙利文习惯把建筑物外表装饰得精美而细腻。

现在，粗野主义已被添进了词汇表，现代主义则变得统一而枯燥。观察建筑的平面图或俯瞰图，可能看起来精致动感，但说到底却无任何变化，缺乏人类层面上的趣味，比如山崎石设计的世界贸易中心大楼。停车场和汽车站主要是粗野建筑，而像这种单调、重型建筑若结合差到极点的城市规划，就会大力破坏城市环境的人性化。现代主义建筑师开始渐渐变得声名狼藉。而且，主流现代主义过于关心理性，关心功能（某些情况下，只关心赚取费用），现代主义建筑师已经抛却了建筑最根本的东西——美。没有灵魂的灰色盒子更多的是在诉说奥威尔式的噩梦而不是乌托邦式的未来。少即是多？

混凝土

1850 年，一位巴黎建筑师，弗朗索瓦·凯歌涅首先提出了使用钢筋混凝土的构想。后来，他设计了自己的房子，用熟铁工字梁加固了屋顶与地板。另一位建筑师，弗朗索瓦·埃纳比克很快发展运用了这一构想，尤其是在楼面建造方面。他最先发现铁棒需要向上弯折才能增加支撑区域附近的强度。拿破仑·勒布仑是一位工程师，同时也是一位建筑师，这样的技术组合预示着新时代下的迫切需要。埃纳比克与拿破仑·勒布仑一同前往威尔士，于斯旺西建造起欧洲第一座钢筋混凝土建筑，虽是精心设计却造型丑陋的韦弗公司面粉厂。到 20 世纪 50 年代，韦弗建筑已变得破败不堪，却也表明混凝土建筑在潮湿气候下所具有的卑怯命运。历史的经典对商业的力量是没有任何抵抗力的，这座建筑后来被改建成一个更为丑陋的超市。

诙谐建筑强势出现

罗伯特·文丘里说，“少则生厌”，整个建筑行业深吸了一口气。文丘里，一位美国建筑师，1972年发表了论文《向拉斯维加斯学习》。这是自然不加修饰的建筑形式的庆典：主街、商场以及狭窄的街道。优秀的后现代主义建筑师对麻木的建筑正统嗤之以鼻，他们期望建筑本身能够传达意义，与世界对话。让建筑拥有智慧，如同来自巴洛克艺术，甚至整座建筑看起来像个玩笑，都让他们高兴不已。

1970年，由艾莉森·斯凯、米歇尔·斯通和詹姆士·怀恩斯的合作组合，名为SITE（环境雕塑），在纽约华尔街建造了一组建筑，他们甚至是在单调的仓库基础上进行整修。我们非常厌恶工业和商业建筑，因为它们是那样的令人生厌。

你在漫无边际的幻想时，会想把那些建筑统统毁掉。所以，1976年，SITE在马里兰为蒂兰特设计修建了终

右图
极小的康涅狄格州纽卡纳安玻璃住宅，由菲利普·约翰逊设计修建而成。1984年，他在设计曼哈顿电话与电报公司大厦时，反对运用国际风格。

下图
SITE的艺术家/建筑师质疑的标准“大盒子”建筑，1984年詹姆斯·瓦恩斯设计的内部/外部大厦，最典型的代表作，建于密尔沃基。

左图

1986 年盖里设计的威尼斯海滨别墅，故意解构了这所房子。红色“豆荚望台”面向沙滩。

下图

1995 年得克萨斯州圣安东尼奥市的公共图书馆，由墨西哥建筑师里卡多·列戈瑞达和其他建筑师共同设计而成，颜色是“玉米卷饼式红”。

版小屋——一座似乎要自毁的建筑。它是一种平等主义建筑，自带易于“理解”的智慧与讽刺意味。最重要的是，它可操作的两个层面：一是诙谐有趣，另一个则是顾客角度上的功能。这座建筑看起来像灾难电影里的剧照吗？为什么不深入感受一下那种紧张感呢？

而此时此刻，新国际主义的战前理念——诚实、克制、简约——似乎塌落了。1984 年，密斯的合作人菲利普·约翰逊干了一件震惊世界的大事。他设计修建了曼哈顿电话与电报大厦，新乔治亚式三角墙上饰以粉红色花岗岩。他到底要做什么？极简派艺术大师设计了一个超大型齐本德尔式的建筑物，震动了整个建筑界，历史也不再是历史了。至此，“笨重的”后现代主义姿态仿佛是在公开暴露自己的一切。

虽然后现代主义声名较差，比如英国的一些港区建筑，但也不都是肮脏的内衬。虽然大多数建筑“抨击者”会忽视它，像除去灰尘一样抛弃它，它却像一缕思想，不会完全消失。就如英国 FAT 公司，仍然依据这些开放的原则——让自己开心就好。

例子之一是 1986 年弗兰克·盖里设计的威尼斯海滨别墅，装饰细节满布讽刺意味。另一个例子是 1995 年墨西哥建筑师里卡多·列戈瑞达设计的得克萨斯州圣安东尼奥市图书馆，打破了图书馆必须壮观雄伟的传统理念。图书馆墙壁是“玉米卷饼式的红色”，整体带有诙谐搞笑的景观印象。

文丘里，是形式主义大师路易斯·康的学生，与最棒的现代主义并非对抗关系。正统给建筑带来了毫无生气的新式保守主义，和极度枯燥乏味的审美，对此，文丘里只是单纯地进行大胆挑战。

到了这个阶段，纽约第六大道被摩天玻璃大楼淹没，仿佛处于峡谷中。无论是克莱斯勒大厦还是帝国大厦，这座城市的情绪和气质丝毫没有因此得到破坏。建筑物都在渴望摆脱束缚。

过去最完美?

历史语言复兴速度如此之快，让现代主义建筑师痛心不已。在西班牙梅里达设计罗马艺术国家博物馆时（1980—1985），何塞·拉斐尔·莫内欧利用这次机会，直接采用了传统建筑样式。这座拥有浓郁灵感、稍显谦逊而又安静的建筑，以中庭为基础，重新诠释了拱形中殿以及罗马方形会堂的走廊。莫尼欧尝试在建筑中运用罗马建筑技术、材料、比例以及罗马建筑体系中的大型砌石混凝土承重墙。

莫尼欧设计了一座罗马博物馆。虽然后来，其他建筑取代了他的建筑。任何一种利于成熟古典主义的萌芽主流都将引起建筑师的反对，像滑稽建筑师约翰·克里斯，但他们并不想“发起一场战争”。古典主义已经名誉扫地，去之不返了。但有个人坚决反对这一情况。

1984 年，英国的查尔斯王子在英国皇家建筑协会发言。建筑唤醒了许多强烈的情感，而且王位继承人要做一件不可思议的事：把古典主义的消逝归结于 1949 年德国战败。

他手持酒杯，说：“古典主义消逝，德国空军负很大责任。他们炸毁我们的建筑，遗留下来的只有碎石和废墟。”

这句讽刺虽然稍显低俗，但王子说的也并非玩笑话。第二天，英国爆发了轰动性的新闻风暴：王位继承人触痛了某些人的神经。

20 世纪 80 年代，英国自进入工业化时代以来，友好和睦的社会价值受到了严重侵蚀与威胁。社会理论家责备利己主义，责备消费主义，责备自我崇拜。而公众则把大部分社会弊病与战后住宅联系在一起，责备建筑师。既然古建筑遭遇攻击，那么公众就紧随其后。建筑变得冷漠而疏远。建筑师就像是傲慢自大的美学家，毫不关心人们在建筑物里发生的任何事。是什么让建筑错得如此荒唐?

英国伦敦国家美术馆，位于颇受众人喜爱的特拉法加广场，在美术馆扩建设计大赛上，文丘里与他的搭档丹尼斯·司各特·布朗夺得了冠军。这一结果毫无疑问，得到了大家的认可，即便偶尔有人故意使坏。早先设计的典型古典主义风格得到了王位继承人的认可，被其称为“一颗红宝石”。

建筑业对“传统”仍然保持着深深的怀疑。罗伯特·斯坦恩，是一位很受尊敬的美国后现代主义建筑师及学者，最近把他的建筑风格称作“新传统主义”。斯坦恩在新斯科舍一所大学创立了一个科学中心——重新启用校园遗留下来的乔治亚式古典词汇——他获得了美国一年一度的“帕拉第奥奖”。

斯坦恩的乔治亚 K.C. 欧文环境科学中心创造出了高等级技艺——手工红砖，雕刻灰岩修整，定制设计的红木窗户，由人工木制成，内部则为内径切白栎。无可否认的是，这些技艺非常传统，甚至是会被模仿的。但令人惊讶的是，奖项网站里有一些帖子语言粗鲁，不堪入目，以至于不得不关闭网站。

右图
设计罗马艺术博物馆时要做什么？梅里达的罗马建筑废墟现在变成了世界文化遗产。

技术占据建筑大舞台

接下来是什么？是另一种无畏的尝试，将功能钢与玻璃箱赋予生命——总之，是装饰。只有这种新风尚能让人从事全新的东西：一种艰难、以工程为主导的装饰，一种向机器时代致敬的新形式。这种风格被称为高技派风格。

曾经，人们认为现代主义建筑已经“成熟了”。在丹下健三和安藤忠雄都跻身著名建筑实践者的日本，柯布西耶理论仍旧拥有巨大的影响。1972 年，黑川纪章设计了东京胶囊塔，即所谓的“代谢派”学校的一部分，把大批量生产的想法运用提升到了新高度（或者更低，取决于你自己的看法）。胶囊塔内都是独立的公寓套房“隔舱”，由海运集装箱改良而成。1971 年，理查德·罗杰斯和伦佐·皮亚诺设计的巴黎蓬皮杜艺术中心，让人出乎意料。它已成为罗杰斯的一个商标——外露的服务管道和外部阶梯，使馆内为展览的展出保持干净整齐。蓬皮杜艺术中心一夜成名，虽然也存在争议。仅有少数法国人厌恶这座建筑，称之为“内脏主义”，用来形容建筑的核心部分。它是未来事情即将来临的前兆。

英国辛辣讽刺节目《酷肖》曾把罗杰斯描述为笑嘻嘻的傀儡，他隐喻性的建筑内部设计太多以至于满地皆是。为什么？因为罗杰斯设计了人生中可能最著名的作品，伦敦劳埃德保险公司和蓬皮杜艺术中心，是一种内翻外设计，服务处于外部——但却转化为有节奏的装饰性特色。该建筑有六座塔支撑主体结构，覆盖整座建筑的服务元素：电梯、垃圾槽和空调。这座带有拱形耳堂的高技派建筑，是在向帕克斯顿的水晶宫致敬，是一首赞美钢与玻璃的圣歌，是传统结构转变闪亮、强烈的信号。

在这件作品中，罗杰斯转变了公司作为一个工作场所的性质。蓬皮杜的同心美术馆高耸于中庭之上。与其把人圈在一条条的走廊中，罗杰斯用许多玻璃设计出了开敞式的平面办公室。玻璃电梯沿着外部的不锈钢塔上下运作，办公室人员因此能以一个相当不错的角度来远望整座城市。即便在今天，蓬皮杜艺术中心还是像科幻小说里的场景。劳埃德保险公司大楼，魅力无穷而又与众不同，是世界知名建筑：它已经成为伦敦市的标志性建筑。现代主义运动得救了——它已从传统惯例中跳出来了。罗杰斯实现了早期现代主义建筑师的梦想，他使得

左图

现代住所：日本胶囊塔能够根据需要，添加或移走“隔舱”。

建筑不再像一台机器：运行起来是一个整体，改装过后仍是一个整体。

20世纪90年代的这十年，建筑真正成为了机械艺术品——这一时期，主要的驱动技术是计算机，而不是内燃机。利用计算机上的模拟程序帮助建筑师操作算法，创造建筑新形式。这一伟大突破所产生的影响如何强调都不为过。说它为设计带来了新动力，是低估了，CAD的影响，或是计算机辅助设计所带来的影响是巨大的。

建筑运动爆发出千变万化的新"主义"，和转眼而逝的转变，令人回想起一个世纪以前维多利亚时期精选混合的多文化尝试。随着后现代主义消退，英国查尔斯王子开始尝试新古典主义，在多塞特郡的庞德伯里镇修建了他自己的乌托邦，一座在极简主义与极繁主义间来回悠荡的现代建筑。新古典主义中又增加了解构主义、"批判的地域主义"、"有机"建筑以及所谓的"流体建筑"。这些相异的主题是如何影响新世纪建筑的呢？现代建筑运动真的结束了吗？

右图

中国香港上海汇丰银行（HSBC），由英国格拉斯哥市的造船工程师预制构件建成，建筑外部有悬吊桁架。

右下图

庞德伯里镇，英国多塞特郡的传统主义建筑尝试，感觉稍显刻意，然而现在仍是极受欢迎的居住地。

左下图

蓬皮杜艺术中心，1979年，伦佐·皮亚诺、理查德·罗杰斯、休·罗格斯以及结构工程师埃德蒙·哈波尔德组成了一支技艺精湛的年轻团队，设计修建出了蓬皮杜艺术中心。

勇敢新世界

一切都将成为科幻小说。

——J.G. 巴拉德

建筑已经摆脱了意识形态与僵硬的功能现代主义。在建筑师设计的建筑物中，形式固然重要，细节也极尽简洁，但装饰不再是简单的“因循守旧”。由希特勒的古典主义殖民化引起的反历史活动，令人感到窒息，但随着时间悄然流逝，活动强度已经渐渐柔和。新世纪时代的建筑又将发展向何方？

1998年的天文馆：像一只眼睛从巴伦西亚的艺术科学城中心缓缓浮现。它是由圣地亚哥·卡拉特拉瓦与费克里斯·坎德拉合作设计而成。

友好建筑

由年轻的建筑师理查德·罗杰斯与伦佐·皮亚诺合作完成的巴黎蓬皮杜艺术中心（波堡），风格上让人耳目一新，挑战了现代主义的正统，相当于把宝宝与洗澡水一起倒掉，又从半空中接回一样。建筑师把建筑技术本身当作一种纯粹且充满活力的装饰。这样，他们把勒·柯布西耶的机械建筑思想处理得更为人性化。最重要的是，他们打破了现代主义的金科玉律，即装饰是一种犯罪。蓬皮杜艺术中心以自身的活力静脉作为装饰：固定在墙上的管道、通风管道以及自动扶梯。

就历史而言，罗杰斯震撼的劳埃德保险公司大楼（1978—1986）直接"引用"了帕克斯顿1851年设计的水晶宫。很快，尼古拉斯·格雷姆肖设计的伦敦滑铁卢车站曲面玻璃顶刻意借鉴了维多利亚时期的工程遗产。现代主义自己变成了历史：直至今天，历史感仍是不可或缺的建筑特征。最近，古典主义建筑师罗伯特·斯特恩受20世纪20年代的装饰艺术风启发，设计出的纽约高层公寓就是一种过去的回顾。历史与人的距离越来越近，建筑师曾迫于无奈做一些抽象艺术，却突然得到允许，可以从生活中选取素材。荷兰尤恩工作室建筑师本·范·伯克尔，即将在特里贝克区设计修建一座纽约大楼，将会以金属"褶皱"作为装饰，目的则是使其看起来像一条三宅一生品牌的裙子。

得益于计算机辅助设计，现在的建筑师能够创建出从前几乎不敢想象的建筑结构，甚至是15年以前。建筑业的老前辈弗兰克·盖里最后仍能设计出十分复杂的建筑，就像他手工制作的模型。直到雷姆·库哈斯的出现，他漫不经心地把建筑规模玩弄于股掌之间，混合使用优劣质材料，至此，建筑才几乎脱离现代主义的有害桎梏。

新型建筑是可"阅读型"建筑，它可以讲述公众都能理解的故事。1997年，弗兰克·盖里设计的毕尔巴鄂古根海姆美术馆看起来不只是像一个空白块，因此十分讨人喜欢，得到了公众的一致喜爱。弗兰克·劳埃德·赖特在纽约设计的第一件作品，就是美术馆的象征，就是建筑中的雕塑。它把我们带回了那个时代——埃瑞许·孟德尔松为阿尔伯特·爱因斯坦于波茨坦设计修建了那座蹲伏的表现主义风格塔——在纳粹大肆破坏建筑核心、分裂古典主义与现代主义之前的短暂时光。

左图
劳埃德大楼内部，以约瑟夫·帕克斯顿的水晶宫为参考，是为1851年的万国工业博览会而修建的，十分醒目。

上图
一座城堡，一条鱼，还是一朵花？盖里的古根海姆美术馆设计可能超过了弗兰克·劳埃德·赖特……新古根海姆美术馆紧随其后。

左图
卡拉特拉瓦设计的里昂高速列车车站，通常理解为一只鸟。

孟德尔松设计的这座塔像是一只被关在笼中的动物，随时准备起跳：用爱因斯坦的话说，它是一座“有机”建筑。盖里的著名作品古根海姆美术馆同样运用了自然主义隐喻手法。它以一种难以捉摸的方式，从一条鱼转变成一朵花、一条船，当然，这在于你观察建筑的角度。

美国建筑师丹尼尔·李伯斯金将会参与新世界贸易中心大楼的总设计规划。曾经，他的作品在学术界之外鲜为人知，直到柏林犹太博物馆建成，得到了广泛好评。博物馆的镀锌外层源于犹太人遭到大屠杀的故事，分割成众多尖锐和“解构”线条及形状。李伯斯金将建筑的外形描述成分解开来的大卫之星。他受到希伯来短语“向生命致敬”的启发，设计出了旧金山当代犹太人博物馆。该博物馆的组织原则是关于生命（chai）的两个希伯来字母——chet 和 yud。

像盖里一样，李伯斯金经常被称为“解构主义”建筑师。尽管“表现主义”遭到许多非议，但是，当谈论到所谓的“签名”建筑师时，如盖里、扎哈·哈迪德、李伯斯金和库哈斯（还有很多建筑师），表现主义似乎是最适合他们的。许多现代建筑以与人类密切相关的类型体样式，凭借自身实力成为代表性作品。

一位西班牙建筑师秉持着“有机”表现主义，并几乎将之转化为一种艺术形式。圣地亚哥·卡拉特拉瓦的座右铭是“自然既是母亲，又是老师（natura mater et magistra）”。他曾经说过，他在建筑上的偶像是埃罗·沙里宁。同沙里宁一样，卡拉特拉瓦赞扬建筑运动思想、生物形态设计与杂技式曲线。他设计的里昂高速列车车站（1994 年）像一只俯冲下来的鸟，准备振翅高飞。巴伦西亚艺术科技城的天文馆以一只眼睛的形式从湖中心浮现。

卡拉特拉瓦曾受到工程与建筑两方面的培训教育，他将高科技化作传统，并给予它超现实主义高迪式风格。尽管因其在设计中加入奢侈以及过度表现的元素而常受到批评，但卡拉特拉瓦在祖国西班牙最著名的作品之一是伊休斯酒庄，环境清幽，风格谦逊，位于阿拉瓦省的拉瓜迪亚市。伊休斯酒庄屋顶呈波浪形，墙壁边缘银光闪闪。正如最佳建筑应该做到的，伊休斯酒庄充分利用周围环境并使之与建筑物巧妙地融合在一起。

在这个“明星建筑师”时代，另有一位建筑师一夜间声名大噪，她就是扎哈·哈迪德。数年来，她没有真正修建过任何建筑物，也就是建筑界所谓的“纸上谈兵建筑设计师”。现在大不相同了，哈迪德已经成为世界上最炙手可热的建筑师。她时常在建筑中使用表现主义或类动物风格：她设计的古根海姆美术馆，位于立陶宛的维尔纽斯，像个外星生命刚蹦出来趴在河边晒太阳。

上图
艺术科学城的棱纹墙脊。卡拉特拉瓦设计的建筑有褒有贬，但他最好的作品却做到了世间少有的情感共鸣。

右图
参观者一进入艺术科学城，就可看到拱形景观花园。与许多建筑师不同，这位巴伦西亚建筑师在设计之时作了数百幅画。

右下图
西雅图公立图书馆，建于 2004 年，由雷姆·库哈斯与 LMN 建筑事务所合作完成。

事实上……

计算机处理

现在，建筑师可以利用软件程序快速设计建筑结构并可进行随意尝试，通过所谓的开放式程序只需更改设计的某一要素，软件程序就会自动修改整个模型。计算机程序能够做出复杂的设计，如古典柱式，甚至是哥特式的某建筑细节。它能设计出复杂的建筑结构，可拉伸，外形上也很美观，也能测试一种结构在极端天气情况下的表现：比如说，强风天气，或者暴风雪天气。

一个完整的建筑结构要用到许多单独的金属、玻璃或者建材，计算机则通过对其进行结构裁剪来建造建筑物。在送至工厂之前，3D 模型技术允许设计师使用计算机做出平面设计至最细微的部分。石头甚至也可以做 3D 模型。

现在，计算机游戏利用计算机成像技术可以模拟整个虚像世界。这引起了一个问题：游戏设计师设计出的奇幻世界能使建筑像电影一样流畅吗？

雷姆·库哈斯

其实，世界“最酷的”建筑师雷姆·库哈斯也是一位记者、编剧。他有充足的独特的经验处理好这个媒体时代，通过他的书（如 *S*、*M*、*L*、*XL*，半日记半笔记，足足有 1376 页）来阐明自己的公关机器。

这位荷兰建筑师的作品也受到过批评。然而，他是“明星”建筑师，此外，他还是天赋出众的理论家、哈佛大学教授。过去十年，库哈斯设计过许多备受争议又十分具有挑战性的超现代作品，广受好评，如西雅图公立图书馆、波尔图的波多音乐厅、柏林的荷兰大使馆。他在印度尼西亚度过了一段人生旅程，而且现在相当多作品都在东方。库哈斯创立了大都会建筑事务所，或者说 OMA。

转向东方

汤姆·怀特正在苦苦寻找标志性的主题，比如，悉尼歌剧院令人印象深刻的白色三角帆，突然间有了这样一个想法：他设计出来的这座建筑将会赞颂帆船的另一种形式——阿拉伯传统独桅帆船上垂下的主帆。迪拜的帆船酒店，由英国阿特斯金公司建造，是近年来最让人惊讶的建筑——它是世界最高酒店，在波斯湾的一座人工小岛上拔地而起，高达1053英尺（321米）。怀特要设计出简单清晰的造型，让人们能牢记在脑海当中：要让这个设计成为迪拜的独特标志。

1999年，怀特的“帆船”设计是转向东方的图腾标志之一，创造性十足，商业价值浓厚。突然之间，新西方建筑的魅力清香就像是香槟里的酒泡，大受欢迎。原来的迪拜缺乏生气、采集珍珠水域般的沉闷，现在摇身一变成为现代化的大都市，这种转变已成为世纪大新闻之一。自英国维多利亚全盛时代以来，迪拜书写了一篇商业、经济和发展的成功故事。迪拜利用石油丰富藏量、剥削廉价的劳动力，以少见的超快速度建立了这座城市。

但是，皇储穆罕默德·本·拉希德·阿勒马克图姆没有在帆船酒店之后停下发展迪拜的脚步，而是继续修建了世界第十高商业大厦，阿联酋双子塔。迪拜已经是炫耀性消费的别名。阿联酋购物中心，于2005年正式营业，是除北美外最大的购物中心。迪拜的室内滑雪坡却未得到环保团体的钟爱：还有那些人工岛，直接延伸至波斯湾蓝绿色的海水中。迪拜酋长声称第一群人工岛，朱美拉棕榈岛，是“世界第八大奇迹”。事实上，迪拜新计划之一是把它们规划成一张世界地图——投入资金达140亿美元，有300座独立小岛，每座岛价值达7亿至35亿美元。从空中看，这些人工岛可能看上去非常美丽，但是环保人士却担心它们会改变潮汐规律而且扰乱和污染海洋环境。长远来看，“棕榈树”周围可能会出现新的居住地。但同时珊瑚礁被掩埋，周围的海滩在被侵蚀，一个“海洋保护区”已经落到了开发者的手中。

发展还在继续。迪拜游乐园又以迪拜乐园著称，占地30亿平方英尺（2.79亿平方米），包括埃菲尔铁塔复制建筑和可容纳6万人的露天体育场，规模是曼哈顿的3倍。它的格言是“让世界拥有一个新中心”。其他波斯湾阿拉伯国家正随之发展：卡塔尔已经发起了一场惊人的建筑运动，沙特阿拉伯和科威特也将加速展开这一运动。同时，阿布达比酋长国正在回头张望，希望能从邻国的错误中学到经验。该国将会走上一条稍有不同的道路——打算把首都迁移到阿拉伯左岸某地，那里有让-努维尔、扎哈·哈迪德、弗兰克·盖里以及其他建筑师设计的新文化场馆。

但是，当提到建造速度与建筑规模时，不得不说，中国席卷了一场建筑热。十年前，中国还有资产阶级“建筑师”的说法。现在的中国与之前简直有天壤之别。

上图

帆船酒店，于1999年建成，在250根混凝土柱上拔地而起，混凝土柱则深入海床之下，达130多英尺（40米），距离迪拜海岸950英尺（190米）。

帆船酒店

约恩·乌松设计的悉尼歌剧院，于1973年开幕。这是一次巨大的成功，因为它不仅是悉尼的象征，也是第五大陆的标志——其他建筑师一定会借鉴这座建筑。帆船酒店两翼呈“V”形，伸展至空中达1053英尺（321米），形成一个巨大的“桅杆”。

怀特很聪明，他在两翼之间的间隙中放置了涂有聚四氟乙烯的玻璃丝帆，它有两个作用：第一，在酒店内部形成了一个教堂般高的中庭；第二，聚四氟乙烯可以控制酒店的温度。酒店顶部为来此地的超级富豪设有直升机停机坪。事实上，酒店结构是钢铁框架，技术相当复杂，围绕着一座钢筋混凝土塔。这个被称为“七星级”的酒店，为客人配备了私人管家，像“管家”一样，穿过隐门，帮助客人把行李打开并放进隐藏的橱柜里。

北京奥林匹克运动会开幕之前，北京用于形象大改造的花费约达400亿美元。

一百多万工人把枯燥单调、雾霾环绕的都市风光变成了建筑师的乐园。北京很快就变成了知名建筑物的大本营，如雅克·赫尔佐格和皮埃尔·德默隆共同设计的巨型钢建筑奥运会体育场鸟巢，保罗·安德鲁设计的蛋形钛建筑国家大剧院，以及雷姆·库哈斯设计的巨腿型中央电视台总部大楼，被戏称为“扭曲的甜甜圈”。如果有一项计划可以称得上野心勃勃，那么它就会被建造。国家游泳中心(别名“水立方”)以肥皂泡结构为基础，耗资1亿美元建成，夜晚会闪烁蓝光。它是由澳大利亚PTW公司与中国建筑工程总公司合作建成，而大部分重要项目都是由外国公司设计完成的。所有人都惊讶万分，波斯海湾的一个小酋长国，与世界最大的社会主义国家双双成为实验建筑的大熔炉。

上图

迪拜的朱美拉阿联酋塔酒店，共51层，由黄榛设计。它的网站宣称这所酒店是“该地区公司欣欣向荣的完美表征”。

左图

中国的国家大剧院，又被称为“蛋”，位于北京。

更大、更好、更高

迪拜塔是世界最高人工建筑，尽管这个纪录究竟能保持多久仍然是个争论未决的问题。它的实际高度是不对外公开的秘密，以防被与之相争的建筑所超越；修建极高建筑风靡全球，商业竞争现象就是铁证。市场的傲慢引发了全球化，而全球化则是不懈的引擎。“9·11事件”后，我们真的还想继续修建高耸入云的建筑吗？即使是低层建筑城市，如伦敦，遵照维多利亚女王的建议，城市天际线被保护了近一个世纪，但现在也制订了修建新一波摩天大楼的计划。许多人认为，这是大男子主义引导的愚蠢行为，毫无任何意义。

但是要如何停止这种行为？现在，波哥大、基辅、莫斯科、仰光，还有中国，世界范围内的摩天大楼数量在迅速增长。在莫斯科，城市天际线的扩展速度像是注射了类固醇的运动员，十分可怕。环境问题相当紧迫。世界资源已经被消耗殆尽，如果中国和印度的消费率超过美国，那么将会加快资源的消耗速度。新加坡建筑师杨经文说，建造摩天高楼前要考虑“绿色”环境，应该把它看作空中城市，以类似的方式来确定位置，要考虑用途、密度、居民和开放空间。他设计的东京奈良塔（1994），花园位于建筑顶部，可以过滤空气质量、温度以及噪声，螺旋形地板给下层建筑遮阴。十余年过后，建造技术完全使修建“绿色”且能产生能量的摩天高楼成为可能——如果代价是几乎没有客户愿意付款修建这种类型的摩天高楼。

但是，还需要考虑另一个代价。在这场将世界城市转变为闪耀新世界大都市的战场上，真正的建筑元素被无情地抹杀。库哈斯与奥雅纳工程师塞西尔·巴尔蒙德共同设计的中央电视台总部大楼，外形扭曲，像阿特拉斯。北京奥林匹克热潮破坏了整座城市传统的胡同四合院，正如我们从现代主义建筑与野兽派建筑的经验得知，有两件东西不应该被拆分开来：一是人类尺度，二是历史感。

要说这不应该发生，真的很天真。因为它已经发生了。新加坡和中国香港的土地价格太过昂贵，以至于几乎所有人都住在高层公寓。所以我们必须找到更好的建城方式。也门的泥砖建筑大多数建于16世纪，最近，希巴姆修复了这些建筑，为密集的居住城市提供了一个很好的范例。它有500个防御性“塔”楼，保护人民免受贝多因人的攻击。每层住着一户家庭，但关键是每一座塔只有5到9层高。

意大利的许多城镇就用了类似的方式，如圣吉米尼亚诺和锡耶纳。城市空间非常拥挤，但是他们设法使城市变得美观，同时还具有功能性。这种方式得助于地面上详细巧妙的设计。

而且，为人们设计了实用、文雅的公共空间。它们的易控规模—与建筑物的限制高度—阻止了空间变为风洞的可能，如芝加哥或金丝雀码头。相比之下，钢筋混凝土高层建筑正在向世界蔓延，给消防员带来更加严重的难题，这还只是开胃菜。作为住宅，它们也给家庭带来困难。如果电梯出故障了，你就要自己试着把买到的东西提上去，甚至是20楼以上。

左图
侵略性强还是高雅？帕特隆双子塔，位于马来西亚的吉隆坡，在台北101大楼建成之前，是世界上最高的建筑。

右图
一种进步？莫斯科城市天际线变化十分迅速。现在有93座新高楼，要么就在建设当中，要么就是已经批准修建的。

克莱斯勒公司大楼，造型像一支蜡烛，高 1047 英尺（319 米），是当时的最高楼，也是最令人震惊的建筑，但这个纪录仅仅保持了 12 个月。SOM（斯基德莫尔、奥因斯和梅里尔）设计的迪拜塔可能将会达到 164 层——也就是 2684 英尺（818 米）。高、更高、最高。这些建筑都是摇钱树：市场城市或大型公司就是标识。但是，建筑越高，离人类尺度就越远。什么时候到头呢？

市场经济趋附新奇，但是，富有的公司与政府修建高楼的目的是想要引起一时的轰动。当然好的民用建筑则具有不同的价值。随着城市商业竞争此起彼伏，所带来的威胁就是天空将不再是一种限制，人们也要付出艰苦的努力来将建筑区分开来。21 世纪，建筑将会变得更狂躁、更集中、更夸张。年轻的理想主义建筑培训生抱怨建筑未付出努力去尝试服务社会，反而以恫吓的方式使其屈服。现在有了一个好消息，“绿色”设计正在获得愈来愈多的重视，绿色项目也在众多国家的各大城市逐渐成形，如泰国、中国、中国香港和新加坡。或许，这些建筑将来也会采用卡拉特拉瓦的“自然”颂歌。

上图
中国上海的变化已经不能以年为单位来估算了，而是月份：高楼大厦已经取代了传统邻里民居。

右图
北京的“水立方”。水立方使用的四氟乙烯是由丹尼斯·维埃教授和罗伯特·费伦研究发明的。

左图
迪拜塔管理阶层的目标是将迪拜塔建成“世界进步的灯塔”。

神奇的材料

四氟乙烯。忘掉这个可笑的名字：四氟乙烯是一种新型神奇的材料。北京水立方和鸟巢（由赫尔佐格、德梅隆设计）都依仗四氟乙烯才得以拥有闪光的气泡。为了保护观众免受风雨的侵扰，奥林匹克体育场将红色四氟乙烯垫石插入“鸟巢”的“树枝”之间。这不是第一次在建筑中使用四氟乙烯（尼古拉斯·格雷姆肖于康沃尔设计修建了伊甸园，其中生态群落就使用了四氟乙烯），但是面积 75 万平方英尺（7 万平方米）的水立方是最大的四氟乙烯项目。这种材料耐腐蚀性高，强度大，但主要优点还是它的灵活性与环保性，最开始运用于航行中，重量只有玻璃的百分之一。而且材料安装成本少——要少 70% 以上——能传递更多光线。表面光滑，灰尘、雪花和雨水非常容易滑落下来——杜邦公司发明的这种神奇材料能够承担自身重量的 400 倍。但不要拿着锋利的棍棒太过靠近它。

生态未来

为了改变我们的城市，我们需要从自我文化转向生态文化。

——王如松

中国生态学学会理事长

自20世纪60年代以来，环保先驱者对我们发出警告，要改变这个世界。所谓的“绿色”意识一直在增强，尤其是在“另类”美国。能源的高效利用、资源保护与生活新方式都是建筑中的大问题。混凝土的碳排放量非常大。砖块消耗的能量是木材的4倍，混凝土的5倍，钢铁则是将近十倍，而铝和玻璃是最消耗环境的材料。

一种响应是“减速”：美国新墨西哥州的陶斯族地球之船村落见证了这一过程。房屋延续了当地的历史模型，用土砖（泥砖）建成，非常简洁，轮胎内填满泥土，像砖块一样堆放成墙壁。但是，如果城市是世界上大部分地区的未来，那么，真正的挑战就是如何让这些城市做到自我维持。21世纪的技术能够减轻世界资源的压力吗？我们能停下污染地球的脚步吗？我们正逐步走向思想深处描绘出来的画面：科幻小说里的情境很快就会成为现实。

上图

希巴姆，位于也门哈德拉毛，是非常好的模范建筑城市。

下图

陶斯族的地球之船社区，位于美国新墨西哥州，旁边有大型车辆通道，是典型的生态环境友好型建筑。

下图

玛丽·吉巴奥文化中心，由伦佐·皮亚诺设计而成，位于新喀里多尼亚，利用海风形成了建筑的自然通风。

生态未来：需要世界一起行动

世界上最可持续发展的建筑物是珠江城大厦，位于中国广州，由SOM公司设计而成。通过转向朝东，大厦最大限度利用了从正午到黄昏的太阳光照，而南向水平暴露面积最小。但要做到如此，过程极其复杂：为了成功达到大厦零能耗的终极目标，必须同时利用三种能量运行技术：风能、太阳能光伏系统和微型燃气涡轮发动机。

有句话说“中国进步了，世界就进步了”。英国顶尖工程公司奥雅纳创先在东滩修建一座真正的生态城市，它被证明是世界上新生态城市建设的蓝图。评论家们担心，生态城市的初次尝试将会建在脆弱的湿地旁边。然而，东滩被其他人视作第二个威尼斯，拥有氢动力公共交通和多种绿色能源，包括风力涡轮机、从污水中提取出来的沼气和以碾米机所产废弃物为燃料的组合热电厂。

阿布达比酋长国宣布，要耗资150亿美元，开展一项五年计划，发明清洁能源技术。这项计划号称是“政府有史以来发布的最具野心的可持续发展项目”。诺曼·福斯特正在建造一座新城市，名为马斯达尔城，在阿布达比的东南方向，与其相距11公里，

右图
东滩，上海周边的一个小岛，它将会被建成世界上第一座生态城市。在这个污染严重的国家，生态城市的成功建成与否十分重要：中国计划在接下来的20年当中修建大约400座城市。

面积将达到6400万平方英尺（600万平方米）。福斯特参观了有古城墙的城市来寻找灵感，如夕班。世界上第一座零碳、零浪费城市于2009年完成了第一阶段。巨大的光伏电站将为城市提供电能，可在城市周围的灌溉种植园内种植农作物。阿斯塔纳是哈萨克斯坦的首都，其在高峰期间交通十分阻塞。或许应该注意到，马斯达尔城内将不会允许使用车辆，城内居民出行将乘坐磁轨旅行舱。

哈伊马角酋长国是阿联酋七酋长国之一，位于阿联酋最北部。它同样打算修建一座生态新城市，而且已经委托了欧洲“超级巨星”雷姆·库哈斯（福斯特的竞争对手之一）来设计RAK会展中心。与马斯达尔城类似，雷姆·库哈斯计划将RAK会展中心设计成网格系统，他的灵感也来源于中东的历史古建筑。古堡城市在严寒气候和沙漠强风下能够起到重大作用。这两位建筑师在“类似的”两项计划中已经展开公开竞争了。

更重要的是在一片土地上生活而不是仅仅站在那里。比如在荷兰坎彭，这个地方需要建造房屋，但是却缺乏合适的土地。在河水泛滥平原上，威尼·马斯建筑设计事务所想方设法地用脚柱将房子顶起来，这样可以尽可能少地破坏自然沼泽地。位于智利比亚里卡的丹尔玛斯天然温泉，覆盖满了板岩。建筑师赫曼·德尔·索尔使用了类似当地红木的天然材料，在温泉周围故意设计了一套低调的综合设施。植物柔化了屋顶，而且整座建筑都融入周围的景观。

奇幻世界

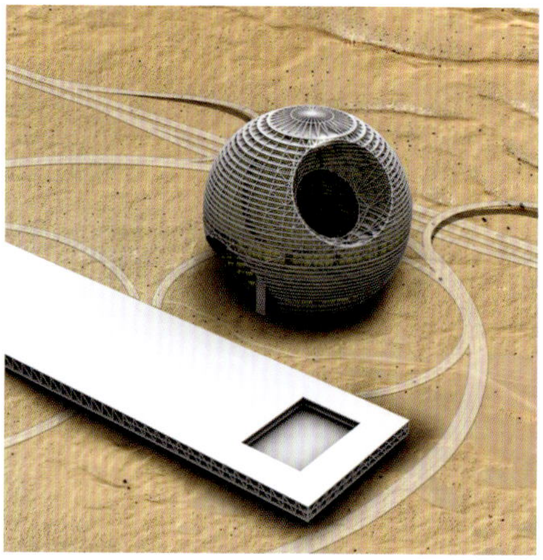

上图
雷姆·库哈斯的RAK会展中心入口，源自计算机生成理念，位于阿拉伯联合酋长国的哈伊马角酋长国。

左图
上海松江酒店，一所五星级酒店，英国阿特金斯公司设计，由一个废弃采石场打造而成。酒店内部的中庭将融合自然悬崖与植被景观，水下有两层，餐厅正对着水族馆。

在此期间，我们或许应该停下来享受这个“明星建筑师”的时代。21世纪的最初几年，一直是建筑历史上最有趣的时间段。

现在的建筑师并不害怕炫耀自己内心潜在的邦德。这种趋势始于20世纪60年代的美国，而后伴随着《诺博士》、《奇爱博士》里面熔岩玻璃和吞潜水艇的船的出现开始有了市场。如果它们出现在你附近的购物中心，不要过于惊讶。2003年首次出现了外星人降落是举世瞩目的“滴”状百货公司。伯明翰的塞尔福里奇百货商店，由卡普利茨基和未来系统事务所的阿曼达·维莱特设计而成，像是闪闪发

不远的将来

大批量生产

我们今天所谓的“署名”建筑师会不会由于对他们的需求如此之多而将很快耗尽他们对建筑物所需要投入的关怀、时间和能源。扎哈·哈迪德，作为独立设计师，如果一次性设计20个分布在世界各个角落的大型建筑，她能赋予每座建筑独特的创意风格吗？OMA建筑事务所现在有230位建筑师。福斯特建筑事务所是全球关注的热点，从大城市规划方案到桥梁建筑，可同时操作数百个项目计划。它在50个国家、150个城市有项目，并且事务所每天24小时每周7天都在营业。

世界上最大的水晶岛……

与水晶打交道，在建筑历史上由来已久。它的外形最受表现主义建筑师的青睐：法国备受尊崇的理论家艾蒂安·路易·布雷设计了“水晶”金字塔。建筑修复大师维欧勒·勒·杜克宣称，水晶是自然界最完美的模型。现代主义建筑师或纯化论者认为，水晶的优点在于它不会隐藏任何东西，绝对“诚实”。

对建筑师来说，最重要的是，水晶在光线方面拥有非凡的特性：它能反射，能切割，也能放大，十分神奇。

有趣的是，诺曼·福斯特应该以水晶来命名曾经的俄罗斯世界最大建筑（见反面）。建筑师的梦想啊……

亮的碧波银浪。尽管这个覆盖有蓝色闪闪发光铝盘的奇特外星空外形的建筑，突然就出现在一些19世纪60年代臭名昭著的“野兽派”公共建筑之乡，但这个球状购物中心却受到了伯明翰人的喜爱。

库哈斯设计的波尔图波多应乐厅（2005年）通常被描述为流星与城市的大碰撞。这些天，他设计的建筑像电影一样不断在眼前回放。比如，位于中国北京的中央电视台总部大楼就是银翼杀手般异化主题的即兴重复。他最近的议案，通过突出强调哈伊马角酋长国的RAK会展中心入口与乔治·卢卡斯执导的《星球大战》中死星之间的相似性，戏剧性地朝向“阴暗面”走去。

与此同时，正在筹备当中的中国上海附近的松江酒店，就像是纯正的肯·亚当式，20世纪60年代的邦德影片场设计师。阿特金斯的工程专家们正在把这个100英尺高（30米）废弃采石场打造成奢华科幻式酒店的。酒店内将会有水下房间和室内瀑布。

但是，英国建筑师诺曼·福斯特可能会在不远的将来大大改变世界的天际线。福斯特从来没有正式宣布要放弃现代主义，反而将其改写进风靡全球的高科技审美中。他享誉全世界，设计出来的建筑寿命长且适应性强。20世纪80年代，福斯特设计出了世界上（当时的）最昂贵、技术上最巧妙的建筑，香港汇丰总行大厦。

福斯特的“生态建筑”中，有五分之四会加入莫斯科迅速增长的天际线。他的提议中，大胆的令人震惊的是“水晶岛”，距离克里姆林宫只有4.5英里（7.5千米）。福斯特说，它将会

上图
莫斯科的水晶建筑？这座巨型建筑，高1476英尺（450米）显示着这个雄心勃勃亟待发展的国家有着大量金钱来花销。

是“建筑里的城市”。俄罗斯一座新建筑的平面楼层面积达2700万平方英尺（300万平方米），是五角大楼的四倍。为了达到节约、生态友好的目的，建筑物外部将会安装太阳能板以及风力涡轮机。

水晶岛不仅会是世界最大建筑，还会是世界最大的自然通风建筑。建筑物上部的玻璃帐篷形成了一层“会呼吸的”第二皮肤。居民、企业可以避免莫斯科的极端天气，酷夏或严冬。所以，重整过后的现代主义满足了科幻小说的要求，从不受风雨的影响，绝对隔离这个世界。或许，这种可怕的可能性恰恰代表了建筑真正的未来。

参考书目

匿名

《新国会大厦的反思》（册子）

雅各·布克哈特

《意大利文艺复兴文明》（企鹅经典）

斯蒂芬·卡洛韦（编辑）

《风格的元素》（米切尔·比兹雷，1996）

芭芭拉·贝尔·卡皮特曼

《保留迈阿密海滩建筑》(登上希望图书，1988)

霍华德·科尔文

《英国建筑师传记词典1600–1840》(约翰·默里，1978）

勒·柯布西耶

《走向新建筑》（弗朗西斯·林肯，2008；原著译本，1928）

罗伯特·德尚和克洛维斯·普雷沃

《有远见的高迪》(布拉肯图书，1989)

理查德·艾特豪森和格拉巴尔·奥列格

“阿巴斯的传统 750–950”《伊斯兰的艺术和建筑 650–1250》（耶鲁大学出版社，1987）

肯尼斯·弗拉普顿

《现代建筑：关键历史》(泰晤士和哈德森，1982)

克里斯托夫·卢特波德·佛罗梅尔

《意大利文艺复兴的建筑》(泰晤士和哈德森，2007)

贾科尼·吉奥瓦尼

《帕拉迪帝奥别墅》（普林斯顿大学出版社，2003）

布伦丹·吉尔

《许多面具：弗兰克·劳埃德·赖特的生活》(巴伦丁图书，1988)

马克· 吉鲁阿尔

《维多利亚乡间别墅》（牛津大学出版社，1976）

乔纳森·格兰西

《建筑故事》（多林·金德斯利，2004）

大卫·汗德林

《美国建筑学》（泰晤士和哈德森，2004）

保罗·海尔

《建筑师：美国新方向》(沃克和公司，1966）

约翰·霍格

“阿巴斯建筑”《伊斯兰建筑》（列佐利出版社，1987）

亨利·汉普赫鲁斯

历史，《船工的公司》

理查德·杰金斯

《威斯敏斯特教堂》（Profile 图书，2004）

斯皮罗·克斯多夫

《建筑历史》(牛津大学出版社，1985）

雅各布·拉斯纳

《巴格达在中世纪早期的地形 》(韦恩州立大学出版社，1970)

多米尼克·里昂

《勒·柯布西耶》(韦洛出版社，2000)

菲奥娜·麦卡锡

《威廉·莫里斯：我们时代的生活》(费伯和费伯，1995）

亨利·米隆

《巴洛克式的胜利：欧洲建筑 1600–1750》（列佐利出版社，2000）

杰里米·马森

《如何领略乡间住宅》(伊伯里出版社，2005)

奈杰尔·尼科尔森

《国民信托的英国豪宅》（韦登菲尔德和尼科尔森，1979）

约翰·朱利叶斯·诺维奇（编辑）

《世界伟大的建筑》(米切尔·比兹雷，1985）

尼古拉斯·佩夫斯纳尔

《英格兰的建筑》(佩夫斯纳尔建筑指南，建筑书籍信托)

科琳娜·罗西

《古埃及的建筑和数学》(剑桥大学出版社，2004)

利兰·罗斯

《了解建筑：元素、历史和意义》(西景出版社，1993)

约翰·拉斯金

《建筑的七盏明灯》(1857)

约瑟夫· 里克沃特

《地方的诱惑》（经典图书，2002）

AM. 斯特恩，G. 基尔马丁，T. 马林

《“建设前沿”两次世界大战之间的建筑和城市规划》（纽约，1987）

约翰·夏默生

《格鲁吉亚的伦敦》(醍醐鸟丛书，1962)

约翰·夏默生

《建筑的经典语言》(泰晤士和哈德森，2004）

罗伯特·塔文尔

《帕拉迪奥和帕拉迪奥主义》(泰晤士和哈德森，1991）

格拉汉姆·维克斯

《建筑中的关键时刻》(达卡波出版社，1998）

维特鲁威

《建筑十书》(剑桥大学出版社)

盖伊·威廉姆斯

《奥古斯都·普金与德奇姆斯·伯顿的对抗》（卡塞尔，1990）

克里斯托弗·伍德沃德

《帕特农神殿遗址》（经典图书，2002）

弗兰克·劳埃德·莱特

《天才和暴民统治》(迪尔，斯隆和皮尔斯，1949)

出 品 人：许　永
责任编辑：许宗华
特邀编辑：代世洪
责任校对：雷存卿　刘延姣
版权编辑：杨　博
装帧设计：海　云
责任印制：梁建国　朱丽珍
发行总监：田峰峥

投稿信箱：cmsdbj@163.com
发　　行：北京创美汇品图书有限公司
发行热线：010—53017389　59799930
天猫网店：zgyyts.tmall.com

创美工厂
微信公众平台

创美工厂
官方微博